大宗工业固体废弃物制备绿色建材技术研究丛书（第一辑）

固体废弃物制备地质聚合物

刘　泽　编著

中国建材工业出版社

图书在版编目（CIP）数据

固体废弃物制备地质聚合物 / 刘泽编著. --北京：中国建材工业出版社，2021.1

（大宗工业固体废弃物制备绿色建材技术研究丛书. 第一辑）

ISBN 978-7-5160-2964-0

Ⅰ. ①固… Ⅱ. ①刘… Ⅲ. ①固体废物－制备－建筑材料－胶凝材料－无污染技术－研究 Ⅳ. ①TU5②X705

中国版本图书馆 CIP 数据核字（2020）第 114101 号

固体废弃物制备地质聚合物

Guti Feiqiwu Zhibei Dizhi Juhewu

刘　泽　编著

出版发行：中国建材工业出版社

地　　址：北京市海淀区三里河路 1 号

邮　　编：100044

经　　销：全国各地新华书店

印　　刷：北京天恒嘉业印刷有限公司

开　　本：787mm×1092mm　1/16

印　　张：16

字　　数：260 千字

版　　次：2021 年 1 月第 1 版

印　　次：2021 年 1 月第 1 次

定　　价：158.00 元

本社网址：www.jccbs.com，微信公众号：zgjcgycbs

《大宗工业固体废弃物制备绿色建材技术研究丛书》（第一辑）编委会

序 一

FOREWORD 1

大宗工业固体废弃物产生量远大于生活垃圾，是我国固体废弃物管理的重要对象。随着我国经济高速发展，社会生活水平不断提高以及工业化进程逐渐加快，大宗工业固体废弃物呈现了迅速增加的趋势。工业固体废弃物的污染具有隐蔽性、滞后性和持续性，给环境和人类健康带来巨大危害。对工业固体废弃物的妥善处置和再生利用已成为我国经济社会发展不可回避的重要环境问题之一。当然，随着科技的进步，我国大宗工业固体废弃物的综合利用量不断增加，综合利用和循环再生已成为工业固体废弃物的大势所趋，但近年来其综合利用率提升较慢，大宗工业固体废弃物仍有较大的综合利用潜力。

我国“十三五”规划纲要明确提出，牢固树立和贯彻落实创新、协调、绿色、开放、共享的新发展理念，坚持节约资源和保护环境的基本国策，推进资源节约集约利用，做好工业固体废弃物等大宗废弃物资源化利用。中国建材工业出版社携同中国硅酸盐学会固废与生态材料分会组织相关领域权威专家学者撰写《大宗工业固体废弃物制备绿色建材技术研究丛书》，阐述如何利用煤矸石、粉煤灰、冶金渣、尾矿、建筑废弃物等大宗固体废弃物来制备建筑材料的技术创新成果，适逢其时，很有价值。

本套丛书反映了建筑材料行业引领性研究的技术成果，符合国家绿色发展战略。祝贺丛书第一辑获得国家出版基金的资助，也很荣幸为丛书作序。希望这套丛书的出版，为我国大宗工业固废的利用起到积极的推动作用，造福国家与人民。

中国工程院　院士

东南大学　教授

序 二

FOREWORD 2

习近平总书记多次强调，绿水青山就是金山银山。随着生态文明建设的深入推进和环保要求的不断提升，化废弃物为资源，变负担为财富，逐渐成为我国生态文明建设的迫切需求，绿色发展观念不断深入人心。

建材工业是我国国民经济发展的支柱型基础产业之一，也是发展循环经济、开展资源综合利用的重点行业，对社会、经济和环境协调发展具有极其重要的作用。工业和信息化部发布的《建材工业发展规划（2016—2020 年）》提出，要坚持绿色发展，加强节能减排和资源综合利用，大力发展循环经济、低碳经济，全面推进清洁生产，开发推广绿色建材，促进建材工业向绿色功能产业转变。

大宗工业固体废弃物产生量大，污染环境，影响生态发展，但也有良好的资源化再利用前景。中国建材工业出版社利用其专业优势，与中国硅酸盐学会固废与生态材料分会携手合作，在业内组织权威专家学者，撰写了《大宗工业固体废弃物制备绿色建材技术研究丛书》。丛书第一辑阐述如何利用粉煤灰、煤矸石、尾矿、冶金渣及建筑废弃物等大宗工业固体废弃物制备路基材料、胶凝材料、砂石、墙体及保温材料等建材，变废为宝，节能低碳；第二辑将阐述利用工业副产石膏、冶炼渣、赤泥等工业固体废弃物制备建材的相关技术。丛书第一辑得到了国家出版基金资助，在此表示祝贺。

这套丛书的出版，对于推动我国建材工业的绿色发展、促进循环经济运行、快速构建可持续的生产方式具有重大意义，将在构建美丽中国的进程中发挥重要作用。

张联盟

中国工程院　院士

武汉理工大学　教授

丛书前言

PREFACE TO THE SERIES

中国建材工业出版社联合中国硅酸盐学会固废与生态材料分会组织国内该领域专家撰写《大宗工业固体废弃物制备绿色建材技术研究丛书》，旨在系统总结我国学者在本领域长期积累和深入研究的成果，希望行业中人通过阅读这套丛书而对大宗工业固废建立全面的认识，从而促进采用大宗固废制备绿色建材整体化解决方案的形成。

固废与建材是两个独立的领域，但是却有着天然的、潜在的联系。首先，在数量级上有对等的关系：我国每年的固废排出量都在百亿吨级，而我国建材的生产消耗量也在百亿吨级；其次，在成分和功能上有对等的性能，其中无机组分可以谋求作替代原料，有机组分可以考虑作替代燃料；第三，制备绿色建筑材料已经被认为是固废特别是大宗工业固废利用最主要的方向和出路。

吴中伟院士是混凝土材料科学的开拓者和学术泰斗，被称为“混凝土材料科学一代宗师”。他在二十几年前提出的“水泥混凝土可持续发展”的理论，为我国水泥混凝土行业的发展指明了方向，也得到了国际上的广泛认可。现在的固废资源化利用，也是这一思想的延伸与发展，符合可持续发展理论，是环保、资源、材料的协同解决方案。水泥混凝土可持续发展的主要特点是少用天然材料、多用二次材料（固废材料）；固废资源化利用不能仅仅局限在水泥、混凝土材料行业，还需要着眼于矿井回填、生态修复等领域，它们都是一脉相承、不可分割的。可持续发展是人类社会至关重要的主题，固废资源化利用是功在当代、造福后人的千年大计。

2015年后，固废处理越来越受到重视，尤其是在党的十九大报告中，在论述生态文明建设时，特别强调了“加强固体废弃物和垃圾处置”。我国也先后提出“城市矿产”“无废城市”等概念，着力打造“无废城市”。“无废城市”并不是没有固体废弃物产生，也不意味着固体废弃物能完全资源化利用，而是一种先进的城市管理理念，旨在最终实现整个城市固体废弃物产生量最小、资源化利用充分、处置安全的目标，需要长期探索与实践。

这套丛书特色鲜明，聚焦大宗固废制备绿色建材主题。第一辑涉猎煤矸石、粉煤灰、建筑固废、冶金渣、尾矿等固废及其在水泥和混凝土材料、路基材料、地质聚合物、矿井充填材料等方面的研究与应用。作者们在书中针对煤电固废、冶金渣、建筑固废和矿业固废在制备绿色建材中的原理、配方、技术、生产工艺、应用技术、典型工程案例等方面都进行了详细阐述，对行业中人的教学、科研、生产和应用具有重要和积极的参考价值。

这套丛书的编撰工作得到缪昌文院士、张联盟院士、彭苏萍院士、何满潮院士、欧阳世翕教授和晋占平教授等专家的大力支持。缪昌文院士和张联盟院士还专门为丛书写序推荐，在此向以上专家表示衷心的感谢。丛书的编撰更是得到了国内一线科研工作者的大力支持，也向他们表示感谢。

《大宗工业固体废弃物制备绿色建材技术研究丛书》（第一辑）在出版之初即获得了国家出版基金的资助，这是一种荣誉，也是一个鞭策，促进我们的工作再接再厉，严格把关，出好每一本书，为行业服务。

我们的理想和奋斗目标是：让世间无废，让中国更美！

王栋民

中国硅酸盐学会固废与生态材料分会　理事长
中国矿业大学（北京）　教授、博导

前言

PREFACE

早在1978年，法国教授Joseph Davidovits就提出了地质聚合物（geopolymer）的概念，地质聚合物是用富含硅铝成分的固体原料与碱性激发剂反应制备出一种具有从无定形到半结晶态的三维立体结构的新型硅铝酸盐材料，是由硅氧四面体和铝氧四面体构成的网络聚合凝胶体。通常地质聚合物可视作碱激发材料的一类，与传统碱激发材料的主要区别是反应组分允许的钙离子含量很低，以形成类沸石网络结构而不是链状的水化硅酸钙。地质聚合物中富含硅铝成分的固体原料可以是天然矿物、工矿业废渣或尾矿，其来源丰富，如粉煤灰、低钙冶金渣、尾矿、煅烧高岭岩质煤矸石或偏高岭土等。地质聚合物拥有优良的力学性能、低收缩性、防火耐高温、耐化学腐蚀性、低热导性等特点。地质聚合物用途广泛，可用于建筑材料、防火隔热材料、耐腐蚀材料、冶金和有毒有害的金属离子固化包覆处理等领域。

近年来，随着我国工业与市政固体废弃物的产量逐年增加，特别是煤电、冶金、矿业、建筑及战略性新兴产业的铝硅酸盐固废在中西部地区和大中城市大量堆存，对我国的生态文明建设、环境质量改善、美丽中国的实现构成巨大制约。地质聚合物技术可以大宗消纳铝硅酸盐固废，减少天然资源开采与消耗。本书的出版，对于提升我国工业和城市固废综合治理水平、推动科技创新具有重要意义。

本书主要围绕用于地质聚合物的固体废弃物原料与碱性激发剂，地质聚合物水泥的制备与力学性能，地质聚合物混凝土的制备与性能，地质聚合物轻质保温材料的制备与性能，地质聚合物的应用等几个方面进行介绍，对于读者充分了解这一材料的制备技术、研究成果和相关示范应用等具有很大的帮助，对于低钙型铝硅酸盐固体废弃物的大宗资源化利用有一定的启发和助益。

本书的完成过程要感谢所有参编的人员，研究生王吉祥参与了第二章、第四章、第六章的编写，研究生谢福助参与了第一章、第三章、第五章的编写，研究生韩乐、张彤参与了第五章和第六章的编写。丛书编委会主任王栋民教授对本书的大纲框架做了指导，并提出宝贵意见。

在大家的共同努力下，本书获得国家出版资金资助，作为“大宗工业固体废弃物制备绿色建材技术研究丛书”中的一本与读者见面。感谢中国建材工业出版社的大力支持，感谢所有对本书出版给予关心与帮助的专家、学者和业界同人。

编著者

2020 年 3 月

目　录

CONTENT

1 绪　　论

1.1　地质聚合物概述

在1978年，法国教授Joseph Davidovits用碱液与高岭土反应制备出一种具有从无定形到半结晶态的三维立体结构的新型硅铝酸盐材料，其是由硅氧四面体和铝氧四面体构成的网络聚合凝胶体。Joseph Davidovits称该材料为geopolymer。汉语翻译中有多种译法，如地质聚合物、地聚合物、矿质聚合物、地聚水泥等。地质聚合物原料为富含硅铝成分的天然矿物、工矿业废渣和尾矿，其来源丰富，如粉煤灰、矿渣、钾长石尾矿、煅烧高岭土等。地质聚合物的制备工艺简单，能耗低，只有硅酸盐水泥的60%左右。常压下，在常温到100℃的范围内通过液体激发剂和含活性硅铝成分的矿物、固体废弃物或它们的混合物反应，经过短时间的养护即可制得，制备过程中只有少量CO_2排放，为硅酸盐水泥的10%～20%；地质聚合物拥有优良的力学性能、低收缩性、耐火耐高温、耐化学腐蚀性、低热导性，另外它还具有高的离子电导性。地质聚合物用途广泛，可用于建材、耐火隔热材料、冶金和有毒害的金属离子固定包敷处理等领域。

1.2　地质聚合物的国内外研究现状

1.2.1　地质聚合物原料

地质聚合物的原料主要由两部分组成：一部分是液体碱性激发剂，另一部分是富含活性硅铝质的固体粉料，这两部分原料占原料总质量的绝大部分。

1. 活性硅铝质的固体粉料

地质聚合物材料的固体原料非常丰富，几乎所有富含硅和铝的矿物以及工业废渣，都可能成为地质聚合物的原料，过去的二三十年中，人们已经对多种矿物和工业副产物进行了研究，如以煅烧高岭土或偏高岭土、长石等、多种自然界中Al-Si矿物、钾尾矿等多种尾矿、粉煤灰、矿渣等为原料成功制备出地质聚合物材料。另外，未煅烧矿物材料和已煅烧矿物材料的混合料，粉煤灰和高岭土的混合物，矿渣和高岭土混合料都被作为原料来研究。

偏高岭土被认为是制备地质聚合物的首选材料，这是因为其在反应液中具有高分散性，易控制硅铝比，且产物颜色为白色，然而，要大规模生产混凝土，以高岭土为原料成本较贵。与高钙粉煤灰相比，低钙粉煤灰应是首选原料，因为钙含量过高会影响聚合过程，改变微观结构。就原料性质来说，利用煅烧过的材料，如粉煤灰、矿渣和煅烧高岭土，制备地质聚合物抗压强度要高于用未经煅烧的矿物所制备的地质聚合物的抗压强度，如高岭土、矿粉和自然形成的矿物等。然而，Xu 和 van Deventer 发现把煅烧过的材料如粉煤灰和未经煅烧的矿物如高岭石、高岭土和钠长石混合可以很好地改善地质聚合物的抗压强度，并减少反应时间。

自然界中硅铝矿物有可能作为制备地质聚合物的原料，但由于反应机理复杂，所以要对具体矿物原料作为地质聚合物原材料的反应活性进行定量预测是不可能的。在工业副产物材料中，粉煤灰和矿渣被证实最具有作为地质聚合物原料的潜质。与矿渣相比，由于粉煤灰具有产量大、分布广的优势，而且粉煤灰在粒度分布和反应活性方面也优于矿渣，尤其具有较高的反应活性的低钙粉煤灰作为地质聚合物原材料更为理想。Fernandez 和 Palomo 对不同种类粉煤灰作为地质聚合物原材料的可行性进行了研究，结果表明，要获得最佳粘结性能，低钙粉煤灰中未燃材料的占比不得超过 50%，Fe_2O_3 的含量不能超过 10%，而且 CaO 的含量要低，活性硅的含量要在 40% ~50% 之间，并且 80% ~90% 的粒径要小于 45μm。相反，Van Jaarsveld 等发现高钙粉煤灰制备的抗压强度更高一些，主要是早期生成水化硅酸钙的缘故。

综上所述，地质聚合物的固体原料丰富，但这是优点同时也是缺点。特别是对于粉煤灰，因为燃煤的产地和燃烧条件决定了粉煤灰的化学成分、粒径分布、表面形态、无定形态组分和活性硅铝的含量等，而粉煤灰的这些性质会直接影响地质聚合物反应的速率和产物的化学成分，所以研究粉煤灰地质聚合物要做更多的工作。

2. 碱性激发剂

地质聚合物制备中最常用的碱性激发剂是 NaOH 或 KOH 溶液与硅酸钠或硅酸钾溶液的混合物。单独使用一种碱性激发剂的情况也有报道，Palomo 等认为在聚合过程中碱性激发剂的作用至关重要，与只用氢氧化物相比，当碱液中含有可溶性的硅酸盐时，其反应速度更快，不管是钠还是钾溶液。Xu 和 van Deventer 证实向氢氧化钠溶液中添加硅酸钠，可以促进原料与激发剂液体的反应，Catherine 等用红外原位监测法研究粉煤灰地质聚合物胶凝情况也证实了氢氧化钠溶液中添加硅酸钠以后胶凝相形成加快。此外，通过对 16 种矿物聚合反应的研究，Xu 发现 NaOH 溶液比 KOH 溶液对矿物具有更好的溶解性。

1.2.2 原料配比

Xu 和 van Deventer 报道了碱液与硅铝原料粉体质量比约为 0.33 时可以使聚合反应发生。碱液与硅铝原料粉体混合后，瞬间发生反应生成较稠的胶凝体。他们研究的试样大小为 20mm × 20mm × 20mm，使用辉沸石作为原材料，在 35℃ 下养护 72h，得到最大的抗压强度为 19MPa。Matthew 和 Brian 以煅烧高岭土为原料，用硅灰与 NaOH 制得的硅酸钠为激发剂制备地质聚合物，在 75℃ 养护 24h，测得 28d 后的抗压强度，结果发现抗压强度与 Si、Al 和 Na 的摩尔比相关性很高，当 Si：Al：Na 为 2.5：1：1.3 时，样品抗压强度最高为 64MPa。Subaer 将高岭土在 750℃ 煅烧，成为煅烧高岭土，制备地质聚合物。结果表明，在 Na_2O/H_2O 摩尔比为 10 时，地质聚合物经抗压强度依赖于 Si/Al 和 Na/Al 摩尔比，当 Si/Al 为 1.5，Na/Al 为 0.6 时抗压强度最高约为 83MPa。

Palomo 等用低钙粉煤灰（Si/Al = 1.81）研究了四种不同粉煤灰掺量的地质聚合物，其掺量在 0.25 ~ 0.3 之间。SiO_2/K_2O 或 SiO_2/Na_2O 溶液中的摩尔比在 0.63 ~ 1.23 范围内。试样大小为 10mm × 10mm × 60mm。用氢氧化钠和硅酸钠的混合溶液与其聚合，并在 60℃ 养护 24h 后，得到了一个抗压强度最好的样品，其抗压强度大于 60MPa。

Panias 等对影响粉煤灰地质聚合物抗压强度的多种参数进行了研究，结果表明水含量减少，地质聚合物抗压强度上升，当固液比质量体积为 2.05 时抗压强度最高为 24.5MPa；NaOH 的浓度过高或过低，地质聚合物的抗压强度都较低，当 NaOH 的浓度为 6.6mol/L 时，抗压强度最高为 24.5MPa；由于水玻璃控制了地质聚合物体系浆体溶液中的可溶解的硅酸盐浓度和主要的硅酸盐物种，所以地质聚合物的抗压强度随水玻璃的用量增加而升高，当地质聚合物体系浆体中的可溶性硅浓度为 2.3mol/L 时，地质聚合物的抗压强度最高为 41.3MPa。

对于不同的地质聚合物体系，每个人所得出的优化配比不同，而且所用的配比表达方式也不同，这使得制备地质聚合物难以有一个较为明确的参考，而且即使是同类原料但成分不同、性质不同，最优的配比也会有较大的差异，难以制订出统一的标准，所以必须根据实际情况对地质聚合物的原料配比进行重新优化，这也是阻碍地质聚合物材料推广的一个重要因素。

1.3 地质聚合物的性能及应用

1.3.1 地质聚合物的基本性能

1. 防火耐高温性

Davidovits 发明地质聚合物的初衷就是想要解决建筑物的防火问题，用以替代当时建筑物中常用的有机材料。地质聚合物材料具有良好防火耐高温性，熔点为 1400℃以上，和碳纤维复合制成的材料在 1200℃仍然保持了室温时抗压强度的 67%，可以和其他的碳纤维/陶瓷材料相媲美。地质聚合物碳纤维复合材料和地质聚合物金属陶瓷碳纤维复合材料可用于制备冶金用的铸造模具，其可耐 500~1500℃的温度。

2. 耐化学腐蚀性

与普通水泥制品相对比，地质聚合物材料具有很强的耐酸和耐盐侵蚀性。同等条件下，用浓度为 5% 的硫酸和盐酸分别浸泡地质聚合物和普通硅酸盐水泥样品 28d 的时间，相同条件下地质聚合物质量损失在 10% 以内，抗压强度损失最低降为 17.5%（最高 89%），而普通水泥质量损失为 50%~95%，抗压强度则完全消失。地质聚合物的耐酸性与酸的浓度有关，酸的浓度越高就越容易受到侵蚀。地质聚合物的耐酸性还与其使用原料成分有关，如果原料中含有较多的钙，则其耐酸性能下降，因为钙很容易被酸溶出。但是地质聚合物耐酸侵蚀性与酸的种类似乎无关，无论是硫酸、硝酸、盐酸以及醋酸，只要浓度相近或 pH 相近，对地质聚合物的侵蚀程度相差就不大。原因可能是不同的酸侵蚀地质聚合物时，主要是地质聚合物中不稳定的 Al—OH 结构被破坏，重新组合成其他结构，如沸石结构，Al^{3+} 或者与电荷平衡离子（如 Na^{+}）一同被 H^{+} 交换溶出。将地质聚合物和普通硅酸盐水泥样品分别浸泡在 5% 的硫酸钠和 5% 的硫酸镁混合液中，地质聚合物材料的抗压强度基本上没有变化，而普通硅酸盐水泥胶砂的抗压强度下降约 25%。偏高岭土基地质聚合物材料有更强的耐腐蚀性，将其分别浸泡在去离子水、硫酸钠溶液、稀硫酸和海水中，其抗压强度没有下降，而且略有升高，原因可能是在浸泡过程中产生了八面沸石，但也有人认为在酸中浸泡地质聚合物产生沸石是抗压强度降低的一个重要原因，因此这里存在分歧。

有人研究发现，在同样的条件下，钾-粉煤灰地质聚合物的抗压强度比钠-粉煤灰地质聚合物的高，但在 1mol/L HCl 中浸泡，后者具有更好的耐腐蚀性，他们认为地质聚合物耐腐蚀性与聚合程度有关。碱激发剂的种类对地质聚合物耐腐蚀性也有影响。以 NaOH 为激发剂的粉煤灰地质聚合物比以硅酸钠为激发剂在酸溶液和硫酸盐溶液中的稳定性要好。另外，有研究发现使用钠-钾复合的碱激发剂远比使用单一的钠激发剂的耐腐蚀性要好，但 Bakharev 发现硅酸钠激发剂中加 KOH 会对粉煤灰地质聚合物在硫酸和硫酸钠溶液中的耐腐蚀性产生不利影响。加入最多为 10% 的富含钙物质，同时提高水泥组分中的 Si/Al 比也能显著提高地质聚合物的耐腐蚀性。

3. 力学性能

地质聚合物材料的高抗压强度与普通水泥的抗压强度比较，一种商品名为“PYRAMENT”地质聚合物胶凝材料 4h 固化抗压强度达到 20MPa，最终抗压强度达到 70 ~ 100MPa。Palomo 等以偏高岭土为主要原料，加入硅砂作为增强组分，制备出了抗压强度达 84.3MPa 的地质聚合物材料制品。另外，可以通过添加增强纤维（碳纤维、碳化硅纤维、钢筋、耐碱玻璃纤维、矿棉或有机纤维等）及细粉和超细粉体（硅灰、纳米二氧化硅、纳米氧化铝粉体）等来改善材料整体的抗压强度及抗折强度等力学性能。

1.3.2 地质聚合物的应用

1. 建筑材料

地质聚合物可作为墙体材料、胶凝材料、建筑保温材料和防火材料等。地质聚合物作为胶凝材料可在某些方面替代普通硅酸盐水泥，如修复飞机跑道、普通道路和高速公路的材料等。另外，作为胶凝材料还可用于处理有毒有害及放射性废物，该技术目前正在被德国一家工程公司使用。地质聚合物轻质材料可以用作建筑内墙材料、外墙材料和天花板材料。这些材料可以做成发泡型的材料、地质聚合物胶体与有机发泡材料复合而成、地质聚合物胶体与轻质陶瓷球复合而成、夹层材料和纤维复合材料。这些材料已在德国有多项专利发布出来。本实验室利用多个电厂的粉煤灰制备出地质聚合物砂浆，其 3d 抗压强度为 10 ~ 20MPa，7d 抗压强度为 20 ~ 40MPa；利用偏高岭土、矿渣和粉煤灰等制备出轻质发泡材料，其抗压强度为 0.5 ~ 3MPa，密度为 0.4 ~ 0.6g/cm^3，导热系数为 0.07 ~ 0.09W/(m · K)。

2. 防火耐高温材料

1994 年和 1995 年世界一级方程式赛车雷诺车队首先采用地质聚合

物与碳复合的材料作为 F1 赛车的热防护罩，并且赢得这两个赛季的世界冠军，此后大多数车队都采用了该种材料。2004 年保时捷汽车公司研制的利用地质聚合物复合材料制备汽车尾气排放管系统获得成功，并申请了专利。从 1986 年开始，法国航空公司的战斗机使用地质聚合物制备工具和模具，而且还研制出自热型碳地质聚合物复合材料用于制备工具模型，该模型被用在制备一种专为美国空军设计的新型炸弹所用的碳复合材料的过程中。目前，美国联邦航空管理局、Rutgers State 大学和其他一些研究机构已经对地质聚合物复合材料用于航空工业的计划进行了评估，认为该材料在飞机中应用可以达到一流的防火标准。1998 年 12 月 18 日，在美国新泽西州亚特兰大市，由美国联邦航空管理局组织的国际航空防火与仓内安全研讨会上，地质聚合物复合材料制备的防火纤维层压板作为飞行器内仓和货柜材料首次发布。Pechiney 公司研发出用于 Al/Li 合金的冶炼、不会被腐蚀的地质聚合物高熔点材料，并取得了专利。从 1985 年开始，法国和英国的核电站给他们的工厂装备了法国 Sofiltra-Camfil 公司生产的空气过滤器，该过滤器的接口和防灰密封剂都是用地质聚合物制备的，500℃以下不会出现任何问题。该公司已经发布了该项技术的专利。

3. 金属、陶瓷胶粘剂

美国伊利诺伊大学的 W. M. Kriven 教授的研究组应用地质聚合物作为金属、陶瓷胶粘剂取得了很好的成果。

4. 艺术和装饰材料

地质聚合人造石技术有以下优点：具有天然石头的色彩，优良的再生性能，抗紫外线和红外线辐射，优良的耐干湿性能，长久的稳定性。因此该技术可以用于制造艺术和装饰品。另外，该技术还可以做成多孔材料，可以制备出轻型的艺术品。

1.4 地质聚合物与碱激发材料的关系

碱激发材料（AAM）包括任何本质上是由固体硅酸盐粉体和碱金属原料反应得到的凝胶体系。固体硅酸盐粉体可以是硅酸钙或者富含铝硅酸盐的原料（如天然火山灰、粉煤灰）；碱金属原料包括碱氢氧化物、硅酸盐、碳酸盐、硫酸盐、铝酸盐或氧化物，即任何可以提供碱金属阳离子的可溶物质来提升反应混合物的 pH 值，从而加速固体原料的溶解。但是陶瓷产品中的磷酸盐体系未涵盖在此定义中；且 C 类粉煤灰与水体系，或在需要很长一段反应时间的矿渣与水体系发生的反应也不在这一定义中。

通常地质聚合物被视作是 AAM 的一类，特别之处在于胶凝相基本使用纯铝硅酸盐或近似原料。为了形成胶凝相的凝胶，反应组分允许的钙离子含量通常很低，以形成类沸石网络结构而不是链状的水化硅酸钙。激发剂通常是碱金属氢氧化物或硅酸盐。低钙粉煤灰和煅烧黏土是其最普遍的原料。

图 1.1 显示了碱激发材料和地质聚合物之间的区别。这虽然是混凝土成形体系化学的一种高度简化的观点，可能在一定程度上会造成重大遗漏，但是作为一种区别碱激发材料和地质聚合物及其 OPC 和硫铝酸钙水泥体系之间的方法，它是具有一定可信程度的。地质聚合物是碱激发材料中 Al 浓度最高和 Ca 浓度最低的一类。

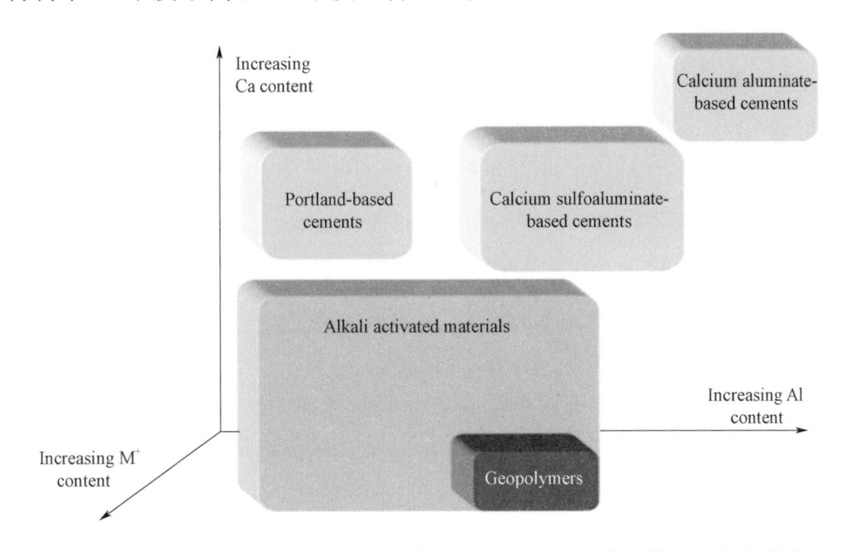

图 1.1 碱激发材料和地质聚合物及其 OPC 和硫铝酸钙水泥体系之间的分类。（阴影厚度表示大致碱的含量；黑色阴影对应于较高浓度的 Na 或 K，图由 I. Beleña 提供）［《碱激发材料》中文版］

2 固废原料的组成、结构与理化性能

2.1 粉煤灰

燃煤在锅炉中燃烧后，其固体副产物主要由两种方式排出，颗粒较大的由锅炉底部排出，我们称作炉渣或者底灰（bottom ash）；质轻、颗粒细度较小的灰会随烟道气的气流上升，这种细灰即为粉煤灰（fly ash）。

粉煤灰通常显灰色，是一种粗糙而有待研磨的，绝大多数显碱性的，本质上又具有耐火性的原料。粉煤灰主要的化学组成为 SiO_2、Al_2O_3、CaO、Fe_2O_3、FeO 等，其物相主要以无定形相为主。根据粉煤灰中氧化钙含量的不同，可将粉煤灰进行分类，通常采用 ASTM 方法将粉煤灰分为 C 类灰（高钙灰）和 F 类灰（低钙灰）两种，其他分类标准见表 2.1。随着粉煤灰的商业化应用，又可将粉煤灰分为Ⅰ、Ⅱ、Ⅲ级灰，分类指标主要为粉煤灰细度、需水量比、含水量等，具体见表 2.2。粉煤灰是煤在燃煤锅炉中燃烧的产物，因此其品质除了与原料（主要是燃煤种类、煤粉粒度等）因素有关以外，另外一个重要的因素就是锅炉的类型和运行状况。按照燃烧方式分，锅炉可分为层燃炉（链条炉和抛煤机炉）、煤粉炉、流化床炉、液态排渣炉（包括旋风炉）等。不同燃烧方式的锅炉，其工作运行条件（炉膛温度、送风量等）也大不相同，导致其产出的粉煤灰和灰渣的品质也大有差异，同时飞灰与灰渣的比例也会有所不同，具体总结如表 2.3。这其中，我国主要生产的粉煤灰有两种：煤粉炉粉煤灰（pulverized coal furnace fly ash，PFA）和循环流化床粉煤灰（circulating fluidized bed combustion fly ash，CFA），这两种粉煤灰不仅储量巨大，而且年产生量大。

表 2.1 根据粉煤灰中 CaO 的含量对粉煤灰的分类标准

分类方法	具体分类标准	特性
ASTM C618 分类法	F 类灰（低钙灰）	F 类灰通常由无烟煤或烟煤燃烧得到，具有火山灰特性；C 类灰通常由褐煤或次烟煤燃烧得到，这类灰不仅有火山灰特性，而且显示某些胶凝性
	C 类灰（高钙灰）	
McCarthy 分类法	低钙灰	CaO 含量 $<10\%$
	中钙灰	CaO 含量 10% ~19.9%
	高钙灰	CaO 含量 $>20\%$

续表

分类方法	具体分类标准	特性
Majko 分类法	F 类灰	不凝结硬化；水中不稳定
	中等胶凝性 C1 类灰	60min 内凝结硬化；水中稳定
	强胶凝性 C2 类灰	15min 内凝结硬化；水中稳定

表 2.2 商业化粉煤灰的分级标准

指标	级别		
	Ⅰ	Ⅱ	Ⅲ
45μm 筛余量（%），不大于	12	20	45
需水量比（%），不大于	95	105	115
烧失量（%），不大于	5	8	15
含水量（%），不大于	1	1	不规定
SO_3 含量（%），不大于	3	3	3

表 2.3 锅炉种类及其对应的灰渣情况

锅炉种类	炉膛温度（℃）	灰渣特性
煤粉炉	1450～1700	煤粉炉的飞灰粒度大多在 3～100μm 之间，粒度小于 10μm 的占 20%～40%，小于 44μm 的占 60%～80%
层燃炉	1300～1400	飞灰粒度大多在 100～200μm 之间，较粗，品质较差
旋风炉	1600～1700	出渣率非常高，高达 85%～90%，而飞灰的份额仅占 10%～15%
循环流化床炉	750～900	灰渣含硫量较高，活性相对较高，铁含量通常也较高

需要注意的是，表 2.1 中，前两种分类方法都是依据粉煤灰中氧化钙的含量进行分类的，Majko 分类法是根据粉煤灰的使用性能进行分类的。

Majko 分类法直接根据粉煤灰自身是否具有胶凝性而分类，方法是调制水灰比为 0.4 的纯粉煤灰浆体，并测定其凝结时间及在水中的稳定性。

2.1.1 煤粉炉粉煤灰

煤粉炉是煤悬浮燃烧的锅炉。煤经磨煤机磨成粉状之后，随空气一起喷入炉膛空间进行燃烧。增大炉膛容积可以提高锅炉蒸发量，因而煤粉炉的容量可以大大增加。在煤粉炉中，燃料与空气的接触面积增加，燃烧会更加猛烈，炉内温度也高，燃料的燃尽程度好，灰的含碳量较低，一般为2%～8%。从炉膛排出的灰，85%～90%随烟气进入除尘器，其中大部分被收集下来，即粉煤灰，其余的形成渣从炉底排出。我国120t/h及以上的锅炉普遍采用煤粉炉。煤粉炉燃烧的煤粉通过磨煤机制备。煤粉重要的指标是煤粉细度及煤粉颗粒的大小。煤粉越细，燃烧越完全，相应地，粉煤灰也细，但磨煤所消耗的电能也多，甚至影响磨煤机的产出力，因此应选取最佳值，即经济细度。

煤粉炉粉煤灰XRD图谱如图2.1所示，其化学组成见表2.4。

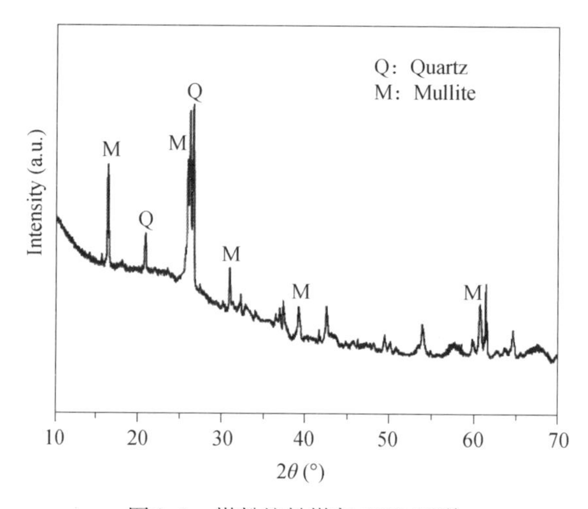

图2.1　煤粉炉粉煤灰XRD图谱

表2.4　煤粉炉粉煤灰化学组成

CaO	SiO_2	Al_2O_3	MgO	Fe_2O_3	TiO_2	SO_3	LOI
4.96	46.30	29.52	1.17	4.45	1.24	0.41	4.13

2.1.2　循环流化床粉煤灰（CFA）

1. 循环流化床粉煤灰的产生

流化床锅炉亦称沸腾炉。它的优点是：对燃料的适应性很强，可以用石煤、煤矸石、油母页岩、劣质无烟煤等燃料；燃料中加入石灰石可以进行炉内脱硫；燃烧温度低（800～900℃），NO_x排量小（50～250mg/m^3，在标准状态下）；灰渣活性高，利于综合利用。其缺点是目前单台锅炉容量小，设备的磨损问题也有待于解决。

循环流化床锅炉是20世纪70年代末发展起来的第二代流化床锅炉。燃料（或加脱硫剂石灰石）由循环床燃烧室下部给入，一次风从布风板下部送入，二次风由燃烧室中部送入。燃烧室内的运行风速一般为5～10m/s，并在炉内悬浮段形成强烈的扰动，燃料流化燃烧，在炉膛内的停留时间增加。烟气进入分离器，较大的固体颗粒被分离出来，经返料机构由床体底部重新被送入燃烧室，烟气所携带的细粉尘经除尘器除下。循环流化床锅炉的燃烧效率可达95%以上，热效率在80%左右。

流化床锅炉的燃料粒度一般小于10mm，原煤经过破碎筛分即可燃烧。燃料经充分燃烧后，产生的细粉尘由烟气带出进入除尘器，除下的灰为细灰，炉底排出的较大颗粒为粗渣。

循环流化床粉煤灰不同于传统的煤粉炉粉煤灰，主要表现在：(1) 形貌不同，CFA多以无规则形状的颗粒存在，而PFA则多以球形颗粒存在；(2) 组成差异，由于固硫模式的存在，绝大多数CFA中存在较多的硫酸钙晶体；(3) 活性的差异，由于形成过程中煅烧温度的差异，两种粉煤灰活性存在较大差异。综合考虑认为，循环流化床粉煤灰成分更复杂，利用难度更大。因此，目前已有的研究报道较传统的煤粉炉粉煤灰少很多，主要集中在胶凝特性、水泥混凝土掺合料、碱激发胶凝材料等方面的研究。有关CFA的研究报道，主要总结见表2.5。

表2.5　循环流化床粉煤灰研究与应用总结

研究重点或应用方向
胶凝特性和水化反应研究
用作水泥（混凝土）矿物掺合料或矿物外加剂
用于制备碱激发胶凝材料
重金属离子固化研究
碳化机理研究

2. CFA颗粒特征研究与分析

CFA不同于煤粉炉粉煤灰（PFA），PFA颗粒以球形玻化微珠颗粒为主，颗粒较统一，便于研究与分析；而CFA颗粒结构则是杂乱无章，多为无规则形状，颗粒的物相与组成较难辨识。因此，很有必要对CFA进行系统的表征与分析，从而来对碱激发CFA过程中其颗粒变化的观察与分析。

本小节主要通过XRF、XRD、SEM、TEM等检测手段对CFA的化学组成、物相组成、颗粒的结构特征进行表征，并进一步分析和总结出CFA中的主要元素（Si、Al、Ca、Fe、S等）在其颗粒中的富集规律和存在形式。

3. CFA 化学组成与物相组成

表2.6列出了CFA的主要化学组成。由此可以看出，Si和Al是此粉煤灰的主要元素组成，其对应氧化物的含量约占全部组成的75%（质量百分含量）。氧化钙含量为11.1%（质量百分含量），为中钙粉煤灰。循环流化床特殊的固硫工艺，使得其粉煤灰中硫的含量较高，本课题选用的CFA中硫含量为5.4%（质量百分含量）。另外，Fe_2O_3 含量约5%（质量百分含量），这可能是CFA呈现浅红色的原因。

表2.6　XRF 测定的 CFA 的化学组成（%，质量百分含量）

	SiO_2	Al_2O_3	CaO	SO_3	Fe_2O_3	MgO	TiO_2	LOI
CFA	41.9	32.5	11.1	5.4	4.8	1.1	1.8	6.4

LOI：loss on ignition（960℃）

粉煤灰的物相组成由XRD测定，可见图2.2。由图可以看出，XRD图谱整体呈现出较多短小而杂乱的“毛刺峰”，加之在15°~40°（2θ）范围内的宽而广的“鼓包峰”（图中阴影部分），这两者都表明有无定形物相的存在。因此，可以推出此粉煤灰的主要物相为无定形相，这也是粉煤灰的主要活性来源。另外，XRD图谱上尖而高的峰则代表晶体相的存在，可以看出石英（SiO_2）、石膏（$CaSO_4$）、赤铁矿（Fe_2O_3）、游离氧化钙（CaO）是粉煤灰中主要的晶体相。氧化钙还发生碳化生成了少量的碳酸钙晶体（$CaCO_3$）。

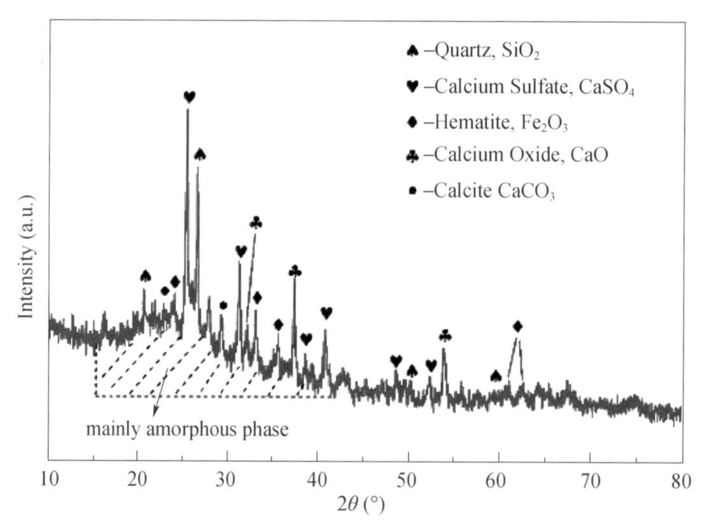

图2.2　典型的循环流化床粉煤灰XRD图谱

（中煤集团山西朔州平朔煤矸石发电厂）

4. CFA 的颗粒特征与分析

图2.3为粉煤灰的粒度分布曲线图和对应的不同粒径大小的粉煤灰

颗粒形貌图。由图 2.3（a）可以看出，试验所用粉煤灰颗粒较细，颗粒整体粒径落在 2.45 ~ 40μm 区间内（D10 < ~ < D90），平均粒径 D50 约为 13.3μm。为了研究粉煤灰不同粒径大小的颗粒的形貌特征，本课题在研究过程中，根据颗粒在分散剂无水乙醇中的沉降速率的不同，分别吸取下层较浑浊液和上层清液进行 SEM 表征，结果如图 2.3（b）和 2.3（c）所示。通过对比可以看出，大小尺寸的 CFA 颗粒呈现出不同的微观结构形貌：大尺寸（> ~5μm）的颗粒表面粗糙多孔，小尺寸（< ~3μm）的颗粒表面光滑而密实。而且，大尺寸颗粒整体球形度较高，趋向于圆润的球形颗粒，小尺寸颗粒则为无规则形状。结合 CFA 的产生历史可知，低温运行（850 ~ 900℃）的循环流化床锅炉使得大多数燃煤颗粒无法完全燃烧，燃煤颗粒中的大多数矿物组分也只是表面软化，却不能使其熔化为一体。因此，CFA 此种颗粒形貌［图 2.3（b）（c）］的成因便可以归结为以下几点：（1）小尺寸的燃煤颗粒由于自身体积小，受热完全，可以完全燃烧而形成致密的小尺寸煤灰颗粒；（2）小尺寸 CFA 颗粒会在锅炉内发生聚集而成为大尺寸粉煤灰颗粒；（3）大尺寸 CFA 颗粒也可能就是由大的燃煤颗粒形成，内部碳组分燃烧生成的气体使得大颗粒 CFA 变得粗糙多孔。为了能够进一步观察 CFA 颗粒形貌特征，我们将粉煤灰颗粒分散到环氧树脂中进行固化，通过打磨-抛光的方法实现了对 CFA 颗粒横断面的观察（图 2.4）。

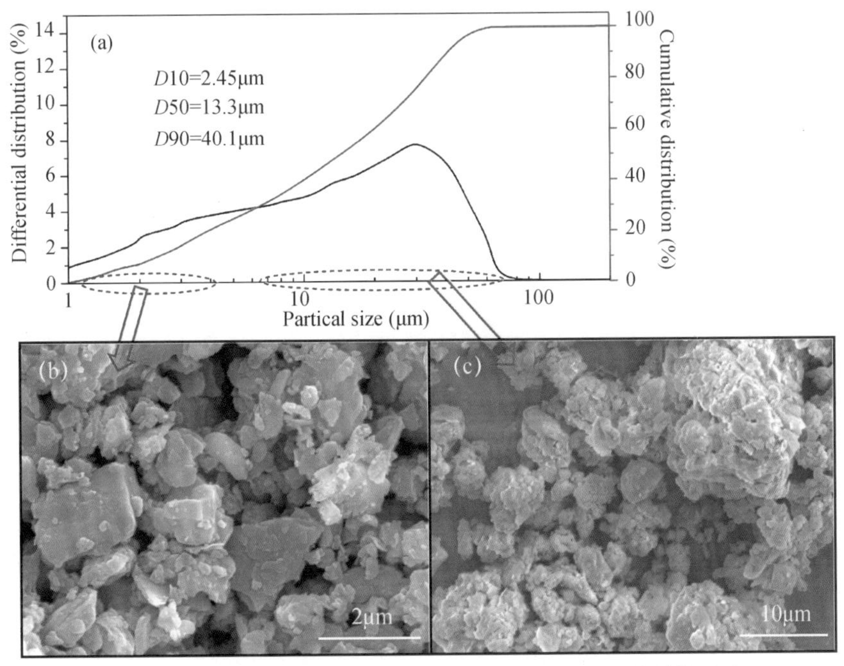

图 2.3　粉煤灰的粒度分布曲线（a）和对应的小尺寸颗粒（b）与大尺寸颗粒（c）的形貌

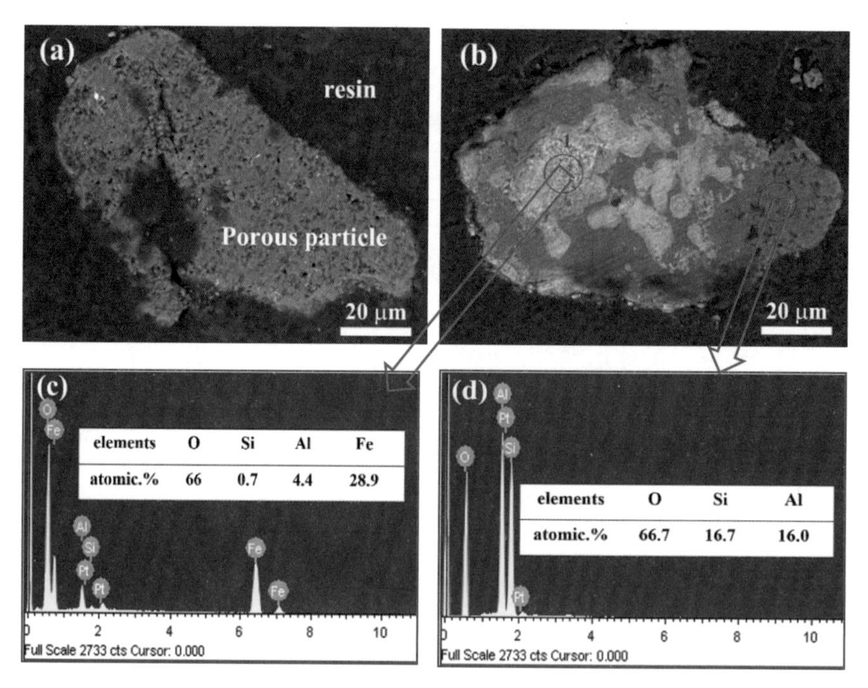

图 2.4　CFA 颗粒的横断面背散射图像（a 和 b）
以及相应选区的 EDX 能谱图（c 和 d）

图 2.4 展示了两个典型的粉煤灰颗粒横断面的背散射图像和相应的 EDX 能谱图。（a）图和（b）图展示了两个相似大小的大尺寸粉煤灰颗粒的横断面，两者均展现出了粗糙的颗粒形貌。另外，可以看出，（a）图中的粉煤灰颗粒其内部孔隙非常发达，属于多孔颗粒；而且，在背散射电镜下的成像颜色均匀单一，均为灰色，表明此颗粒主要元素组成与主要基体元素（Si 和 Al）相同或原子序数相近。然而，（b）图中的粉煤灰颗粒断面则主要表现出了明暗不同的区域，表明其颗粒元素组成相差较大。通过对明暗不同的区域［图 2.4（b）］进行二次能谱扫描可以发现，衬度较亮的区域其主要元素组成为 Fe 元素［图 2.4（c）］，而衬度较暗的区域则主要由 Si、Al 元素所组成［图 2.4（d）］，应该为硅铝酸盐。另外，根据图 2.4（c）的能谱扫描结果可以看出，除去 Si 和 Al 所占的 O 元素量，Fe 与 O 的元素摩尔比例大约在 1∶2，这里的 Fe 元素可能以 4 价的含氧铁酸盐形式存在，而不是 XRD 能谱（图 2.2）分析结果中的赤铁矿（Fe_2O_3）。这种大颗粒包裹的情况也可能会造成仪器检测结果的误差。

图 2.5（a）～（f）展示了 CFA 粉煤灰中存在的球形颗粒以及对应的 EDX 能谱扫描结果。（a）（c）（e）图中的球形颗粒大小相似，直径

均在20～30μm，（a）图中的颗粒表面粗糙多孔，对应的EDX能谱结果［图2.5（b）］表明该球形颗粒主要组成元素为Fe和O，且其摩尔比接近1∶1.5。因此，另结合XRD谱图结果（图2.2），可推测该球形颗粒为近乎纯相的赤铁矿（Fe_2O_3）晶体。相比于（a）图，（c）图中的球形颗粒显得成分更为复杂，表面更加粗糙，（d）图的能谱结果显示该颗粒的主要组成仍为Fe和O，只不过掺杂了不少的Si、Al、Ca、S等元素。Ca、S元素的摩尔比接近1∶1，可推测Ca和S可以石膏晶体（$CaSO_4$）形式富集和存在，这与XRD分析结果是一致的。因此，可推测（c）图球形颗粒为赤铁矿，而其表面存在块状晶体为石膏晶体。相比于（a）图和（c）图，（e）图中的球形颗粒则具有致密而光滑的表面，对应的能谱扫描结果表明其主要由O和Si元素组成（Si、O摩尔比约为1∶2.45），少量的Ca元素可能是由于球形颗粒表面存在的微粒造成的。考虑到以下四点原因：（1）粉煤灰中的Si元素常与Al元素富集而生，成为无定形的硅铝酸盐，无Al元素的存在，Si元素就可能以SiO_2或硅酸盐的形式存在；（2）（e）图颗粒中只有少量钙存在，则表明以硅酸盐形式的Si很少存在或不存在，进而表明其主要成分应该为SiO_2；（3）XRD结果表明此粉煤灰中的含硅晶体物相以石英（SiO_2）形式存在，而石英晶体有其特有的晶体形貌；（4）EDX检测存在较大误差。综上，可认为（e）图中的球形颗粒为无定形的SiO_2物相。图2.5（g）和（f）则展示了CFA粉煤灰中常见的棒状晶体物相——石膏晶体。这是由于循环流化床特有的固硫工艺造成的：为了防止烟道气中的SO_3进入大气中造成污染，人为投入过量的CaO与SO_3反应，生成$CaSO_4$。基于此，CFA中的石膏晶体一般会独立存在或者存在于粉煤灰颗粒表面，而不会在煤灰颗粒内部富集。

CFA粉煤灰的TEM图像如图2.6所示。（a）（b）两图证实了CFA粉煤灰颗粒组成的复杂性和无规则性，（b）图中棒状的物质即为石膏晶体，链状结构的颗粒则为粉煤灰中未燃尽的碳组分包裹的SiO_2颗粒。（c）图进一步表征了独立存在的石膏晶体。（d）图中有晶格条纹的部分表明矿物晶体的存在，其他区域无晶格条纹，两者之间无明显的界面过渡区，表明矿物晶体可以在无定形物相的颗粒内部存在且可以融为一体。（e）（f）两图则为粉煤灰中最常见的颗粒形貌和对应的EDX能谱扫描结果。结合两图可以看出，CFA最常见的颗粒多以无定形的硅铝酸盐形式的物相存在，这也是CFA活性来源的主要物相，是碱激发粉煤灰获得C，N—A—S—H凝胶的主要来源。

图 2.5 CFA 颗粒中的球形颗粒 SEM 图像和相应的 EDX 能谱图（a～f）；以及 CFA 中石膏晶体的 SEM（g 和 h）

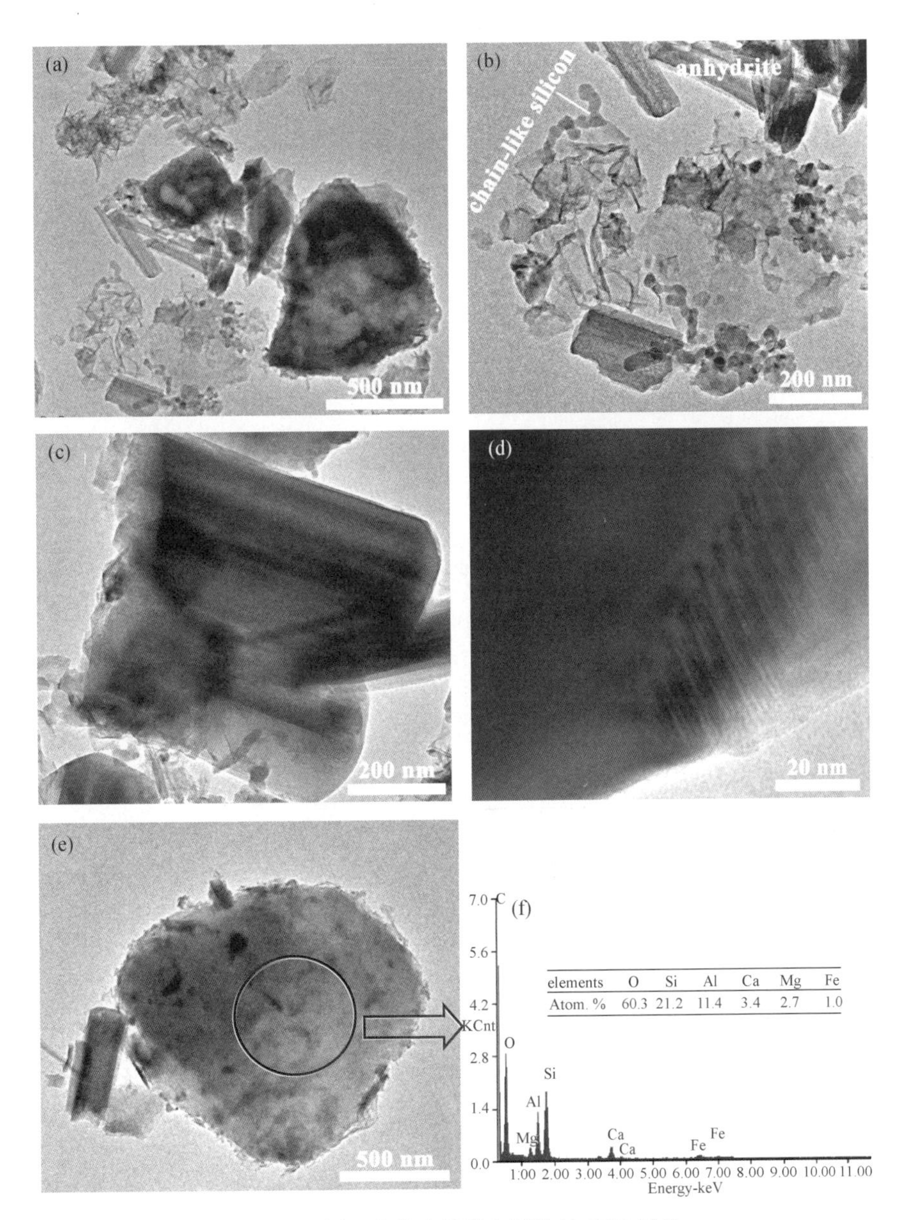

图 2.6 循环流化床粉煤灰颗粒的 TEM 图像

2.2 煤气化渣

煤炭具有价格低廉、储量丰富和便于运输等优点，是全球重要的战略资源和全球能源系统的核心［《全球煤炭市场报告（2018—2023）》］。根据 2018 年《BF 世界能源统计年鉴》，2017 年中国煤炭产量为 17.5 亿吨，占世界煤炭总产量的 46.7%，煤炭消费量为 18.9 亿吨，占世界煤炭总消费量的 50.7%（British Petroleum，2018）。煤炭作为我国最传统的能源来源，在我国一次能源消费中仍占据主导地位。为满足节能环保的双重需要，同时有效利用我国的煤炭资源，煤清洁利用——煤化工技术得到迅速发展，将为国家能源供应提供有力保障。我国2017—2020年煤化工新增合成气产能总增量为2770万m^3/h。据报道，到2020年，我国拥有的煤制油项目产量将达到3300万吨/年。Liu等人将不同煤气化装置在中国占有的市场份额进行了综合统计，结果如表2.7所示。表中所示的煤气化装置应用领域包括煤制油、煤制烯烃和煤制天然气替代品。伴随着煤炭清洁利用，尤其是煤制油、气项目的逐渐增加，气化渣的产生量日渐增多。据统计，2017年，我国气化渣年排放量大约为2700万吨。

表2.7 中国煤化工行业气化炉的市场份额

气化炉	GE	OMB	MCS	Tsinghua	Shell	GSP	HT-LZ	TS	Lurgi	Total
用户	55	37	23	23	22	7	31	10	11	219
用户份额（%）	25.12	16.9	10.5	10.5	10.05	3.20	14.16	4.57	5	100
用煤（t/d）	13.32	13.45	4.22	3.65	7	7.60	8.65	1.61	7.28	66.78
气化炉份额（%）	19.95	20.14	6.32	5.47	10.48	11.38	12.95	2.41	10.9	100
备用煤（t/d）	6.22	7.11	2.48	3.2	0	1.20	0.8	0	1.17	22.18
气化炉数	159	107	57	43	28	48	71	10	130	655

2.2.1 煤气化工艺与气化渣的产生

中国是产煤大国，煤气化技术为煤的清洁高效转化提供了重要出路，近年来得到迅猛发展。煤气化技术早在100多年前就已经出现，我国现代煤气化市场上应用的先进煤气化技术种类繁多，工艺多达十几种，大致可以分为以下三类：①气流床加压气化工艺，其中具有代表性的有Shell、GSP炉干煤粉气化，GE、E-gas水煤浆加压气化；②流化床煤粉加压气化工艺，其中主要包括U-gas、SES和CAGG工艺；③固定床碎煤工艺，可以总结为BGL、Lurgi碎煤加压气化等。除了以工业化装置实现煤气化为手段之外，向未开采煤层中通入少量氧气开展的地下煤气化工艺，是煤气化的新手段。

煤气化渣是煤与氧气或富氧空气发生不完全燃烧产生的，可以分为粗渣和细渣两类。以气流床IGCC气化工艺为例，煤气化渣产生过程如图2.7所示。将煤或煤焦作为原料输入到气化炉中，同时向气化炉中通入氧气或含氧空气，煤炭经气化炉中部高温反应区发生不完全燃烧后掉落到骤冷室中，其中一部分由于密度较大，进入气化炉下部水冷室后沉入底部随底部排渣口排出粗渣，粗渣粒径较大，表面釉化有光泽。粒度较细的部分包括未燃碳、煤焦以及部分无机颗粒悬浮于水冷室的水中形成黑水。气化后产生的合成气中也包含着部分粒度更细的颗粒，该部分气体经除尘后捕集的气化渣与黑水一同排出，经压滤后形成黑水滤饼产生细渣。

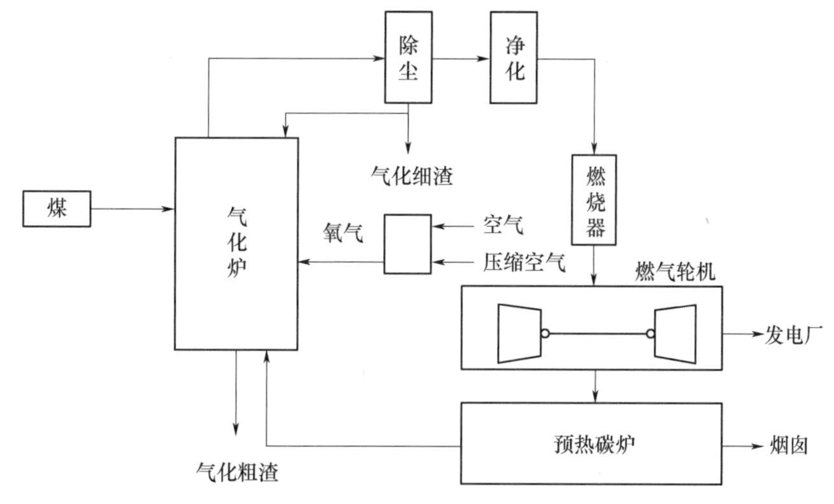

图 2.7　IGCC 气化工艺流程图

气化炉内发生的化学反应大致可以分为：

$$C+\frac{1}{2}O_2\longrightarrow CO \tag{2.1}$$

$$C+O_2\longrightarrow CO_2 \tag{2.2}$$

$$CO_2+C\longrightarrow 2CO \tag{2.3}$$

$$CO+H_2O\longrightarrow CO_2+H_2 \tag{2.4}$$

$$C+H_2O\longrightarrow CO+H_2 \tag{2.5}$$

$$C+2H_2O\longrightarrow CO_2+2H_2 \tag{2.6}$$

气化炉内反应区温度为 1100～1300℃，当原煤进入后，先在高温下转化为煤焦，炉内停留时间较短，待反应完成后，粗煤气进入下一步除尘装置后生成合成气，进入后续工艺装置。

2.2.2　煤气化渣的危害

2019 年，我国煤气化渣排量约为 2700 万吨。目前，煤气化渣的主要处理方式仍为堆存和填埋，综合利用率较低。煤气化渣含碳量高，粒径较低，矿相主要为非晶态铝硅酸盐，其包含的重金属元素易在自然作用下浸出。大量堆存的煤气化渣会导致较为严重的环境和生态问题，主要体现在以下几个方面：

（1）占用土地：未被利用的煤气化渣长期堆存，占用大量土地资源。《中国环境统计年鉴 2017》表明，2015 年我国固体废弃物排放量达

331055 万吨，固体废弃物每增加 1 亿吨，占用土地面积约增加 0.5 万亩。据此估算，煤气化渣每年将占用土地资源约 1350 亩。大量的填埋或者堆存，一方面会占用大量的土地资源，另一方面气化渣中含有的有毒有害物质将会污染耕地，导致大量耕地无法直接利用。

（2）污染大气：煤气化渣颗粒较细，易产生扬尘。由于其主要成分为未燃尽的碳颗粒以及无机颗粒，密度较低，容易在堆存和运输过程中受到风力作用产生扬尘。以颗粒尺寸较为相似的固废为例，一般当气象风速达到 3.5m/s 时，尾砂就会在风力作用下产生扬尘。此外，气化渣由于煤矿煤源品质可能带有部分无机重金属等有毒有害的元素，由于颗粒尺寸较小，非常容易被人体吸入，这将对现场操作工人和附近居民的健康产生威胁。

（3）污染水体：何绪文等使用硫酸硝酸法、水平振荡法和醋酸缓冲溶液法对气化渣中重金属元素含量进行检测，发现气化渣中含有 Cd、Cr、Pb、As 等重金属元素，认为弱酸性条件对气化炉渣中重金属的浸出情况影响最大。气化炉渣中各重金属化学形态的总含量由大到小依次为：Cr、Zn、Cu、Pb、Ni 和 Cd，Cd 和 Cr 对环境具有较高的潜在危害性，Zn、Pb、Ni、As 主要以残渣态形式存在，对环境危害较小。但若不能对气化渣进行适当处理，这些重金属在雨水淋沥的作用下可能随水侵入土壤和地下水，As 等重金属会抑制土壤中硝化、氨化细菌的活动，影响氮素供应。过量重金属还会引起植物生理功能紊乱、营养失调。重金属易在人体内富集导致人体产生“致癌、致畸、致突变”作用。

2.2.3 煤气化渣的特性

随着煤气化渣的大量产生，有关灰渣特性的研究日渐增多。从煤气化技术角度而言，原煤颗粒差异性、未燃碳反应活性、高温下灰渣矿相转化规律、掺烧经济性、化学成分变化规律备受关注。从煤气化渣利用的角度而言，煤气化渣的颗粒粒径、颗粒形貌、颗粒结构、颗粒分类、有毒有害元素及其浸出行为对其利用产生重要影响。从煤气化渣的物化特性及矿相特征的角度深入分析，研究气化渣特性对气化渣的综合利用具有重要意义。

煤气化渣可以分为粗渣和细渣。由于燃烧后的无机颗粒在熔融状态下掉落至水冷室中，因此粗渣粒径较大，颗粒粒径在 3.75～9.00mm 之间，表观致密有光泽，整体呈灰黑色，含水率较低，其产生量占排渣总量的 80%。细渣是沉降槽中的黑水与合成气中没有落入水冷室质量较小的熔渣经压滤后形成的渣，颗粒粒径在500μm以下且以粉末状的形式存在。由于未燃碳质量较轻，因此细渣碳含量普遍大于30%，含水率为50%～60%。

1. 煤气化渣的化学组成

明确煤气化渣的化学组成是其回收利用的基础。煤源、煤型、气化工艺及炉型对煤气化渣的化学组成影响较大。煤气化渣中的主要成分为铝、硅和碳，杂质成分主要包括钙、镁、铁、钠和钛等元素。刘子梁、汤云和帅航等分析了不同煤型及不同地区产生的气化炉渣成分组成，如表2.8和表2.9所示，不同地区与不同炉型产生的气化渣差别较大。根据氧化物含量大小大致将煤气化渣中各无机元素含量进行排序：硅 > 铝 > 钙 > 铁 > 镁 > 钠 > 钛。气化渣中的硅、铝主要来源于原煤当中的矿物质与非矿物质无机物，其余杂质如铁、钙一部分来源于原煤，另一部分来源于气化工艺补充。

表2.8　煤气化渣细渣的化学组成（%）

样品	SiO_2	Al_2O_3	Fe_2O_3	CaO	MgO	Na_2O	TiO_2	C
西班牙渣（Liu et al.，2016）	26.73	18.77	4.38	11.44	0.97	0.33	0.47	—
HT-L渣（Tang et al.，2016）	32.82	12.25	5.41	15.04	0.90	0.66	0.44	27.99
咸阳德士古渣（Tang et al.，2016）	42.73	13.27	3.74	8.53	1.10	0.79	0.51	23.94
OMB渣（Tang et al.，2016）	36.02	12.55	6.86	19.49	1.11	1.27	0.47	15.32
山西渣（Shuai et al.，2015）	38.75	15.95	4.86	16.95	1.32	1.47	0.64	15.92
西班牙GICC渣（Acosta，et al.，2000）	56.70	21.80	4.80	9.30	1.00	0.30	0.60	2.70
山东CGFs渣（Ai et al.，2017）	35.53	14.16	3.05	12.69	1.16	2.08	0.64	31.95

表2.9　煤气化渣粗渣的化学组成（%）

样品	SiO_2	Al_2O_3	Fe_2O_3	CaO	MgO	Na_2O	TiO_2	C
山西德士古渣（Song et al.，2016）	41.16	15.69	12.60	26.04	0.97	0.33	0.47	—
南非渣（Wagner et al.，2007）	49.40	24.40	4.06	7.76	2.34	0.76	1.36	8.20
陕西德士古渣（Yin et al.，2016）	41.12	12.72	4.98	12.88	1.23	1.49	0.61	18.89

续表

样品	SiO_2	Al_2O_3	Fe_2O_3	CaO	MgO	Na_2O	TiO_2	C
上海德士古渣 (Ma et al., 2016)	42.08	12.07	11.50	15.87	1.14	2.12	0.49	12.25
波兰渣 (Mazurkiewicz et al., 2012)	51.10	16.90	8.30	19.00	1.80	0.65	0.65	0.66

综上可知，煤气化渣含有大量未燃成分，这些未燃物包含残碳和煤焦等。如表 1.3 所示，相比于细渣，粗渣中碳含量较低，这是因为粗渣中大部分为煤中独立矿物颗粒。粗细渣中主要无机成分为铝硅，其次为铁钙等杂质。

2. 煤气化渣的矿相组成

与其他煤基固废相比，煤气化渣的矿相较为简单，主要分为晶相与非晶相两类。相关研究结果表明，煤气化渣晶相主要为石英相，随煤源、炉型及气化工艺不同，部分地区的气化渣中还出现了方解石、钙长石等矿相。非晶相主要指铝硅酸盐玻璃相和无定形残碳。煤气化渣中矿相主要是原料煤中含有的黏土矿物在高温气化过程中经过复杂的物理化学变化而形成的。陕西神木典型的煤气化渣矿相组成如图 2.8所示，煤气化渣中的晶相为石英相和方解石相，谱峰中 23°~25°处的峰为石英峰，20°~30°鼓包峰表明煤气化渣中含有玻璃相铝硅酸盐。

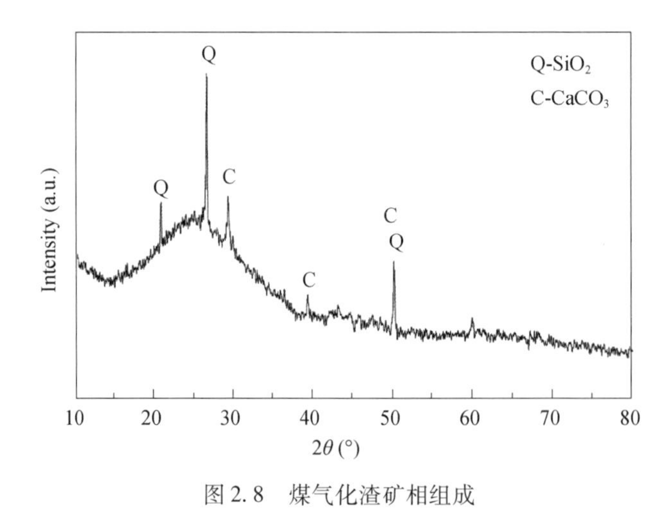

图 2.8 煤气化渣矿相组成

3. 煤气化渣粒径分布

煤气化渣粒径受原煤颗粒的粒径分布、矿相结构、工艺条件和气化环境等多重因素的影响，大部分煤气化渣颗粒粒径较小，煤气化渣中含有大量难以通过物理法分选出的碳。典型的煤气化渣粒径分布分别如

表2.10和表2.11所示，煤气化渣细渣粒径范围主要在0～65μm，粗渣粒径大多分布在38～4000μm。

表2.10 煤气化细渣的粒度分布

粒径	比例（%，质量百分含量）
+280μm	4.0
-280+154μm	7.0
-154+105μm	20.5
-105+90μm	19.0
-90+65μm	7.0
-65+0μm	42.5
总计	100

表2.11 煤气化粗渣的粒度分布

粒径	比例（%，质量百分含量）
+75mm	6.5
-75+53mm	6.8
-53+26mm	14.3
-26+13.5mm	10.8
-13.5+9.5mm	5.7
-9.5+4.7mm	14.2
-4.7+4.0mm	4.2
-4.0mm+38μm	35.1
-38+20μm	2.4
总计	100

4. 煤气化渣的颗粒形貌

煤气化细渣呈细粉末状，颜色主要与含碳量、含水率和细度有关。Kronbauer等利用煤岩显微镜对IGCC气化工艺的排渣进行了研究，根据物质岩相分析将煤气化渣细渣分为惰性煤素质、煤素质、各向异性碳混合体、铝硅质和钙质，煤气化粗渣分为煤焦、煤素质、铝硅质、铁质和钙质。

Pan等系统研究了上流式煤气化炉渣，如图2.9和图2.10所示，煤气化细渣颗粒分为多孔不规则颗粒、絮状物、黏附性球状颗粒和独立大球形颗粒四种；煤气化粗渣分为多孔不规则颗粒、光滑密实颗粒、光滑球形颗粒、球状物和针棒状物。颗粒元素分布表明细渣中球形颗粒主要为铝硅酸盐矿物，多孔状与絮状颗粒为碳粒，黏附性小球颗粒为碳与无机颗粒混合体。而粗渣中颗粒主要为铝硅酸盐矿物颗粒或者碳与无机颗粒结合体，含碳量显著低于细渣。

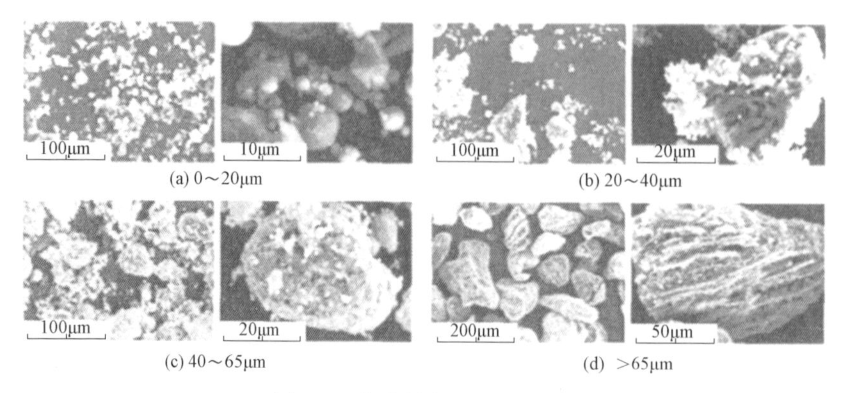

(a) 0～20μm　(b) 20～40μm　(c) 40～65μm　(d) >65μm

图 2.9　气化炉细渣微观形貌

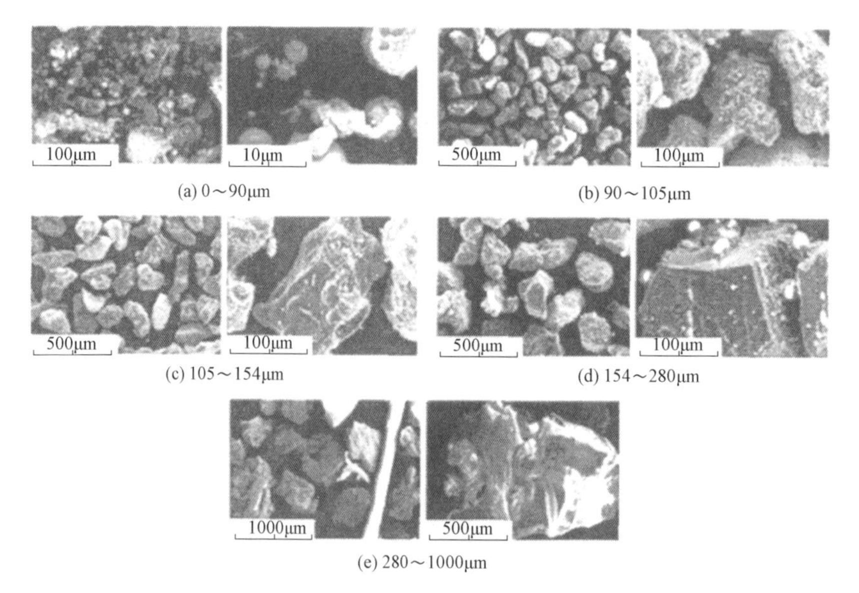

(a) 0～90μm　(b) 90～105μm　(c) 105～154μm　(d) 154～280μm　(e) 280～1000μm

图 2.10　气化炉粗渣微观形态

2.2.4　煤气化渣的利用

煤气化渣的资源化利用是减少堆存，降低环境风险，提高企业经济效益的重要手段。目前煤气化渣的利用率较低，其产生与利用已日渐成为煤气化行业面临的重要问题。从利用方式上看，目前煤气化渣的处理方式主要为堆存与填埋。国内外关于煤气化渣的研究主要集中在建工建材、农业土壤修复、道路建设等领域的应用，其规模如图 2.11 所示。部分研究基于煤气化渣高碳、高铝硅资源的特点，将其用作原料生产铝硅材料、陶瓷等。

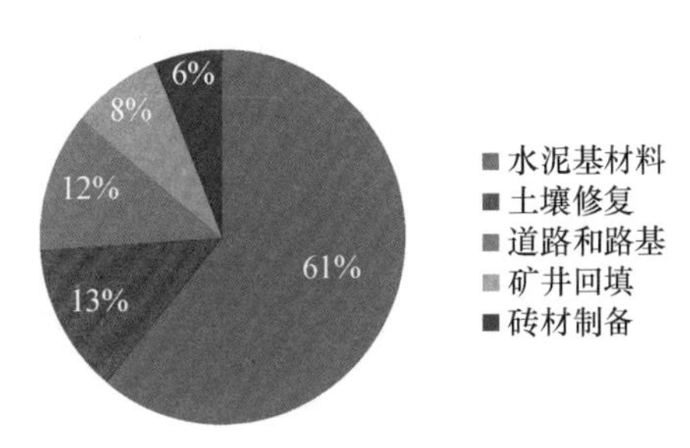

图 2.11 煤气化渣的应用领域

1. 煤气化渣在建材建工领域的应用

煤气化渣最早用于建筑材料制备，Choudhry 等证实了以煤气化渣作为原料生产建工建材产品的可能性，煤气化渣在建工建材方面的应用主要包括制备水泥、混凝土、建筑用砖、墙体材料和轻集料等。煤气化渣的主要成分除了碳以外，还有大量的氧化硅和氧化铝，具有一定的火山灰活性，因此可以用作水泥原料。未燃尽的煤渣与石子、水泥和水混合后，可制得无侧限抗压强度为 3.7MPa 的水泥材料，指标满足《公路路面基层施工技术细则》（JTG/T F20—2015）要求。将碳含量为 12% 的煤气化灰渣与硅酸盐水泥混合，潮湿固化 14d 可制得压缩强度为 5MPa 的水泥块样。与传统全黏土配料制备的水泥相比，采用煤气化渣替代 50% ~70% 的黏土配料制成的水泥全龄期的强度与原水泥强度基本相同，抗压强度与抗折强度分别可达 38.6MPa 和 6.8MPa，满足国家《通用硅酸盐水泥》标准。王昊等研究证明了煤气化炉渣可作为掺料制备 32.5 级少熟料复合硅酸盐水泥。粉煤灰与煤气化渣均具有一定的火山灰活性，将高钙粉煤灰与煤气化炉渣作为原料混合配制的硅酸盐水泥比表面积为 $350m^2/g$，8d 抗压强度达 48.8MPa。Pomykala 等研究表明当以煤气化细渣作为原料生产水泥，其掺量达 70% 时水泥产品可以产生较高强度，养护 28d、90d 平均抗压强度分别为 42MPa 和 50MPa，该研究证实了煤气化细渣用于制备矿渣水泥的可行性。

煤气化渣在建筑用砖和墙体材料方面得到广泛应用。魏召召利用煤矸石、钢渣、煤气化渣和锅炉渣按照一定质量配比，加入水和氧化钙、硫酸钠，经过陈化、成型、压装和蒸汽养护制得强度为普通砖强度 3 倍的免烧砖。丘佐星按照水泥 20%、豆沙石 30% 和煤气化粗渣 50% 质量配比，制备出免烧砖。章丽萍等基于对灰渣组分、元素组成和表面结构的分析结果，在 100℃下，将煤气化渣、锅炉渣、除尘灰、石灰、石膏、水泥以质量分数 35.6%、32.4%、14%、8%、4%、6% 混合，制备出符合《非烧结垃圾尾矿砖》（JC/T 422—2007）和《蒸压灰砂砖》（GB 11945—1999）要求的免烧砖，样品吸水率为 14%，密度为 $1760kg/m^3$。

晋元龙等按照质量分数：砂岩 17% ~29%、锆刚玉 14% ~26%、堇青石 10% ~20%、硅藻土 35% ~45%、纳米氧化物 5% ~10%、石灰石 12% ~23%、气流床气化渣 11% ~19%、蛇纹石 13% ~24%、造纸白泥 20% ~30%、石榴石 11% ~22%、碳化硼纤维 8% ~14% 和河道淤泥 15% ~25% 制备出抗压强度为 69MPa，蠕变率为 0.2% 的耐火砖。Chen 等利用印第安纳州沃巴什河 IGCC 煤气化渣制备出煤气化渣烧结砖，其饱和系数低于 0.78，并且满足美国材料与试验协会 ASTM C62 对砖体特殊环境等级的要求。尹洪峰等在德士古气化炉渣化学组成、物相组成、岩相结构和显微结构分析的基础上，明确煤气化渣掺加量为 70% 时，可制得强度大于 MU7.5 的墙体材料。云正等向铁尾矿中添加部分气化炉渣制备了铁尾矿烧结墙体材料。气化炉渣添加量为 20% 时可以制备出密度低于 1.45g/cm^3、导热系数低于 0.23W/(m·K)、抗压强度高于 30MPa 的墙体材料。煤气化渣在制备混凝土方面也有相关报道，如混凝土材料、轻集料等。

2. 煤气化渣在铝硅材料制备领域的应用

近年来，部分学者针对煤气化渣含有丰富的铝硅碳资源的特点，以煤气化渣为原料制备了附加值较高的无机材料。Tang 等以煤气化渣为主要原料，采用碳热还原氮化的方法成功制备出含有 Ca-α-SiAlON 矿相的赛隆陶瓷，该矿相含量最高可达 45%。温龙英等以煤气化渣细渣为原料，采用煤气化渣与碱性介质低温固相活化与稀酸浸出的方法，得到富含铝硅的溶液，加入 CTAB 与 Trion-X-100 模板剂可制得比表面积高达 1200m^2/g 的二氧化硅介孔材料，同步开展了以 P123 作为模板剂，经过调节体系 pH，制备有 Fe、Al、Ti 共掺杂的 SBA-15 介孔材料的研究。张龙等（2016）发现煤气化渣化学组成与粉煤灰相似，在此基础上采用煤气化渣：高岭土：碳酸钙为 11：5：4 的配方，在成型压力 10MPa，焙烧温度 1180℃下制备出多孔陶瓷。赵永彬等以煤气化残渣为主要原料，采用模压成型工艺，在 1100℃下制备出孔隙率为 49.20%、平均孔径为 5.96μm、0.01MPa 下平均 N_2 通量达到 2452.6m^3/（m·h）和抗弯强度达到 8.96MPa 的多孔陶瓷。Anieto 等充分分析了 IGCC 的玻璃化性质与粒度，将其作为添加剂制备建筑陶瓷，结果表明，当加入灰渣为 20% 时的试件烧结性能最优，与不添加灰渣的试件相比，其干燥损失降低至 4.87%，吸水率降低至 10.38%，饱和系数降低至 0.78，径向抗压强度升高至 2.2N/mm^2。

3. 煤气化渣在循环掺烧、污水处理等领域的利用

煤气化渣的应用研究不仅局限于制备建材建工产品，Xu 等和 Wu 等

研究发现煤气化渣不仅碳含量高，而且具有一定的反应活性，同时煤气化渣具有比表面积大和铝硅资源丰富等固有的特性，高碳部分可以应用于煤气化炉循环掺烧、制备催化剂、污水治理和土壤环境修复等领域。

Harris 等建立了澳洲煤在气化炉内的转化模型，明确煤在高温高压下仍然会产生大量残碳。Wu 等研究了煤气化渣残碳的特性，煤气化细渣中的残碳具有一定的反应活性，经简单筛分后，可以直接用于煤气化炉循环掺烧，而碳含量较低的部分可以用于工业混凝土制备。王伟等将煤气化渣、白泥、煤泥按照一定比例混合，将其应用于循环流化床锅炉燃烧。高继光等采用河南德士古煤气化细渣，按照 180t/h 的循环流化床锅炉设计比例进行掺烧，锅炉正常运行。李刚建等深入研究神华宁夏煤业集团有限公司三种煤气化炉（德士古、四喷嘴对置式和 GSP）细渣，将较高碳含量的细渣分选，制备出低热值碳粉和低碳粉煤灰。晁岳建等研究了循环流化床锅炉掺烧气化渣和煤泥的可行性，通过流变性试验，确定当煤气化渣与煤泥质量比为 1∶1 时（含水质量分数 30% ±2%），可以满足锅炉设计的燃料要求。范家峰等利用煤泥的流变特性和燃烧结团性，将煤泥与煤气化渣均匀混合后加入白泥浆，通过高压管道输送，通过流化床锅炉燃烧技术实现气化渣的综合利用。燃烧稳定且运输成本较低，实现环保的目的。

王志青等将铝硅酸盐、硅酸盐催化剂和煤混合得到负载催化剂的煤，制备含有铝硅酸盐和硅酸盐的溶液。该研究解决了传统催化剂熔点较低，催化剂易流失和设备腐蚀的问题。Wangkeo 等通过向 CGTR 煤气化残渣中加入乙酸乙酯提取芳烃，双环芳烃、三芳烃提取率分别可达 42.9% 和 30.85%。Ai 等以煤气化细渣为原料，采用熔融复合工艺成功制备出 LDPE/CGFS 复合材料，结果表明 CGFS 的加入增强了 LDPE 的热氧化稳定性和界面粘结性。

将煤气化渣应用于污水处理是其资源利用重要途径之一，目前有许多学者尝试将煤气化渣用作废水处理中的吸附剂、催化剂等处理剂。韩永忠等利用煤气化渣处理含酚废水，采用筛分法制得具有较高比表面积的气化渣，可作为非均相芬顿催化剂处理含酚废水。徐怡婷等以煤气化渣为原料，采用浸渍法制备负载 Fe^{3+} 的煤气化渣基活性炭，并应用于非均相 Fenton 体系降解染料废水中甲基橙，在 328K 下，当铁负载量为 21%、pH 为 5 时，初始浓度为 25mg/L 的甲基橙降解率可达 97%。张丽娟等发现，煤气化渣可以降低外排蒸发塘浓盐水硬度，脱除浓盐水中的 Ca^{2+}、Mg^{2+}，沉降渗滤后的混合水可以经脱盐达到中水回用，固碳、降硬度、降碱度的灰渣沉降沥干后可用作建筑材料或水泥等建材。Xu 等以 CGS 为原料，采用 KOH 化学活化法合成了多孔材料，结果表明当 KOH/CGS 为 3.0、活化温度为 750℃ 和活化时间为 80min 时，在 CGS 表面能观察到丰富的孔结构且含有大量的碳，具有较高的疏水性，其比表面积高达 $2481m^2/g$，对 Pb^{2+} 吸附性能的研究结果表明，CGS 可以作为制备低成本多孔吸附剂材料的原料。

4. 煤气化渣利用存在的问题

煤气化渣成本低廉、铝硅碳资源丰富的特点使其可以广泛地取代制备某些材料的原料，比如煤气化渣与黏土成分类似的特点使其可以应用于水泥混凝土材料、轻集料以及道路路基材料制备。煤气化细渣碳含量高、比表面积大的特点使其可以应用于工业循环掺烧、吸附剂制备等方面。但许多地区由于受当地产品市场、技术设备和交通便利程度等因素的综合影响，使得煤气化渣难以甚至无法进行资源化综合利用，比如在内蒙古地区，由于地区偏远、技术落后和交通不便造成的处理成本上升，使得大部分的煤气化渣以堆存和填埋的方式进行处理，这对当地的环境和煤气化企业的可持续发展造成不利影响。煤气化渣由于产地、煤源、气化工艺条件的不同而具有一定差异，同时煤气化渣高杂质和高碳含量的特点，对煤气化渣的资源回收利用造成了阻碍，这要求煤气化渣利用技术需要不断适应煤气化渣本身的特性。因此，开发过程简单、适应性强、具有一定经济效益的煤气化渣综合利用的技术路线是目前煤气化渣利用的有效途径和迫切需求。

2.3 煤矸石

在煤矿工业或采矿工业的矿场开采过程中，存在品质较差、不符合冶炼要求或不符合直接使用要求而排放的固体废弃物，称之为尾矿。尾矿的种类繁多，本节只对采煤的尾矿或副产品——煤矸石（Goal Gangue）的特性和应用，做一些介绍。

在我国，据称 2012 年煤的产量已经达到 3.2×10^9t，而每生产 1t 煤，将产生 0.1t 煤矸石，也就是说，2012 年排放的煤矸石就有 3.2×10^8t。而历年堆积的煤矸石已达 3×10^9t 以上，在煤矿附近都有煤矸石堆积成小山，占用土地约 $1.1\times10^8m^2$，而且随煤开采量的逐年增加而增加。但是，煤矸石的利用率不足 45%，也就是说，每年至少有 5×10^7t 的煤矸石资源闲置。从煤矸石的化学成分和矿物组成看，它完全可以作为胶凝材料和碱激发胶凝材料的原料。但是，这就要考虑其中含量为 20% ~ 30% 的碳的利用问题。同时，根据煤矸石的主要矿物组成，可以考虑让它代替一般黏土作为研究和开发的对象。

2.3.1 煤矸石的产生

煤矸石是夹在煤层之间的脉石，是煤矿在建井、开采和煤炭洗选过程中被分离出来的含碳岩石（碳质页岩和碳质砂岩等，含有约20%的煤）和其他岩石（页岩、砂岩和砾岩等）的混合物。与前面所介绍的工业废弃物不同，煤矸石产生前并没有经过任何化学或高温处理，它实际上是在煤炭开采和洗选过程中被分离出来的不合格的、含碳量低的和热值在6300kJ/kg以下的煤块。在我国，每产生1t煤，将排放0.1t的煤矸石；每洗选1t炼焦煤，将排放0.2t煤矸石；每洗选1t的动力煤，将排放0.15t煤矸石。虽然当今提倡开发新的清洁能源，但至今，煤炭仍然是我国最主要的能源来源。目前，我国产煤的大省和自治区（以煤矸石年排放量超过4×10^6t计）有黑龙江、吉林、辽宁、内蒙古、山东、河北、陕西、山西、安徽、河南、新疆等，尤其集中在北方，例如，仅山西省就有124座大型煤矸石堆场，山东省也已堆积煤矸石达亿吨。

在煤矸石中，除了含有少量的碳以外，其他矿物主要是黏土类矿物、石英、长石、云母、碳酸盐和黄铁矿等，有时还会有丰富的植物化石和有机质物质。因此，煤矸石是否能用作胶凝材料，需要根据它的化学成分和矿物组成以及他的特性而定。

另外，有的煤矸石在堆放后会发生自燃现象。这是因为其中含有黄铁矿（FeS_2），易被空气氧化而放出热量，当达到一定温度后，就可以促使煤矸石中的煤炭风化以致自燃，形成了自燃的煤矸石。煤矸石在自燃时会散发出刺激性的气体（SO_2）和有害的烟雾，这将导致附近居民的慢性气管炎和哮喘病患者增多，周围的树木落叶，庄稼减产。煤矸石受雨水的冲刷，常使河流的河床淤积，河水受到污染。可见，煤矸石的堆放，不仅占用大量土地和破坏生态环境，而且会造成大气、土壤和水体污染以及地质灾害发生，更对人体有害。因此，煤矸石是亟待处理的工业固废之一。开发利用煤矸石，不仅具有重大的环境意义，而且还能取得较好的社会和经济效益。

2.3.2 煤矸石的矿物组成和化学成分

在我国，煤的产地较多，分布广泛，有不同的煤系。它们的化学成分和矿物组成，因产地而异。

1. 煤矸石的矿物组成

煤矸石常是多种矿物和岩石的混合物。它们主要有以下几类：

（1）黏土岩类。黏土岩类在煤矸石中占有相当大的比例，尤以页岩为常见。其矿物组成，主要为黏土矿物，例如，高岭石、蒙脱石、伊利石等；其次为石英、长石、云母、黄铁矿、碳酸盐等。黏土岩类矿物的颗粒非常细小，其粒径的上限值常为 1 ~ 2μm。

（2）砂岩类。砂岩类所含矿物，多为石英、植物化石和菱铁矿等，并含有碳酸盐的黏土矿物或其他化学沉积物。

（3）碳酸盐类。碳酸盐类所含矿物，主要为方解石、白云石和菱铁矿，并混有黏土矿物、有机物和黄铁矿等。

（4）铝质岩类。铝质岩类所含矿物，主要为三水铝石、一水铝石和一水硬铝石，夹杂有石英、玉髓、褐铁矿、白云母和方解石等。

但是，并不是煤矸石都存在以上矿物，它们的矿物组成因产地而异。因此，在使用之前都应该做必要的分析和鉴定。煤矸石的 XRD 图谱如图 2.12 所示。

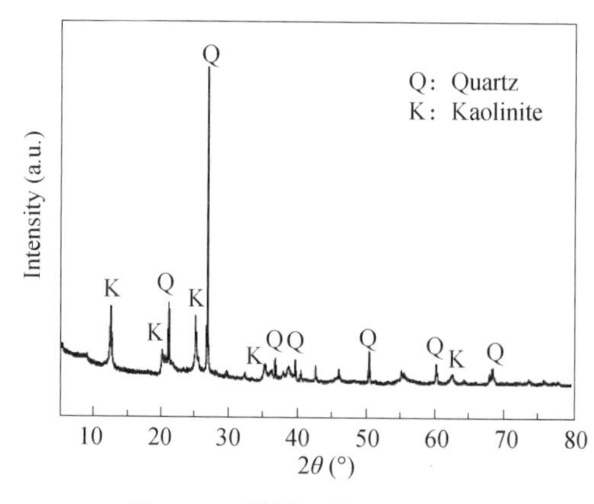

图 2.12　煤矸石的 XRD 图谱

2. 煤矸石的化学成分

煤矸石的化学成分视其矿物组成而定。例如，黏土类煤矸石，其化学成分主要是 SiO_2 和 Al_2O_3，其波动范围分别为 30% ~ 60% 和 15% ~ 40%。砂岩类煤矸石，SiO_2 的含量可高达 70%。铝质岩类煤矸石，Al_2O_3 的含量可达 40%。碳酸盐煤矸石，CaO 的含量约 30%。

此外，多数煤矸石还含有 Fe_2O_3、CaO、MgO、Na_2O、K_2O、SO_3、P_2O_5 和 N 等，以及少量的 Ti、V、Co 和 Ga 等金属元素的化合物，有的甚至还含有 Cd、Cu、Ni、Sn 和 Hg 等有害元素。

与其他工业固体废弃物不同，煤矸石中的碳（C）是它的主要成分，具有一定的发热量。据 20 世纪 80 年代初调查，热值分别为 3300 ~ 6300kJ/kg、1300 ~ 3300kJ/kg 和 1300kJ/kg 以下的煤矸石各占 30%，有不足 10% 的煤矸石的发热量高于 6300kJ/kg。在考虑处理煤矸石时，就需要同时考虑其中的热量利用问题（表 2.12）。

表 2.12　煤矸石的化学成分的波动范围（质量分数,%）

化学组成	SiO_2	Al_2O_3	Fe_2O_3	CaO	MgO	Na_2O	K_2O	C
含量	30 ~ 60	15 ~ 40	2 ~ 10	1 ~ 4	1 ~ 3	1 ~ 2	1 ~ 2	20 ~ 30

从表 2.12 中可以看出，SiO_2 与 Al_2O_3 含量的波动范围很大。这是由于煤炭所处的煤系不同，所含矿物岩石体系的差别而引起的。

根据煤矸石的岩石组成特征，可以将煤矸石划分为不同的类别：高岭石泥岩［w（高岭石）>50%］、伊利石泥岩［w（伊利石）>50%］、碳质泥岩、砂质泥岩（或粉砂岩）、砂岩与石灰岩。

根据煤矸石的化学成分（质量分数,%），可以将煤矸石划分为 4 个等级，如表 2.13 所示。

表 2.13　煤矸石按化学成分划分的 4 个等级（质量分数,%）

等级	Ⅰ级	Ⅱ级	Ⅲ级	Ⅳ级
碳	少碳	低碳	中碳	高碳
w（C）	<4	4 ~ 6	6 ~ 20	>20
硫	少硫	低硫	中硫	高硫
w（S）	<0.5	0.5 ~ 3.0	3.0 ~ 5.0	>5.0
w（Al_2O_3）/w（SiO_2）	<0.3	0.3 ~ 0.5	>0.5	—

对于制备胶凝材料，希望 w（Al_2O_3）/w（SiO_2）的比值高。在这种情况下，煤矸石往往是以高岭石（或伊利石）为主要矿物。

煤矸石中常含有 Fe_2O_3，可以按其含量将煤矸石划分为 6 个等级，如表 2.14 所示。

表 2.14　煤矸石按 Fe_2O_3 的含量划分的 6 个等级（质量分数,%）

等级	Ⅰ级	Ⅱ级	Ⅲ级	Ⅳ级	Ⅴ级	Ⅵ级
铁含量	少铁	低铁	中铁	次高铁	高铁	特高铁
w（Fe_2O_3）	<0.1	0.1 ~ 1	1 ~ 3.5	3.5 ~ 8	8 ~ 18	>18

另外，煤矸石中虽然还会有 CaO、MgO 以及其他元素的化合物，但是，其含量一般较少，未以此作为类别划分的依据。

2.3.3　煤矸石的应用

1. 煤矸石中煤的利用

与其他工业废弃物不同，在考虑煤矸石的利用时，必须首先考虑煤的处理问题。因为煤矸石中常含有 20% ~ 30% 甚至更多的煤，是可利用的能源。

2. 用作建筑材料的原料

煤矸石的化学成分和矿物组成与产地煤种有关，多数是黏土类，即由 Al_2O_3-SiO_2 体系与其他杂质所组成。经过分离去煤后的余渣，仍然需要做热处理和采取其他活化措施，才可能用作水泥的辅助性原料。郭伟对山东淄博煤矸石采取活化措施后的胶凝性能做了报道，如表 2.15 所示。

表 2.15　煤矸石经不同活化措施后的胶凝性能

试样	煤矸石（质量分数，%）	抗折强度（MPa）		抗压强度（MPa）	
		3d	28d	3d	28d
参比样（1）	0	6.0	8.2	25.2	52.8
煤矸石（原样）	30	4.7	6.4	18.8	33.8
煤（600℃）	30	4.8	7.5	18.9	38.3
煤（700℃）	30	5.0	7.8	20.3	40.1
煤（800℃）	30	4.7	7.8	19.0	37.9
煤（1000℃）	30	4.2	6.8	16.8	35.8
煤（$350m^2/kg$）	30	4.7	7.7	19.3	38.8
煤（$465m^2/kg$）	30	5.1	7.6	20.4	40.7
煤（$660m^2/kg$）	30	5.3	7.9	22.7	40.9
煤（$850m^2/kg$）	30	5.5	8.1	23.4	43.4
参比样（2）		6.1	9.2	31.9	58.1
煤（$465m^2/kg$）	30	5.1	7.9	20.3	40.2
煤（$465m^2/kg$）	30＋活化剂 A	5.4	8.0	25.2	40.4
煤（$465m^2/kg$）	30＋活化剂 B	5.2	8.1	22.5	40.9

表 2.15 的数据表明，煤矸石经过热处理后的活性有较大的提高。这时，不仅煤已经燃烧除去，而且高岭石也已经脱水而形成偏高岭石，就可以用作水泥的混合材料。再取经 700℃煅烧后的煤矸石进一步磨细，这时的胶凝性能发挥得更好。当煤矸石的掺量为 30% 时，试样可以达到或接近 42.5 级的水泥。经热处理、初步粉磨和掺加化学激发剂等多重活化措施试样达到较好的效果。

2.4　低钙冶金渣

一般冶金渣都属于中钙或高钙体系，主要用于硅酸盐水泥、碱激发胶凝材料和混凝土生产中，以上的冶金渣碱激发材料不能称之为地质聚合物，但有一些低钙的冶金渣可以作为地质聚合物原料。如含有至少

2%～3%的 CaO（和大于30%的 FeO）的氧化镁-铁渣在俄罗斯已经被碱激发用于固化废弃物，抗压强度高达80MPa。希腊的镍铁渣被详细研究和开发，一种情况是由碱硅酸盐单独激发；另一种情况是与高岭土、偏高岭土、粉煤灰、赤泥和/或废玻璃等含有反应性 Si 和 Al 的原料复合激发制备地质聚合物。镍铁渣中含有一定量的铬，炉渣中含有一定量的铁，对于低钙有色冶金渣基地质聚合物来说，其性能会受到重金属的影响。然而，鉴于这些有色冶金渣通常都会界定为危险废弃物，如果以对环境有害的方式处置，例如倾倒入海洋或随意在陆地堆存，将对自然环境构成极坏影响。即使这类地质聚合物不能成为结构类建筑材料或市政工程材料，任何有益的利用形式都对这类冶金渣资源化具有推动作用。

2.5 火山灰和其他天然火山灰

火山灰是古罗马胶凝材料和混凝土中使用的原始火山灰材料，由火山爆发产生的粉碎岩石和玻璃的小颗粒组成。从火山喷射时灰分的快速冷却导致相对高效的化学活性，特别是玻璃相和活性二氧化硅和氧化铝含量很高造成碱激发中反应程度高。从地质角度看，火山灰颗粒也可随时间胶结在一起以形成称为凝灰岩的固体岩石，其也可被研磨和利用，并保留新鲜灰分的大部分反应性。来自欧洲、伊朗和非洲地区的天然火山灰材料在迄今为止的研究中表现出良好的碱激发性能。

火山灰的化学成分主要由 SiO_2、Al_2O_3、Fe_2O_3 和 CaO 以及少量的 MgO、Na_2O、K_2O 和 TiO_2 以及微量元素组成。在晶体学上，例如斜长石、橄榄石和辉石矿物嵌在玻璃状基质中；辉石使火山材料具有矿物特征，使火山灰显黑色。在火山灰中通常也发现闪石、云母和天然沸石，云母和天然沸石是在地质条件作用下的相变产物。

Ghukhovsky 提出，由于地质变化，一些火山岩成为沸石，然后在低温和低压下形成沉积岩，可能通过使用同一水泥体系前驱体与碱激发剂将这个过程应用于胶凝体系。因此，由胶凝体系形成的过程中直接合成碱硅铝酸盐矿物预计确保形成的人造石材的强度和耐久性。火山灰中的无定形玻璃的性质，特别是高的非结晶二氧化硅含量更易在碱性溶液中溶解，导致反应过程与观察到的偏高岭土或粉煤灰非常类似。对于具有低 CaO 含量的天然火山灰和含有富钠沸石和高可溶性硅酸盐含量的火山灰，最佳水玻璃模数（SiO_2/Na_2O 比）较低，但对于具有高 CaO 的天然火山灰或已经被煅烧则不同。高温下固化可以提高其抗压强度、降低其风化趋势；添加一定的铝源如偏高岭土或铝酸钙水泥证明性能会更好。

火山灰在地质聚合反应过程中形成未反应的结晶相的铝硅酸盐凝胶，然而这些凝胶中不含有粉煤灰中存在的结晶莫来石或石英相等惰性组分，在碱性溶液溶解颗粒的表面氧化铝和二氧化硅前驱体，同时溶解的硅酸盐和铝酸盐之间在颗粒表面发生反应。因此，在许多情况下，表面反应负责将未溶解的颗粒粘结到最终的地质聚合物结构中。与偏高岭土或粉煤灰不同，火山灰的热和地质环境是多年暴露于诱导化学反应的环境（并因此降低内在反应性），这是其溶解率低的主要原因。这种低溶解率和缓慢的硬化行为仍需要研究在火山灰的碱激发期间钙、铁和镁离子的溶解度；这些离子影响反应进程以及 Al 的作用，及其实用性将由具体材料的化学性质决定。这些阳离子可能参与并进入了天然火山灰基地质聚合物材料的结构，但如果它们以氢氧化物沉淀，则它们可能对强度和长期的耐久性有不利影响。

因此，火山灰基地质聚合物为实现火山灰的高价值利用提供了机会。鉴于火山灰基地质聚合物的良好致密性，良好的机械性能和较低孔隙率，适合于建筑领域应用。火山灰基地质聚合物的强度被认为是由所形成的硅铝酸盐凝胶中化学键的强度以及在凝胶中未反应的或部分反应的相和集料之间发生的物理和化学相互作用所决定。考虑到许多前驱体颗粒是多孔的，这也可以通过与凝胶的机械咬合而有助于强度发展，尽管多孔颗粒的高水需求有时是个问题。在这一领域进行的大多数工作都集中在生产浆料或砂浆，而不是混凝土。有少量文献报道，火山灰基地质聚合物混凝土是使用两种不同胶凝材料的原料，在低水胶比（0.42 ~ 0.45）下表现出良好的强度和工作性。

2.6 复合体系

化学试剂（通常由硝酸铝或铝酸钠与硅醇盐或胶态二氧化硅的组合）可以直接合成地质聚合物材料，用于开发陶瓷型地质聚合物，也为研究不使用工业固体废弃物或天然材料制备地质聚合物提供新的思路和体系。前驱体在与碱性溶液反应之前需要转化成为复合玻璃态；在溶液态下化学反应，然后煅烧玻璃化，粉碎得到纯的硅铝酸盐前驱体粉末，随后与碱性溶液反应，在溶液中直接与溶解的碱化学反应（尽管由该方法产生的凝胶通常含水量高），或直接作为单独的固体氧化铝和二氧化硅源复合体系。在这种双粉末法中，碱可以直接掺入固体前驱体之中，得到干粉混合物，或者以碱金属氢氧化物或硅酸盐溶液的形式加入以得到固体胶凝材料。由于在大多数研究中使用的化学试剂的成本高、化学反应过程复杂，在大宗混凝土生产中很难直接使用这种方法。然而，通过研究和分析这些类型的材料可以获得宝贵的基础科学数据。这种制备方法还提供相对纯的，低成本的类陶瓷结构或者说直接得到碱激发的单一地质聚合物制品，通过热处理破碎得到的这些非晶材料可以作为陶瓷的前驱体。

3 地质聚合物水泥的制备与力学性能

3.1 地质聚合物水泥激发剂

3.1.1 氢氧化物激发剂

碱激发剂的碱金属氢氧化物一般是钠或钾的碱金属氢氧化物，由于锂、铷和铯氢氧化物成本高、储量少，并且 LiOH 在水中的溶解度相对较低，使得这些氢氧化物不能大规模作为碱激发剂应用。氢氧化钠和氢氧化钾由于25℃时在水中的溶解度超过20mol/kg H_2O，且一般情况下浓度超过5mol/kg H_2O 的碱性溶液被广泛用于与碱激发有关的研究应用，所以在碱激发剂中的氢氧化物激发剂通常指的是钠或钾的碱金属氢氧化物。

氢氧化钠的生产工艺主要是通过氯-碱法与氯气平行生产，因此不管是在温室气体排放，还是其他成分如汞的排放，都会有部分大气污染物排放。同时现代膜分离技术使得氢氧化钠的生产更加高效。相似地，氢氧化钾通常是通过电解 KCl 溶液生产。在作为碱激发剂使用过程中，不仅需要注意氢氧化物激发剂的强腐蚀性，还必须考虑浓碱溶液的黏度，以及固体碱溶解时放热量的大小。但即使是极浓碱溶液的黏度也很少超过水黏度的10倍，因此在这方面与碱硅酸盐溶液相比具有明显优势。通常情况下，泛碱即是由于白色碳酸盐或碳酸氢盐晶体的形成，也是氢氧化物溶液激发胶凝材料中常见的问题，原因在于过量的碱与大气中的 CO_2 反应而产生。泛碱使得材料看起来不美观，但并不总是对材料的结构完整性有害。在氢氧化物激发的胶凝材料中，通常 Na 比 K 的存在使得材料更易引起泛碱。

3.1.2 碱硅酸盐激发剂

类似于氢氧化物激发剂，钠和钾的硅酸盐也是在地质聚合反应中使用最多的工业产品；硅酸锂在大多数地质聚合物体系中的溶解度不够；铷和铯硅酸盐成本高、产量少，限制了它们的大规模使用。碱硅酸盐的生产工艺通常是由碳酸盐和二氧化硅首先经过煅烧，然后按设定比例溶解在水中而形成，因此这会导致消耗大量的能量和排放大量的 CO_2。尽管如此，在大多数地质聚合物材料中，碱硅酸盐激发剂的含量相对较低，因此通过这种工艺产生的 CO_2 的量比生产硅酸盐水泥排放的 CO_2 少得多，这是碱硅酸盐激发剂的一大优势。

图 3.1 显示了 25℃下 Na_2O-SiO_2-H_2O 相组成的一部分结晶等温线，但是这个体系的全相图从来没有被确定过，原因在于主要是由亚稳态硅酸盐水溶液决定，如果它们沉淀，那么沉淀速度将非常缓慢。在由 Weldes 等给出的“典型的商用硅酸钠”表中，对于普通硅酸钠溶液给出的所有化合物是落在此相图范围内的，其中 $Na_2SiO_3 \cdot 9H_2O$ 将被沉淀。根据 Vail 描述的所有三元 Na_2O-SiO_2-H_2O 体系在不同区域中形成产物的性质，在碱激发胶凝材料合成中主要使用的硅酸盐为部分结晶混合物、高黏度溶液或易于结晶的水化偏硅酸钠。因此需要仔细放置和储存这些硅酸盐溶液，但是在使用之前（在实验室试验或在大规模生产中试验），如果长时间储存硅酸盐溶液还是可能会导致不利的结果。硅酸钾溶液通常不会遇到类似的问题，因为水化硅酸钾相比硅酸钠不容易沉淀，并且均相水溶液的稳定范围更宽。在地质聚合反应过程中，现有的硅酸盐物相是可变的、不稳定的，且不同相之间可能会转变。

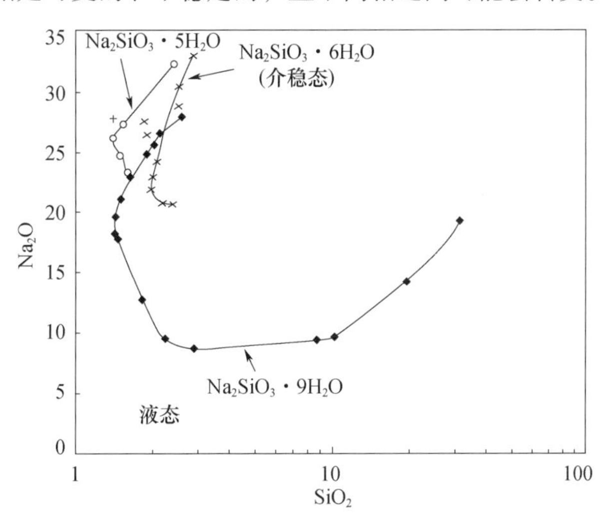

图 3.1　在 25℃下 Na_2O-SiO_2-H_2O 水化化合物的一部分结晶等温线（%，质量分数）Wills 绘制［《碱激发材料》中文版书稿］

图 3.2 分别表示在室温下硅酸钠和硅酸钾溶液的黏度随组成的变化趋势。在两个图中，黏度以对数坐标绘制，并且在较高二氧化硅含量下显著增加。值得注意的是，硅酸钠溶液也比硅酸钾溶液黏稠得多。因此，现浇新拌硅酸钠激发混凝土可能会产生一些问题，因为含钠的碱激发胶凝材料可能会粘住混凝土模具，同时它也可能与砂和粗集料颗粒黏附得很好。

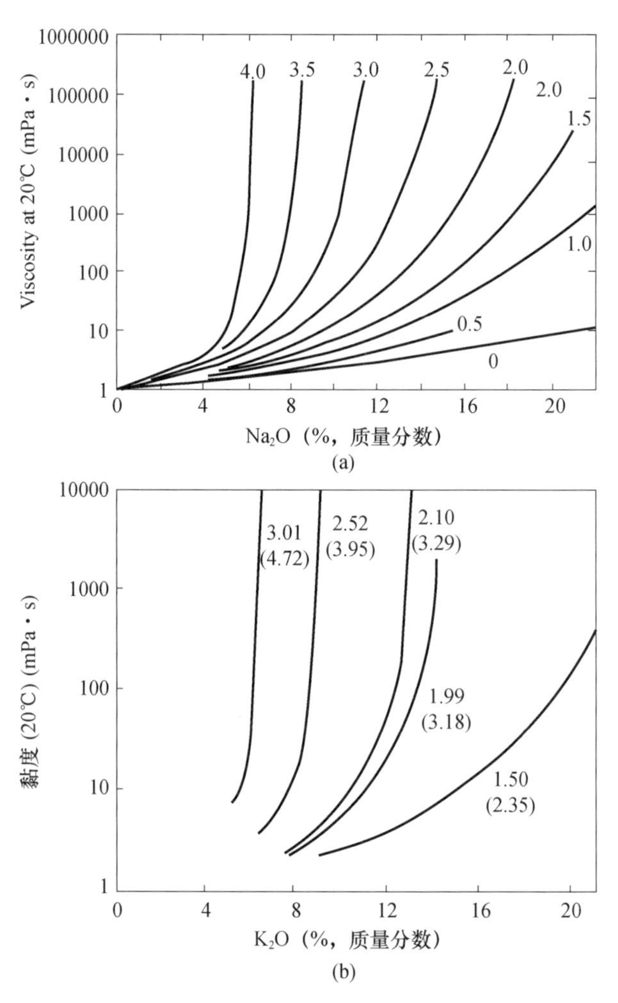

图 3.2　硅酸钠溶液和硅酸钾溶液的黏度分别随 SiO_2/M_2O 质量比变化的曲线

3.1.3　碱金属碳酸盐

碳酸盐溶液作为碱性激发剂激发铝硅酸盐前驱体已有大量的研究。碱碳酸盐能够通过 Solvay 方法或直接从碳酸盐矿床开采得到。虽然这些方法产生的直接温室效应比生产氢氧化物或硅酸盐溶液的影响小，但碳酸盐溶液的碱度低于其他激发溶液的碱度，这导致与碳酸盐激发剂一起使用的铝硅酸盐原料的使用面更窄。碳酸钾或其他碱金属的碳酸盐通常不用于制备碱激发胶凝材料。

图 3.3 给出了三元体系 Na_2CO_3-$NaHCO_3$-H_2O 的相图，其与碳酸盐激发剂的使用以及碱激发胶凝材料孔溶液的碳化有关。特别需要考虑碳酸氢盐的潜在形成，甚至在固体 Na_2CO_3 与水结合以形成激发溶液的体

系中，因为即使少量的碳酸盐水解或碳化都将导致碳酸氢盐形成。在该图中特别值得注意的是形成含水碳酸钠盐，包括 $Na_2CO_3 \cdot 10H_2O$；如果允许形成，其将结合大量的水；如果它在混合期间形成，这可能引起配合比设计时无法确定需水量，而且如果其随后作为胶凝材料或其孔溶液的碳化产物生成，就会填充基体的孔隙。

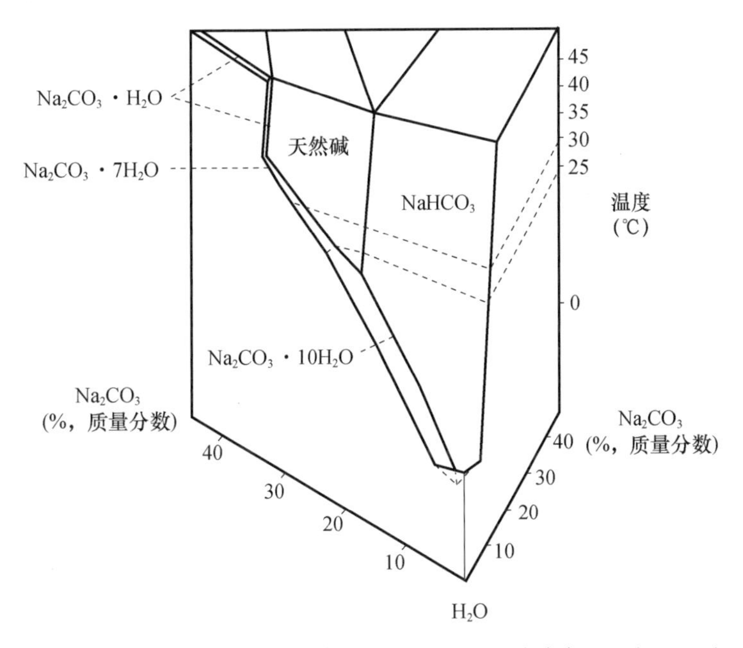

图 3.3 Na_2CO_3-$NaHCO_3$-H_2O 体系的三元相图（改编自 Hill 和 Bacon）

在碱激发过程中，Na_2CO_3 和 $NaHCO_3$ 溶液的黏度不会出现如硅酸盐激发剂类似的问题，因为这两者饱和溶液的黏度都不会超过水的黏度的5倍。然而可能的问题是这些溶液会发生沉淀或碳化，如图 3.3 显示 Na_2CO_3 溶液中吸收 CO_2 会产生 $NaHCO_3$ 沉淀（该过程相对快速，其中这在碱碳酸盐作为 CO_2 的溶剂用于气体净化过程中被证明），并且 Na_2CO_3 的溶解度对温度很敏感。冷却浓碳酸钠溶液可能导致沉淀，并且高于 35℃ 的含水碳酸钠的溶解度也稍微逆行（随着温度升高而降低）。使用碳酸钠而不是硅酸盐作为激发剂也不能完全消除这些材料的黏性问题，因为通过原料溶解释放的二氧化硅在反应的早期会出现类似问题。

3.1.4 碱金属硫酸盐

相似于碱碳酸盐溶液激发的情况，硫酸钠也能够作为一些硅铝酸盐材料的碱激发剂。硫酸钠的来源有两个：一可以直接从采矿中获得，二可来自许多其他工业化学品制造的副产物中。如果胶凝材料的性能能够达到令人满意的水平，硫酸钠激发确实可以为胶凝材料的生产减小温室气体的排放。胶凝材料产品的性能主要围绕使用硫酸钠激发不含熟料的铝硅酸盐材料，但是通常需要添加熟料以产生足够的强度。在所关注的温度和浓度范围内，硫酸钠水溶液的黏度比水的黏度高不出 5 倍。硫酸钾或其他碱金属的硫酸盐不常用于制备碱激发材料。

3.2 地质聚合物水泥的养护条件

在进行激发剂选择优化试验研究时，发现采用常温标准养护时，试样的早期抗压强度很低，而且有的激发剂制备试样的 28d 强度也很低。根据前人对粉煤灰各种激发方式的研究知道，除了本章中主要采取的化学激发之外，还有机械激发方式（磨细方式）和热激发方式。尤其是配合化学激发方式，通过加热可以更进一步促进粉煤灰的活性发挥。所以，为了进一步缩短养护时间，提高早期强度，本节主要研究不同高温养护温度时试样抗压强度的发展规律，优化高温养护温度和养护时间。

3.2.1 地质聚合物水泥的养护温度

1. 试样在高温养护下的抗压强度

在利用化学试剂制备粉煤灰基地质聚合物的研究中发现，在常温条件下，碱氢氧化物的激发效果不好，而采用碱硅酸盐试剂的效果要好，尤其是 2mol/L K_2SiO_3 溶液，同时 2mol/L K_2SiO_3 与 10mol/L KOH 按照 1：0.5的体积比混合的复合激发剂的效果要好。为了全面研究高温养护的效应，在选择 2mol/L K_2SiO_3 溶液及其与 10mol/L KOH 的复合溶液的同时，对比选择了 2mol/L Na_2SiO_3 和 5mol/L K_2SiO_3 溶液进行试验研究。利用四种激发剂溶液合成试样在 35℃、50℃、65℃和 80℃蒸汽养护下各龄期抗压强度结果见表 3.1。

表 3.1 化学试剂制备试样在高温养护下的抗压强度

养护温度（℃）	激发剂种类及浓度	抗压强度（MPa）			
		1d	2d	3d	7d
35	2mol/L K_2SiO_3	11.2	—	15.0	26.0
	5mol/L K_2SiO_3	19.7	—	40.6	50.1
	2mol/L Na_2SiO_3	2.6	—	3.8	4.9
	10mol/L KOH：2mol/L K_2SiO_3 =0.5：1	3.8	—	6.3	11.9

续表

养护温度（℃）	激发剂种类及浓度	抗压强度（MPa）			
		1d	2d	3d	7d
50	2mol/L K_2SiO_3	11.5	—	18.3	19.1
	5mol/L K_2SiO_3	37.3	—	57.8	57.1
	2mol/L Na_2SiO_3	2.6	—	3.0	3.0
	10mol/L KOH：2mol/L K_2SiO_3 =0.5：1	6.3	—	14.6	17.4
65	2mol/L K_2SiO_3	12.4	—	17.1	16.1
	5mol/L K_2SiO_3	53.0	—	57.5	53.9
	2mol/L Na_2SiO_3	1.9	—	5.1	4.1
	10mol/L KOH：2mol/L K_2SiO_3 =0.5：1	11.1	—	26.6	27.2
80	2mol/L K_2SiO_3	13.4	18.1	20.0	25.9
	5mol/L K_2SiO_3	57.0	56.9	56.2	50.0
	2mol/L Na_2SiO_3	3.7	4.8	4.8	4.4
	10mol/L KOH：2mol/L K_2SiO_3 =0.5：1	18.1	18.3	27.1	27.2

图 3.4 显示了四种化学激发剂溶液制备试样在不同养护温度时的抗压强度值。从图 3.4（a）中看出，随着养护温度提高，2mol/L K_2SiO_3 溶液制备试样的抗压强度随着养护龄期的延长而增大。不同之处在于不同养护温度时试样抗压强度随龄期增长的程度不同。35℃养护温度下，试样 1d 和 3d 抗压强度比其他温度下试样的抗压强度低，但是养护龄期为 7d 时，其抗压强度大幅度提高，超过了 50℃和 65℃下试样的抗压强度，与 80℃时试样强度接近。80℃时试样的抗压强度在试验养护龄期内一直是四种温度下抗压强度最高的。而 50℃和 65℃条件下试样的抗压强度在 1d 和 3d 较高，但是之后增长幅度很低，到 7d 龄期时抗压强度几乎没有提高。图 3.4（b）显示了 5mol/L K_2SiO_3 溶液制备试样在不同养护温度下抗压强度的变化。35℃和 50℃时试样的抗压强度随着养护龄期延长而提高，不同的是，35℃时试样抗压强度增长幅度较大，而 50℃时试样抗压强度增长幅度较小，尤其是 7d 时的抗压强度。65℃试样养护 1d 到 3d 时抗压强度有些增大，但养护 7d 时抗压强度却下降了 6.2%。比较 80℃时各个龄期的抗压强度结果，发现 1d 时的抗压强度最大，随着龄期延长，3d 和 7d 的抗压强度都在下降。进一步比较相同龄期时不同养护温度时试样的抗压强度，可以得到以下结果，养护龄期为 1d 时，提高温度可以显著提高试样的抗压强度，之后在较低温度养护下，延长养护时间有助于强度的增长，但是当养护温度较高时，延长养护时间却使强度下降。将 5mol/L K_2SiO_3 溶液制备试样常温养护条件下

的抗压强度与高温养护条件下的抗压强度进行对比，可以发现，高温条件下的最大抗压强度（57.0MPa）为常温条件下养护28d时抗压强度（11.1MPa）的5倍，可以认为，提高养护温度不仅可以缩短养护时间，更可显著地促进5mol/L K_2SiO_3溶液的激发效果。

分析图3.4（c）中2mol/L Na_2SiO_3溶液制备试样抗压强度的变化曲线，结果发现，提高养护温度虽然使强度提高（常温养护28d时的抗压强度仅为2.0MPa），但是其绝对值仍然很低（最大值为5.1MPa）。可以认为由于该溶液本身激发效果很差，所以提高养护温度对其激发效果的提高没有很大作用。

图3.4（d）显示了复合激发剂在高温条件下的激发效果。在不同龄期时，提高养护温度都可以促进抗压强度的增长，即35℃时试样的抗压强度最低，其次是50℃时试样的抗压强度，而65℃和80℃时试样3d和7d的抗压强度相近，可以认为，对于复合激发剂而言，试样养护温度大于65℃时的激发效果更为突出。试样在高温养护条件下的最大抗压强度值为27.2MPa，而常温养护28d的抗压强度为18.1MPa，可见，提高养护温度还是可以促进复合激发剂溶液激发效果的挥发。

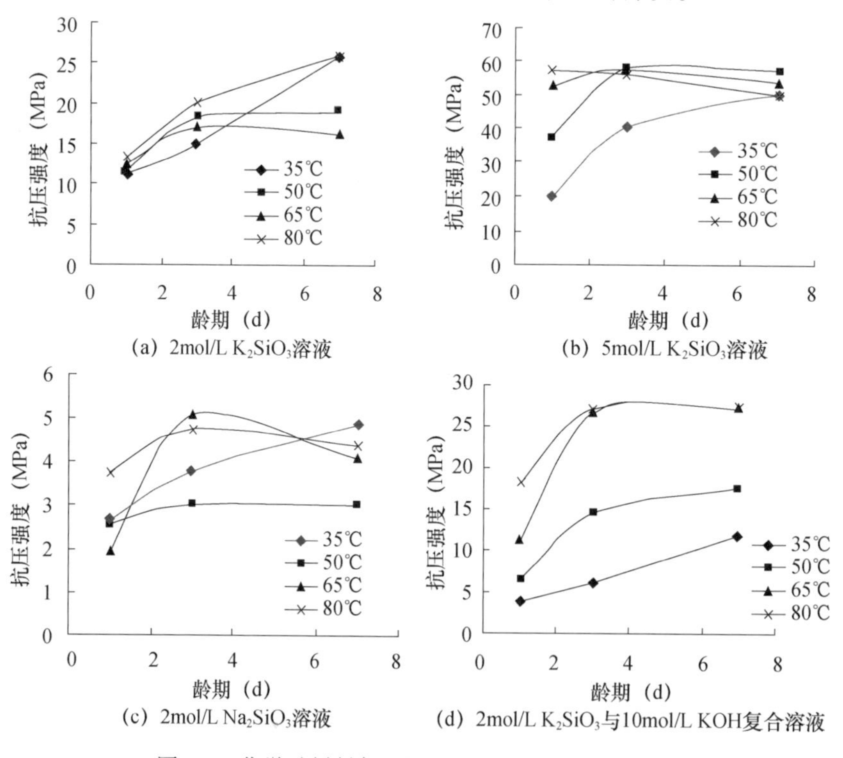

图3.4 化学试剂制备试样在不同温度时的抗压强度

综上分析可以认为：提高养护温度可以显著提高试样的抗压强度，同时随着养护温度的提高，养护时间可以缩短，即35℃温度下，养护时间为7d以上，50℃和65℃时，养护时间为3~7d，而在80℃下，养护1~3d即可。在高温下过长的养护时间反过来会使试样的抗压强度降低。

进一步比较表3.1及图3.4中的结果可以看出：激发效果最差的是2mol/L Na_2SiO_3溶液，最高强度仅为5.1MPa，5mol/L K_2SiO_3溶液的激发效果最好，如80℃养护1d的强度达到57.0MPa。2mol/L K_2SiO_3溶液制备试样在高温条件下养护7d时的抗压强度值与常温标准养护条件下试样28d时的抗压强度接近，虽然10mol/L KOH与2mol/L K_2SiO_3的复合激发溶液制备试样在高温条件下养护7d时的抗压强度大于常温标准养护条件下试样28d时的抗压强度，但是这两种溶液制备试样抗压强度的绝对值较小，都小于30.0MPa。

2. 钠水玻璃激发剂制备试样在高温养护下的抗压强度

根据常温养护条件下水玻璃模数和质量浓度对抗压强度的影响结果以及高温养护条件对化学试剂的影响规律，确定养护温度为50℃、65℃和80℃，水玻璃模数为1.0、1.2、1.4和1.7，质量浓度分别为24%、28%和32%。利用钠水玻璃为激发剂制备试样在50℃、65℃和80℃养护温度下的抗压强度结果见表3.2。从表中的结果可以发现，在相同养护温度和模数时，试样的抗压强度随着质量浓度的增大而增大，质量浓度为32%时试样的抗压强度最大，而且质量浓度为24%和28%时，试样的抗压强度较低，所以以下分析主要以32%质量浓度为主。

表3.2 钠水玻璃溶液制备地质聚合物在高温养护时的抗压强度

养护温度（℃）	钠水玻璃		抗压强度（MPa）		
	模数	浓度（%，质量分数）	1d	3d	7d
50	1.0	24	5.3	5.6	4.6
		28	6.7	8.8	10.2
		32	14.3	19.4	34.3
	1.2	24	5.5	8.0	4.1
		28	7.9	13.8	8.6
		32	12.6	24.0	35.3
	1.4	24	3.1	3.7	7.8
		28	9.1	7.4	26.5
		32	10.5	14.5	30.4
	1.7	24	2.3	5.9	7.7
		28	4.8	19.2	17.1
		32	7.2	10.8	26.9

续表

养护温度（℃）	钠水玻璃		抗压强度（MPa）		
	模数	浓度（%，质量分数）	1d	3d	7d
65	1.0	24	5.9	4.3	4.4
		28	10.9	9.7	11.5
		32	27.3	35.3	20.8
	1.2	24	7.0	12.9	16.8
		28	14.4	24.0	26.8
		32	36.3	39.1	22.5
	1.4	24	3.0	6.3	6.1
		28	11.1	9.8	9.2
		32	8.4	23.7	16.5
	1.7	24	2.4	3.8	5.6
		28	6.4	13.3	22.4
		32	7.1	20.4	15.0
80	1.0	24	7.3	9.8	9.2
		28	16.3	23.0	23.8
		32	34.3	46.7	42.9
	1.2	24	7.4	9.9	10.0
		28	14.1	24.1	26.4
		32	30.3	45.4	32.9
	1.4	24	6.9	8.8	12.1
		28	12.9	24.8	16.9
		32	18.6	40.8	40.6
	1.7	24	8.0	5.5	7.4
		28	17.4	15.3	22.9
		32	23.1	31.1	27.9

从图3.5（a）中可以看出，模数为1.0时，各个龄期80℃养护温度下试样抗压强度都大于其他两个温度时试样的抗压强度。所有试样中，80℃时试样3d的抗压强度最大，65℃时试样养护3d的抗压强度值与50℃时试样养护7d时的抗压强度相同。分析模数为1.2时的结果［图3.5（b）］，尽管在1d和7d龄期时，80℃的试样的抗压强度分别低于65℃和50℃试样的抗压强度，但是其3d龄期时的抗压强度最大，65℃时试样养护3d的抗压强度值与50℃时试样养护7d时的抗压强度相同。

将图3.5的结果与常温条件下的结果比较，对于质量浓度为32%的钠水玻璃激发剂制备的试样而言，在常温条件下养护28d龄期时，模数为1.0和1.2时所对应试样的抗压强度分别为38.5MPa和38.9MPa，而在80℃高温条件下养护3d，它们所对应试样的抗压强度则分别高达46.7MPa和45.4MPa，均超过了常温28d时的抗压强度。可见，提高养护温度可以大大缩短养护时间并可提高抗压强度。

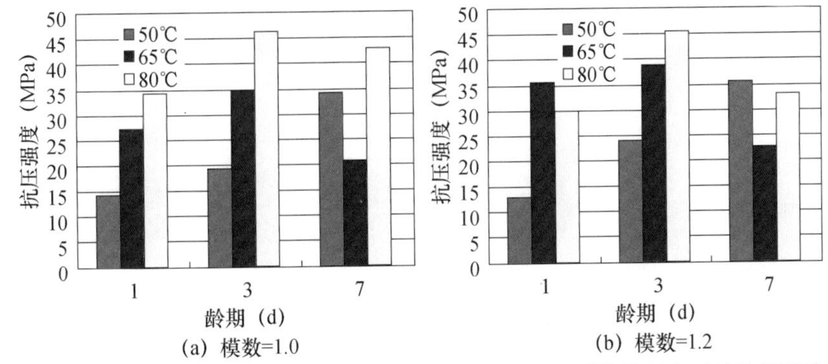

图3.5 比较模数为1.0和1.2时制备地质聚合物在不同养护温度时的抗压强度

3. 钠钾水玻璃激发剂制备地质聚合物在高温养护下的抗压强度

利用钠钾水玻璃为激发剂制备试样在50℃、65℃和80℃养护温度下的抗压强度结果，见表3.3。从表中的结果可以发现，与钠水玻璃质量浓度的影响规律一样，在相同养护温度和模数时，试样的抗压强度均随着质量浓度的增大而增大，质量浓度为32%时的抗压强度最大，而且质量浓度为24%和28%时试样的抗压强度较低，所以以下分析主要以32%质量浓度为主。

表3.3 钠钾水玻璃溶液制备地质聚合物在高温养护条件下的抗压强度

养护温度（℃）	钠水玻璃		抗压强度（MPa）		
	模数	浓度（%，质量分数）	1d	3d	7d
50	1.0	24	3.1	6.3	8.2
		28	10.4	20.7	29.9
		32	13.7	23.5	38.7
	1.2	24	4.8	9.7	12.4
		28	9.6	13.8	26.1
		32	12.6	23.3	44.3
	1.4	24	4.8	11.4	12.9
		28	8.2	11.5	14.7
		32	8.6	15.3	32.9
	1.7	24	2.4	5.1	12.0
		28	7.4	7.7	21.0
		32	8.0	13.3	30.3

续表

养护温度（℃）	钠水玻璃		抗压强度（MPa）		
	模数	浓度（%，质量分数）	1d	3d	7d
65	1.0	24	3.9	8.3	17.3
		28	13.8	20.4	28.3
		32	16.0	37.8	46.2
	1.2	24	7.3	17.6	13.3
		28	14.6	23.9	31.0
		32	23.8	45.5	48.5
	1.4	24	14.3	13.0	9.6
		28	20.6	20.1	12.9
		32	21.3	34.3	33.4
	1.7	24	8.0	10.6	7.0
		28	16.3	18.8	10.7
		32	18.8	30.8	31.2
80	1.0	24	7.9	12.5	13.1
		28	20.5	27.4	24.3
		32	29.5	42.8	38.2
	1.2	24	6.9	15.5	12.8
		28	14.5	30.5	30.0
		32	37.6	39.4	29.8
	1.4	24	16.1	14.9	24.9
		28	25.5	30.0	15.5
		32	36.0	40.1	33.1
	1.7	24	8.9	16.2	11.5
		28	13.4	19.4	17.9
		32	26.9	29.7	20.3

图3.6为模数为1.0和1.2时，不同养护温度条件下试样抗压强度结果。图3.6（a）中，当模数为1.0时，在1d和3d龄期时，80℃时试样的抗压强度最大，但是在7d龄期时，65℃时试样的抗压强度超过80℃时试样的抗压强度，达到了所有试样中的最大值，即46.2MPa。分析模数为1.2时的结果［图3.6（b）］，尽管在1d龄期时，80℃时试样的抗压强度大于65℃和50℃时试样的抗压强度，但是在3d和7d龄期时，65℃时试样的抗压强度均超过了80℃时试样的抗压强度值，而且在7d龄期时，其所对应抗压强度达到了所有试样的最大值（48.5MPa）。

将图3.6的结果与常温条件下养护结果比较，对于质量浓度为32%的钠钾水玻璃激发剂所制备的试样而言，在常温条件下养护28d龄期时，模数为1.0和1.2时所对应试样的抗压强度分别为25.5MPa和26.4MPa，而在65℃高温条件下养护7d，它们所对应试样的抗压强度则分别高达46.2MPa和48.5MPa，均大大超过了常温28d时的抗压强度。可见，提高养护温度可以显著缩短养护时间并可明显提高抗压强度。

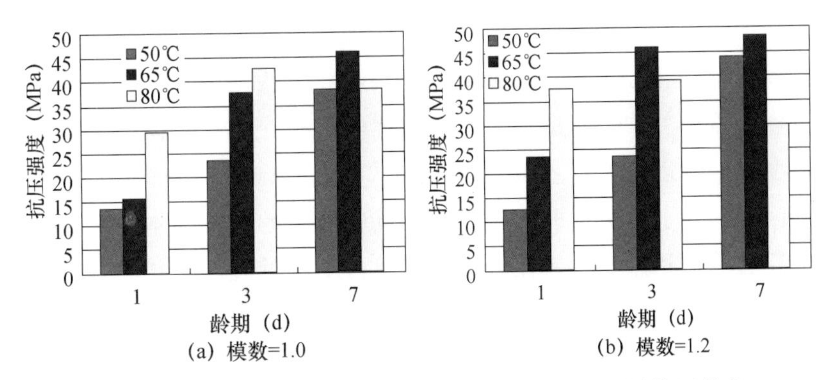

图3.6　钠钾水玻璃溶液相同模数下不同养护温度时的抗压强度

4. 小结

（1）四种化学试剂配制的激发剂溶液在高温养护条件下，激发效果最差的是2mol/L Na_2SiO_3 溶液，试样最高抗压强度仅为5.1MPa，与标准养护条件下试样28d抗压强度相比增加很少；5mol/L K_2SiO_3溶液的激发效果最好，如80℃养护1d时试样的抗压强度达到57.0MPa，远远大于标准养护条件下试样28d的抗压强度；2mol/L K_2SiO_3溶液制备试样在高温条件下养护7d时的抗压强度值与常温标准养护条件下试样28d时的抗压强度接近，小于30MPa；复合激发溶液制备试样在高温条件下养护7d时的抗压强度大于常温标准养护条件下试样28d时的抗压强度，但是不足30.0MPa。

（2）在50℃、65℃和80℃高温养护条件下，对于两种水玻璃而言，质量浓度为32%时试样抗压强度远大于质量浓度为24%和28%时试样的抗压强度，模数为1.0和1.2时试样的抗压强度较大，模数为1.4和1.7时试样的抗压强度值较低。

（3）两种水玻璃溶液质量浓度为32%，模数为1.0和1.2时，制备试样在高温条件下的抗压强度接近，都大于45MPa。不同之处在于出现最大抗压强度所对应的温度不同，钠水玻璃制备试样在80℃时3d抗压强度最大，而钠钾水玻璃制备试样在65℃时7d抗压强度最大。

（4）提高养护温度可以显著缩短养护时间，但是不同养护温度时所需养护时间不同，即35℃时，养护时间为7d以上，50℃和65℃时，养护时间为3~7d，而在80℃下，养护1~3d即可。在高温条件下，过长的养护时间反而会使试样的抗压强度下降。

3.2.2 地质聚合物水泥的养护方式

以上研究养护温度变化对化学试剂和水玻璃溶液激发剂激发效果的影响，结果表明提高养护温度可以显著提高试样的早期抗压强度，缩短养护时间。但是采用高温养护，必须在试样成型后立即带模放入高温蒸汽养护箱中，根据养护温度的不同，一般要养护8~12h后取出拆模，否则养护时间过长，会导致拆模困难，而且拆模时必须在试模温度降低后进行，这些操作或多或少都会影响试样抗压强度的发展。因此，为了避免拆模工作对试样抗压强度的影响，本节对比研究直接高温养护和热处理前在常温标准条件下预处理等养护方式对试样抗压强度的影响。为了对比在高温条件下不同的养护制度对抗压强度的影响，除了上面研究所采取的全部高温养护方式（称为方式G）外，还设计了另外两种养护方式，一是在高温条件下养护1d之后，拆模，再在常温标准条件下继续养护至3d、7d和28d龄期，并测定抗压强度（称为方式G+C）；二是首先将试样在常温标准条件下预养护1d后，拆模，再在高温条件下继续至3d和7d龄期，并测定抗压强度（称为方式C+G）。在总结激发剂优化的试验结果基础上，认为化学试剂价格昂贵，相比而言，水玻璃溶液的激发效果不仅良好，且价格较低，所以决定选取水玻璃溶液作为本书研究的激发剂。总结水玻璃溶液模数和质量浓度对试样抗压强度的影响结果可知，当水玻璃模数大于1.7后，激发效果很差，当质量浓度小于24%时，水玻璃溶液的激发效果也很差，所以本节研究中选取水玻璃溶液的模数为1.0、1.2、1.4和1.7四种，质量浓度为24%、28%和32%三种，养护温度为50℃、65℃和80℃三种。

1. 养护方式对钠水玻璃制备试样抗压强度的影响

表3.4~表3.6为钠水玻璃制备试样采用以上三种养护方式及不同温度时，在不同龄期时的抗压强度。

从表中可以发现在相同养护方式、养护温度以及相同水玻璃模数时，随着质量浓度的增大，试样的抗压强度增大，相比而言质量浓度为24%和28%时试样的抗压强度较低，质量浓度为32%时的抗压强度较大，所以，以下主要讨论质量浓度为32%时，养护方式对试样抗压强度的影响。因为之前的研究中已经分析了完全高温养护（即方式G）对试样抗压强度的影响规律，所以在此不再重复。

表 3.4 钠水玻璃制备地质聚合物在三种养护方式时的抗压强度（50℃）

钠水玻璃		养护方式	抗压强度（MPa）			
模数	浓度（%，质量分数）		1d	3d	7d	28d
1.0	24	G	5.3	5.6	4.6	—
		G+C	5.3	3.1	5.4	7.0
		C+G	0.5	4.1	7.3	—
	28	G	6.7	8.8	10.2	—
		G+C	6.7	9.8	4.9	8.6
		C+G	2.5	10.5	11.1	—
	32	G	14.3	19.4	34.3	—
		G+C	14.3	15.6	19.9	24.1
		C+G	2.1	20.5	38.6	—
1.2	24	G	5.5	8.0	4.1	—
		G+C	5.5	5.3	5.4	4.3
		C+G	0.9	7.2	5.1	—
	28	G	7.9	13.8	8.6	—
		G+C	7.9	9.6	7.1	10.3
		C+G	1.5	19.8	35.9	—
	32	G	12.8	24.0	35.3	—
		G+C	12.8	14	20.3	26.4
		C+G	0.9	35.2	38.8	—

表 3.5 钠水玻璃制备地质聚合物在三种养护方式时的抗压强度（65℃）

钠水玻璃		养护方式	抗压强度（MPa）			
模数	浓度（%，质量分数）		1d	3d	7d	28d
1.0	24	G	5.9	4.3	4.4	—
		G+C	5.9	3.0	2.7	6.8
		C+G	0.8	7.1	9.3	—
	28	G	10.9	9.7	11.5	—
		G+C	10.9	6.7	5.0	14.9
		C+G	1.6	14.0	10.1	—
	32	G	27.3	35.3	20.8	—
		G+C	27.3	19.1	16.5	27.6
		C+G	1.8	38.2	23.9	—

续表

钠水玻璃		养护方式	抗压强度（MPa）			
模数	浓度（%，质量分数）		1d	3d	7d	28d
1.2	24	G	7.0	12.9	16.8	—
		G+C	7.0	10.5	6.5	12.1
		C+G	0.8	18.4	11.1	—
	28	G	14.4	24.0	26.8	—
		G+C	14.4	23.3	18.2	24.8
		C+G	0.5	31.1	33.2	—
	32	G	36.3	39.1	22.5	—
		G+C	36.3	39.2	38.2	38.7
		C+G	0.5	43.9	34.9	—
1.4	24	G	3.0	6.3	6.1	—
		G+C	3.0	2.6	4.6	6.9
		C+G	1.0	7.6	12.8	—
	28	G	11.1	9.8	9.2	—
		G+C	11.1	9.0	7.0	17.3
		C+G	1.0	14.1	15.8	—
	32	G	8.4	23.7	16.5	—
		G+C	8.4	11.6	17.4	24.1
		C+G	0.3	26.6	20.2	—
1.7	24	G	2.4	3.8	5.6	—
		G+C	2.4	2.9	4.9	7.4
		C+G	0.5	5.2	8.0	—
	28	G	6.4	13.3	22.4	—
		G+C	6.4	8.9	14.0	17.9
		C+G	0.8	13.9	34.3	—
	32	G	7.1	20.4	15.0	—
		G+C	7.1	18.1	20.8	22.0
		C+G	0.8	24.9	16.8	—

表 3.6　钠水玻璃制备试样在三种养护方式时的抗压强度（80℃）

钠水玻璃		养护方式	抗压强度（MPa）			
模数	浓度（%，质量分数）		1d	3d	7d	28d
1.0	24	G	7.3	9.8	9.2	—
		G+C	7.3	6.3	4.1	4.8
		C+G	0.5	14.4	9.3	—
	28	G	16.3	23.0	23.8	—
		G+C	16.3	16.4	15.3	12.4
		C+G	0.8	40.4	31.2	—
	32	G	34.3	46.7	42.9	—
		G+C	34.3	29.9	29.4	28.8
		C+G	0.8	50.6	50.1	—
1.2	24	G	7.4	9.9	10.0	—
		G+C	7.4	8.1	8.7	9.6
		C+G	0.5	14.4	9.1	—
	28	G	14.1	24.1	26.4	—
		G+C	14.1	18.4	15.6	14.4
		C+G	1.0	40.1	46.8	—
	32	G	30.3	45.4	32.9	—
		G+C	30.3	38.1	35.6	30.0
		C+G	0.5	58.6	53.8	—
1.4	24	G	6.9	8.8	12.1	—
		G+C	6.9	6.1	7.9	9.9
		C+G	0.5	6.8	16.7	—
	28	G	12.9	24.8	16.9	—
		G+C	12.9	20.7	19.3	23.4
		C+G	1.0	33.5	37.6	—
	32	G	18.6	40.8	40.6	—
		G+C	18.6	27.1	25.9	26.1
		C+G	1.3	41.50	34.9	—
1.7	24	G	8.0	5.50	7.4	—
		G+C	8.0	5.08	6.6	7.9
		C+G	1.1	7.13	10.8	—
	28	G	17.4	15.3	22.9	—
		G+C	17.4	10.7	13.3	10.0
		C+G	1.9	11.3	24.9	—
	32	G	23.1	31.1	27.9	—
		G+C	23.1	19.1	18.5	13.3
		C+G	1.9	30.3	34.6	—

（1）养护方式 C+G 对试样抗压强度的影响

图 3.7 所示为在 50℃、65℃和 80℃高温条件下不同模数试样采用 C+G养护方式时的抗压强度发展图。

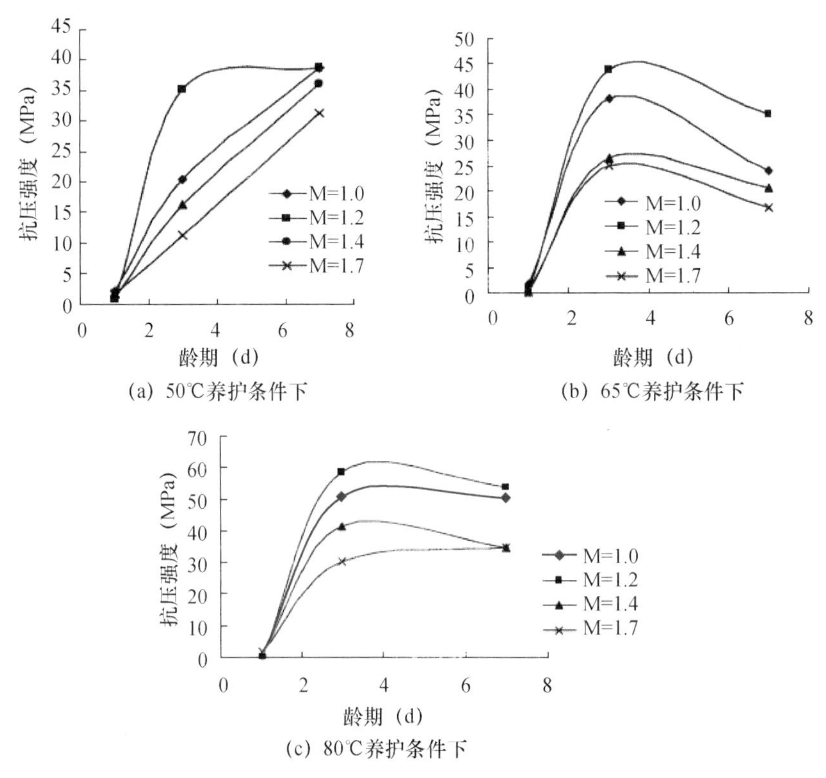

(a) 50℃养护条件下

(b) 65℃养护条件下

(c) 80℃养护条件下

图 3.7 钠水玻璃制备地质聚合物在不同高温温度时的抗压强度（养护方式为 C+G）

从图 3.7 可以发现，在常温下养护 1d 后试样的抗压强度非常低，不足 2MPa，但是经过随后的高温养护后，试样的抗压强度大幅度增加，最高可达 50MPa 以上。不同之处是：50℃时随着养护时间延长，抗压强度不断增大，7d 时试样的抗压强度最大，而在 65℃和 80℃时，3d 时试样的抗压强度最大，继续养护到 7d 时试样的抗压强度下降。此外，当模数为 1.0 和 1.2 时试样的抗压强度较大，模数为 1.7 时试样的抗压强度最低。

（2）养护方式 G+C 对试样抗压强度的影响

图 3.8 显示了采用高温养护 1d 后接着常温养护到 28d 这一养护方式（即方式 G+C）对试样抗压强度的影响。从图 3.8 中可以发现，经过高温养护 1d 后，试样在常温下养护，抗压强度的变化与高温养护温度有关。当在 50℃温度下养护 1d 后，在常温下继续养护时，试样的抗压强度继续增大，且幅度较大；在 65℃温度下养护 1d 后，在常温下继续养护，除了模数为 1.0 的试样，其他模数时试样的抗压强度也增大，

但增幅较小；在80℃温度下养护1d后，在常温下继续养护，试样的抗压强度基本没有增大，且模数为1.2和1.7时所对应试样的抗压强度还有所下降，分析认为，养护温度较低时，使得早期矿物聚合反应程度较弱，因而后期常温养护后抗压强度仍然可以继续增长。而较高的养护温度使试样早期矿物聚合反应程度较高，使得试样后期反应受阻。比较模数对抗压强度的影响可知，模数小于1.4时试样的抗压强度比较大，模数为1.7时试样的抗压强度最小。

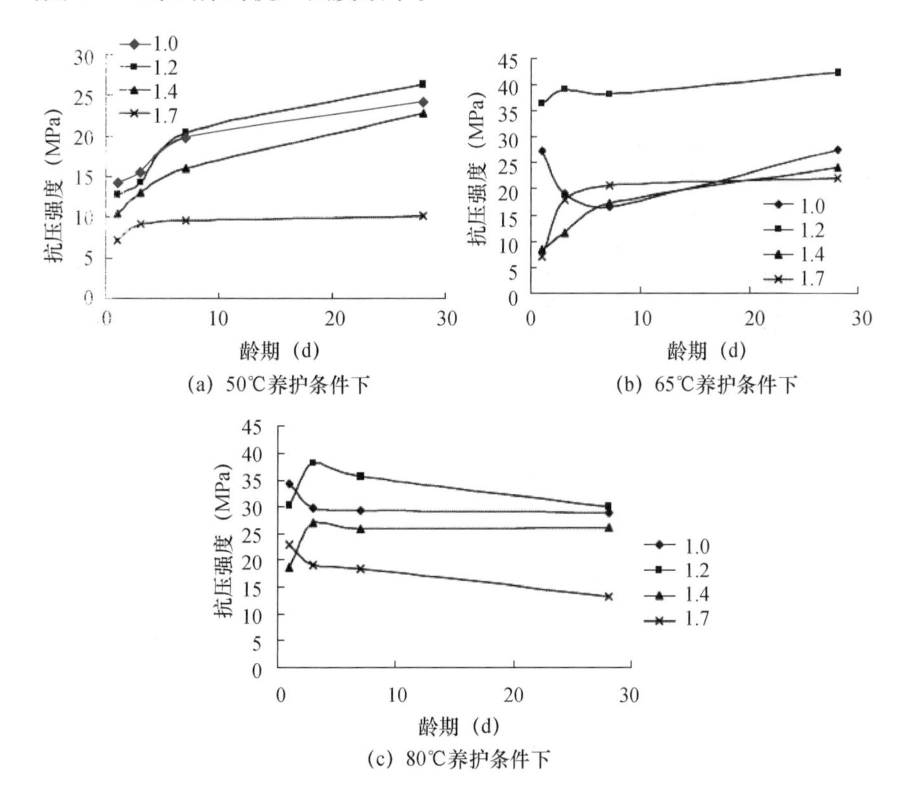

图3.8 钠水玻璃制备地质聚合物在不同温度时的抗压强度（养护方式为G+C）

（3）三种养护方式对地质聚合物抗压强度的影响对比

选择三种养护方式中所对应的最大抗压强度加以比较，在不同温度下的对比结果见图3.9。从图中可以看出，在各种养护温度下，模数为1.0和1.2时试样的抗压强度较高，模数为1.7时试样的抗压强度最低。在相同温度时，三种养护方式中，C+G养护方式试样的抗压强度值最大，其次是G养护方式所对应试样的抗压强度，G+C养护方式对抗压强度的发展影响程度最小。

比较C+G养护方式时，三个养护温度下地质聚合物的抗压强度结果可知，80℃时，模数为1.2时试样的抗压强度最大，为58.6MPa，其次是模数为1.0时试样的抗压强度，为50.6MPa。

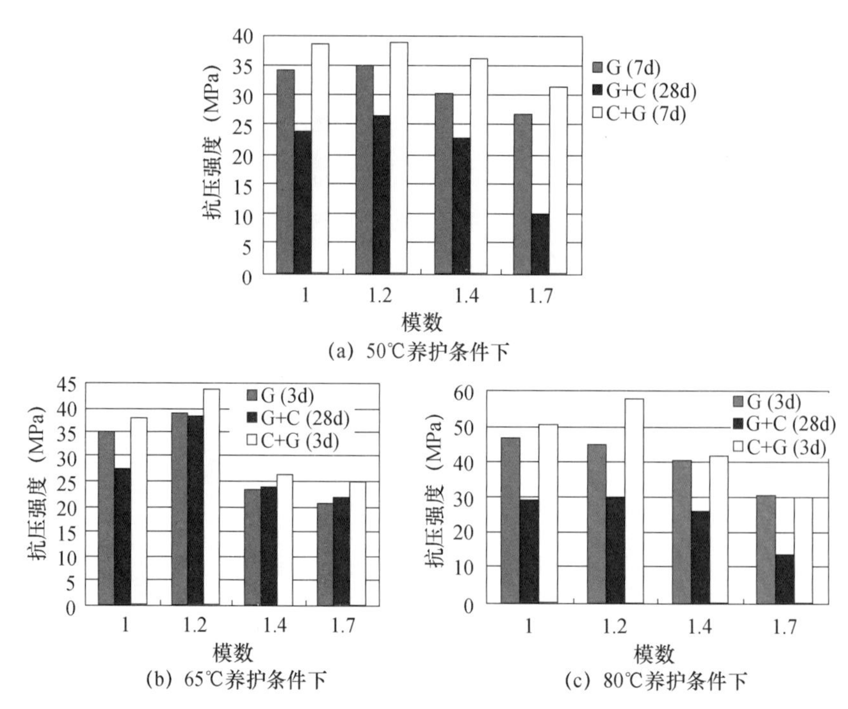

图3.9　钠水玻璃制备试样在相同温度下不同养护方式时的抗压强度

综上所述，合适的养护方式为：常温预养护1d，脱模后再在80℃高温下养护2d。

2. 养护方式对钠钾水玻璃制备试样抗压强度的影响

表3.7～表3.9为钠钾水玻璃制备地质聚合物采用三种不同养护方式和不同温度时，在不同龄期时的抗压强度。

表3.7　钠钾水玻璃制备地质聚合物在三种养护方式时的抗压强度（50℃）

钠钾水玻璃		养护方式	抗压强度（MPa）			
模数	浓度（%，质量分数）		1d	3d	7d	28d
1.0	24	G	3.1	6.3	8.2	—
		G+C	3.1	3.5	3.8	3.3
		C+G	1.1	6.9	9.3	—
1.0	28	G	10.4	20.7	29.9	—
		G+C	10.4	9.9	11.3	14.7
		C+G	1.7	23.0	31.5	—
	32	G	13.7	23.5	38.7	—
		G+C	13.7	15.8	15.6	29.7
		C+G	1.8	35.8	45.8	—

续表

钠钾水玻璃		养护方式	抗压强度（MPa）			
模数	浓度（%，质量分数）		1d	3d	7d	28d
1.2	24	G	4.8	9.7	12.4	—
		G+C	4.8	6.4	7.1	7.1
		C+G	1.5	8.9	13.3	—
	28	G	9.6	13.8	26.1	—
		G+C	9.6	11.1	13.1	11.4
		C+G	2.1	26.9	27.9	—
	32	G	12.6	23.3	44.3	—
		G+C	12.6	13.8	18.2	33.5
		C+G	2.5	24.0	45.2	—
1.4	24	G	4.8	11.4	12.9	—
		G+C	4.8	8.0	8.2	10.7
		C+G	1.8	11.4	14.2	—
	28	G	8.2	11.5	14.7	—
		G+C	8.2	10.5	15.8	19.3
		C+G	1.8	17.8	18.3	—
	32	G	8.6	15.3	32.9	—
		G+C	8.6	16.4	22.3	29.7
		C+G	2.4	20.1	34.9	—
1.7	24	G	2.4	5.1	12.0	—
		G+C	2.4	7.2	8.1	6.4
		C+G	2.0	11.1	13.0	—
	28	G	7.4	7.7	21.0	—
		G+C	7.4	11.3	14.3	10.0
		C+G	2.1	13.8	25.3	—
	32	G	8.0	13.3	30.3	—
		G+C	8.0	12.7	17.5	16.0
		C+G	2.0	13.9	32.8	—

表 3.8　钠钾水玻璃制备地质聚合物在三种养护方式时的抗压强度（65℃）

钠钾水玻璃		养护方式	抗压强度（MPa）			
模数	浓度（%，质量分数）		1d	3d	7d	28d
1.0	24	G	3.9	8.3	17.3	—
		G+C	3.9	4.9	7.9	13.3
		C+G	0.8	12.4	14.5	—
	28	G	13.8	20.4	28.3	—
		G+C	13.8	13.4	16.0	27.5
		C+G	1.0	22.3	30.4	—
	32	G	16.0	37.8	46.2	—
		G+C	16.0	13.4	17.3	34.6
		C+G	1.0	40.4	45.3	—
1.2	24	G	7.3	17.6	13.3	—
		G+C	7.3	12.4	8.8	14.0
		C+G	1.2	20.7	16.8	—
	28	G	14.6	23.9	31.0	—
		G+C	14.6	20.4	27.8	24.0
		C+G	1.3	23.9	36.3	—
	32	G	23.8	45.5	48.5	—
		G+C	23.8	31.8	27.5	37.1
		C+G	0.9	46.1	49.1	—
1.4	24	G	14.3	13.0	9.6	—
		G+C	14.3	8.4	8.3	14.9
		C+G	1.4	16.0	10.4	—
	28	G	20.6	20.1	12.9	—
		G+C	20.6	22.5	21.1	25.1
		C+G	1.5	24.9	24.3	—
	32	G	21.3	34.3	33.4	—
		G+C	21.3	17.3	19.9	28.8
		C+G	1.3	31.5	42.7	—
1.7	24	G	8.0	10.6	7.0	—
		G+C	8.0	7.9	8.7	12.1
		C+G	1.8	12.7	7.9	—
	28	G	16.3	18.8	10.7	—
		G+C	16.3	10.1	13.9	15.5
		C+G	2.3	19.8	11.9	—
	32	G	18.8	30.8	31.2	—
		G+C	18.8	25.8	27.6	27.0
		C+G	2.1	35.6	37.1	—

表 3.9 钠钾水玻璃制备地质聚合物在三种养护方式时的抗压强度（80℃）

钠钾水玻璃		养护方式	抗压强度（MPa）			
模数	浓度（%，质量分数）		1d	3d	7d	28d
1.0	24	G	7.9	12.5	13.1	—
		G+C	7.9	13.4	12.6	13.6
		C+G	1.0	25.3	17.2	—
	28	G	20.5	27.4	24.3	—
		G+C	20.5	26.5	24.3	24.9
		C+G	1.3	34.8	33.7	—
	32	G	29.5	42.8	38.2	—
		G+C	29.5	26.5	25.3	24.9
		C+G	1.3	44.9	44.1	—
1.2	24	G	6.9	15.5	12.8	—
		G+C	6.9	13.0	12.8	13.0
		C+G	1.1	22.0	13.4	—
	28	G	14.5	30.5	30.0	—
		G+C	14.5	27.6	26.3	25.5
		C+G	1.6	46.3	34.5	—
	32	G	37.6	39.4	29.8	—
		G+C	37.6	35.6	30.4	28.7
		C+G	1.8	52.5	32.0	—
1.4	24	G	16.1	14.9	24.9	—
		G+C	16.1	14.2	13.9	16.5
		C+G	1.5	25.6	16.9	—
	28	G	25.5	30.0	15.5	—
		G+C	25.5	25.4	24.5	26.9
		C+G	1.8	37.0	27.3	—
	32	G	36.0	40.1	33.1	—
		G+C	36.0	28.0	29.9	33.5
		C+G	1.9	41.8	34.8	—
1.7	24	G	8.9	16.2	11.5	—
		G+C	8.9	2.9	7.1	11.2
		C+G	1.4	16.5	13.6	—
	28	G	13.4	19.4	17.9	—
		G+C	13.4	5.9	7.2	16.9
		C+G	1.9	19.7	13.3	—
	32	G	26.9	29.7	20.3	—
		G+C	26.9	17.1	19.1	23.3
		C+G	1.9	30.1	21.6	—

从表3.9中可以发现在相同养护方式和养护温度以及相同水玻璃模数时，随着质量浓度的增大，地质聚合物的抗压强度增大；但是，相比而言，质量浓度为24%和28%时试样的抗压强度较低，质量浓度为32%时试样的抗压强度较高，所以，以下主要讨论质量浓度为32%时，不同养护方式对试样抗压强度的影响。

（1）养护方式C+G对试样抗压强度的影响

图3.10所示为在50℃、65℃和80℃高温条件下不同模数试样采用C+G养护方式时的抗压强度发展图。

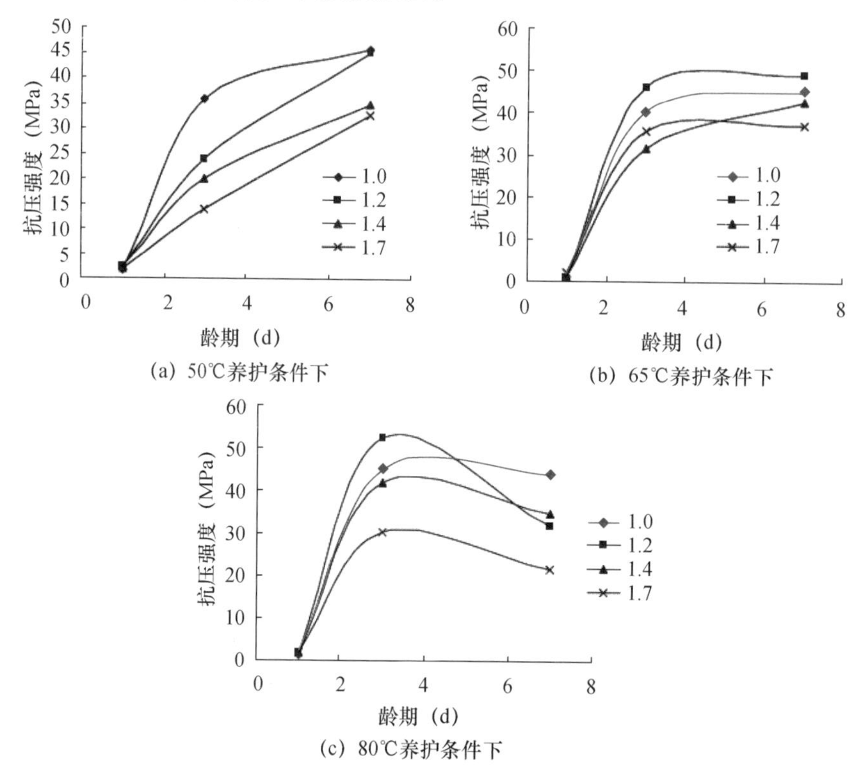

图3.10 钠钾水玻璃制备地质聚合物在不同高温温度时的抗压强度（养护方式为C+G）

从图3.10中可以发现，在常温下养护1d时试样的抗压强度很低，不足2MPa，但是经过随后的高温养护后，试样的抗压强度大幅度增加，最高可达50MPa以上。不同之处是：在50℃养护温度下，随着养护时间延长，抗压强度不断增大，7d时试样的抗压强度最大，而在65℃温度下，3d时试样的抗压强度就达到了最大，到7d时只有模数为1.4时的试样抗压强度还有些增加，其他模数所对应试样的抗压强度基本保持不变。当温度为80℃时，3d时试样的抗压强度为最大，7d时试样抗压强度下降。此外，模数为1.0和1.2时试样的抗压强度较大，模数为1.7时试样的强度最低。

（2）养护方式 G + C 对试样抗压强度的影响

图 3. 11 显示了采用高温养护 1d 后接着常温养护到 28d 这一养护方式（即方式 G + C）对试样抗压强度的影响。

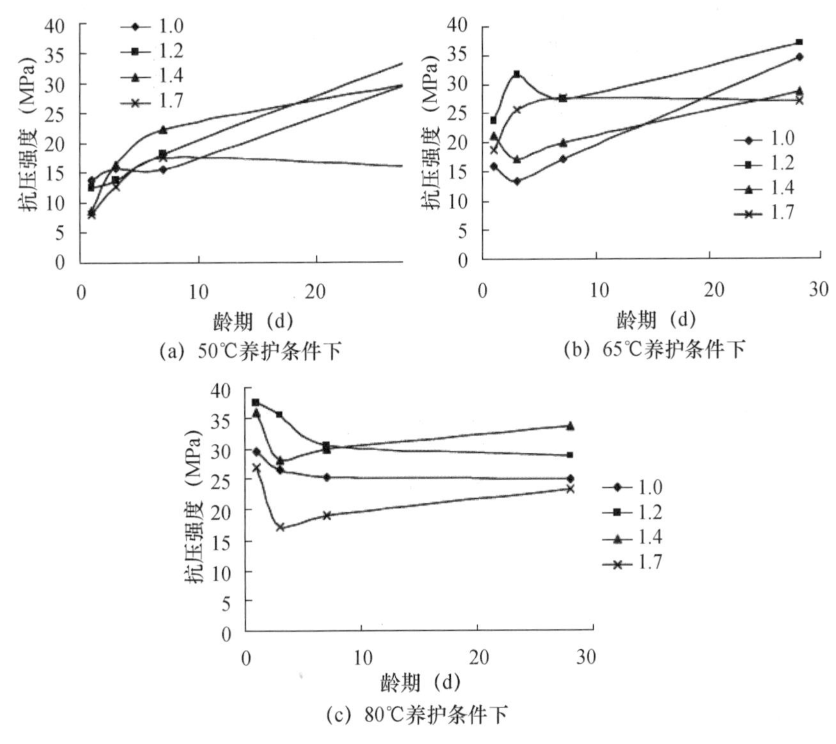

(a) 50℃养护条件下

(b) 65℃养护条件下

(c) 80℃养护条件下

图 3. 11 钠钾水玻璃制备地质聚合物在不同高温温度时的抗压强度（养护方式为 G + C）

从图 3. 11 中可以发现，经过高温养护 1d 后，试样在常温下继续养护，抗压强度的变化与高温养护温度有关。在 50℃ 温度下养护 1d 后，试样在常温下继续养护，除了模数为 1. 7 所对应试样外，其他试样的抗压强度都继续增大，且增大幅度较大；在 65℃ 温度养护 1d 后，试样在常温下继续养护，除了模数为 1. 7 所对应试样外，其他试样的抗压强度在常温养护 7d 内抗压强度均有不同程度的下降，但随后试样的抗压强度大幅度增大，到 28d 时试样的抗压强度超过了高温养护 1d 时的抗压强度，且还有继续增大的趋势；在 80℃ 高温下养护 1d 后，试样的抗压强度均比较高，但在随后的常温下养护后试样的抗压强度开始下降，低于高温养护 1d 后的抗压强度。比较模数对抗压强度的影响可知，模数为小于 1. 4 时试样的抗压强度比较大，模数为 1. 7 时试样的抗压强度最小。

（3）对比三种养护方式对地质聚合物抗压强度的影响

选择三种养护方式中所对应的最大抗压强度加以比较，在不同温度下的对比结果见图 3. 12。

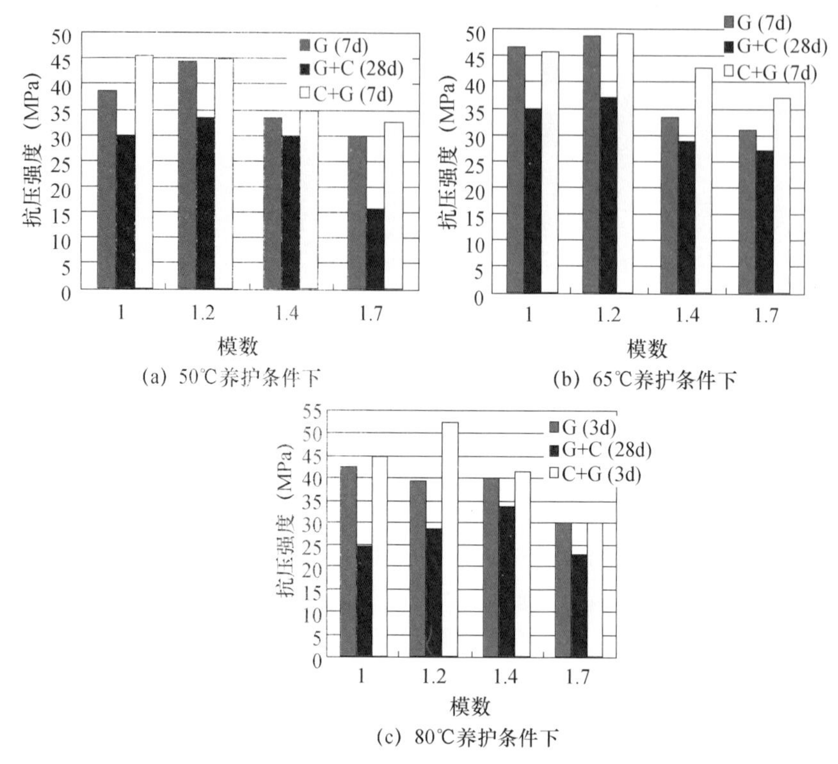

(a) 50℃养护条件下

(b) 65℃养护条件下

(c) 80℃养护条件下

图 3.12　钠钾水玻璃制备试样在相同温度下不同养护方式时的抗压强度

从图 3.12 中可以看出，在各种养护温度下，模数为 1.0 和 1.2 时试样的抗压强度较高，模数为 1.7 时试样的抗压强度最低。当养护温度相同时，三种养护方式中，C + G 养护方式时试样的抗压强度值最大，其次是 G 养护方式所对应试样的抗压强度，G + C 养护方式对抗压强度的发展影响程度最小。比较 C + G 养护方式时，三个养护温度下试样的抗压强度结果可知，80℃ 时，模数为 1.2 时试样的抗压强度最大，为 52.5MPa，其次是 65℃时模数为 1.2 时试样的抗压强度，为 49.1MPa。

综上所述，合适的养护方式为：常温预养护 1d，脱模后再在 80℃ 高温下养护 2d，或 65℃高温养护 7d。图 3.13 对比了由钠水玻璃和钠钾水玻璃制备试样在不同养护温度下的最大抗压强度，养护方式为 C + G。

从图 3.13 中发现，采用两种水玻璃溶液制备地质聚合物在 C + G 养护方式下的抗压强度存在一定的差异，当模数为 1.0 时，钠水玻璃制备地质聚合物的最大抗压强度值出现在 80℃，为 50.6MPa，而钠钾水玻璃制备地质聚合物在三个温度下的抗压强度基本接近，为 45MPa 左右。当模数为 1.2 时，钠水玻璃和钠钾水玻璃制备地质聚合物的最大抗压强度值均出现在 80℃，分别为 58.6MPa 和 52.5MPa。总体而言，采用C + G养护方式，钠水玻璃制备地质聚合物在三个养护温度下的抗压强度差异较大，而钠钾水玻璃制备试样在三个养护温度下的抗压强度差异较小。

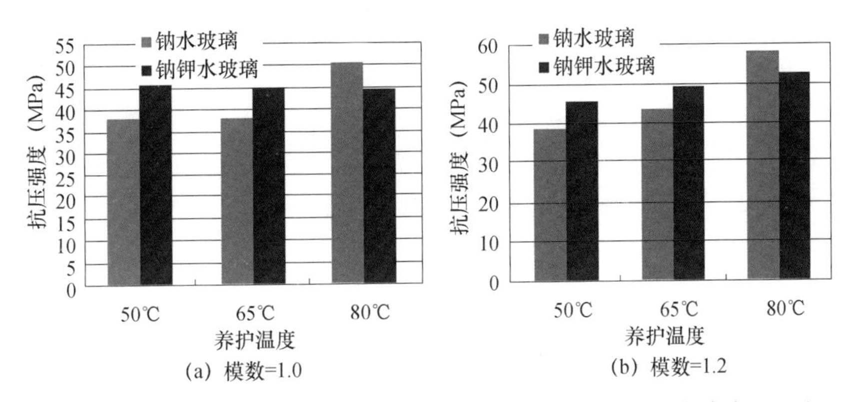

图 3.13　不同养护温度下两种地质聚合物最大抗压强度（养护方式为 C + G）

3. 小结

（1）由两种水玻璃制备地质聚合物在各种养护方式下，模数为 1.0 和 1.2 时试样的抗压强度较大，模数为 1.7 时地质聚合物的抗压强度最低。

（2）三种养护方式中，C + G 养护方式所对应试样的抗压强度值最大，其次是 G 养护方式所对应试样的抗压强度，G + C 养护方式对抗压强度的发展影响程度最小。

（3）两种水玻璃制备试样在 C + G 养护方式下的抗压强度存在一定的差异，当模数为 1.0 时，钠水玻璃制备试样的最大抗压强度值出现在 80℃，为 50.6MPa，而钠钾水玻璃制备试样在三个温度下的抗压强度基本接近，为 45MPa 左右。当模数为 1.2 时，钠水玻璃和钠钾水玻璃制备试样的最大抗压强度值均出现在 80℃，分别为 58.6MPa 和 52.5MPa。

（4）最佳的养护方式为：常温预养护 1d，脱模后再在 80℃高温下养护 2d。

3.2.3　高温养护条件对地质聚合物抗压强度的影响

前面的研究表明，高温养护对试样抗压强度发展非常有利，尤其是对早期强度影响更为突出。为了更进一步研究高温养护条件对抗压强度的影响，在之前的蒸汽湿热养护条件外，还采用了烘箱干热养护条件，并对比研究了这两种养护条件对两种激发剂溶液制备试样抗压强度发展的影响。

根据以上研究结果，选择了两种激发剂溶液的质量浓度为 32%，模数为 1.2，养护方式采取方式 C + G，即在常温下养护 1d 后拆模，之后分别在两种养护条件下养护 2d，养护温度为 50℃、65℃和 80℃。为了进一步研究高温养护后在常温条件下试样抗压强度的发展变化情况，分别将在两种高温养护条件下养护后的试样改为常温养护，控制养护湿度，蒸汽湿热养护后试样放置在常温标准养护箱中，烘箱干热养护后的试样装在密封塑料袋中（温度为20℃左右），两组试样在常温下继续养护7d、14d、28d、60d和90d，测定试样的抗压强度，据此判断两种养护条件对试样抗压强度的影响。

1. 高温养护条件对钠水玻璃制备地质聚合物抗压强度的影响

表3.10列出了在不同高温养护条件下钠水玻璃制备地质聚合物的抗压强度结果。

表3.10　不同高温养护条件下钠水玻璃制备地质聚合物的抗压强度

高温养护温度（℃）	养护条件	抗压强度（MPa）					
		常温1d+高温2d	常温7d	常温14d	常温28d	常温60d	常温90d
50	潮湿	32.9	22.4	26.3	38.0	35.0	34.5
	干燥	22.8	21.3	28.3	42.6	31.1	32.1
65	潮湿	47.1	39.3	43.6	45.2	44.3	43.6
	干燥	49.3	43.8	44.1	45.2	44.9	44.7
80	潮湿	56.5	50.4	51.2	52.8	53.0	52.5
	干燥	48.4	38.2	41.8	41.2	40.6	40.3

分析在相同高温养护温度下，采取不同的养护条件时，试样的抗压强度随养护龄期的延长而发展的情况，见图3.14。分析图3.14，在三种高温时，两种养护条件对试样抗压强度的影响规律相似，而且在50℃和65℃温度时，试样抗压强度值很接近，但是在80℃温度，潮湿条件下试样的抗压强度较大。进一步比较三个温度下试样抗压强度的变化发现，改为常温养护后，7d时试样的抗压强度明显下降，低于高温养护后的抗压强度，随后抗压强度增大，到60d时趋于稳定。不同之处在于各试样抗压强度增大幅度不同，在65℃和80℃温度时，试样抗压强度增大较少，常温养护90d后试样抗压强度略低于高温养护后的抗压强度，为高温养护后抗压强度的83%～93%；50℃时，常温养护28d时，两种试样的抗压强度都达到最大，且都超过了高温养护时的抗压强度，随后试样的抗压强度略有下降，90d时，试样的抗压强度略大于高温养护后的抗压强度，为高温养护后试样抗压强度的1.05～1.41倍。

图3.15对比了在两种养护条件下，常温养护1d，高温养护2d后试样的抗压强度。从图3.15中可以发现，无论是采取哪种养护条件，50℃温度下试样的抗压强度都是最低，这与之前有关养护温度影响的

研究结果一致。潮湿条件下，80℃温度下试样的抗压强度最大；干燥条件下，65℃温度下试样的抗压强度最大。相比而言，两种养护条件下试样最大抗压强度相差很小。因此认为，对于钠水玻璃溶液制备试样而言，湿热和干热这两种不同养护条件对试样抗压强度的影响程度一致。

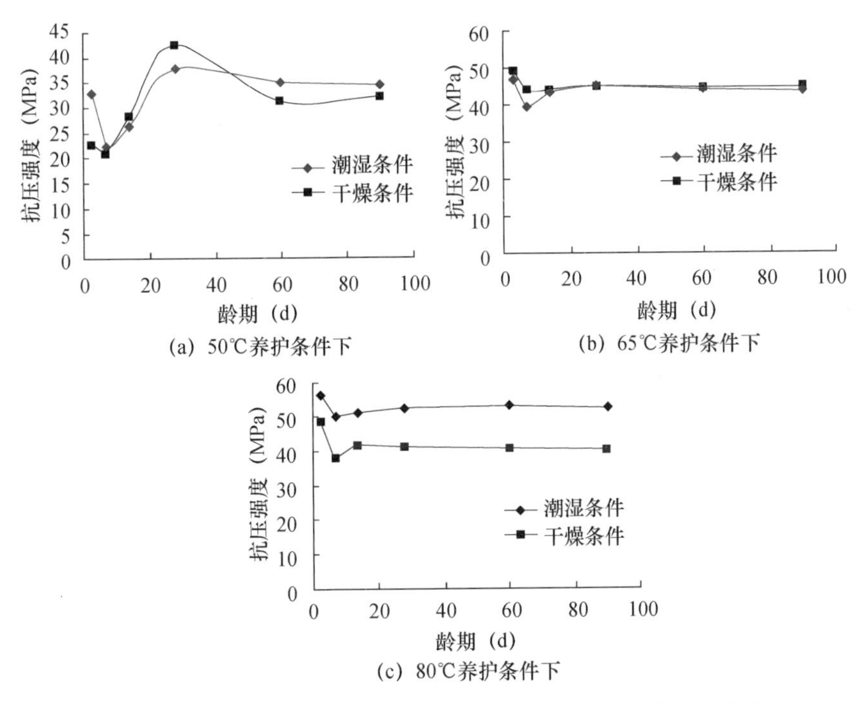

图 3.14 钠水玻璃制备地质聚合物在不同养护条件下的抗压强度

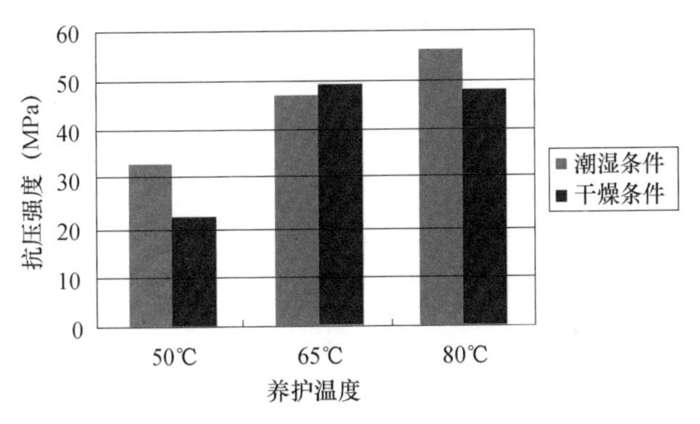

图 3.15 钠水玻璃制备地质聚合物在不同养护条件和温度时 3d 的抗压强度

2. 高温养护条件对钠钾水玻璃制备地质聚合物抗压强度的影响

表 3.11 列出了在不同高温养护条件下钠钾水玻璃制备试样的抗压强度结果。

表 3.11　不同高温养护条件下钠钾水玻璃制备试样的抗压强度

高温养护温度（℃）	养护条件	抗压强度（MPa）					
		常温 1d + 高温 2d	常温 7d	常温 14d	常温 28d	常温 60d	常温 90d
50	潮湿	23.8	18.9	22.2	23.8	21.2	20.8
	干燥	13.4	19.5	23.8	22.4	21.8	21.6
65	潮湿	50.4	37.5	39.0	42.1	40.3	43.1
	干燥	21.2	22.7	22.4	23.2	21.1	23.6
80	潮湿	51.6	45.8	50.7	50.4	52.9	51.9
	干燥	35.9	31.8	32.4	29.9	27.3	27.4

在相同高温养护温度下，采取不同的养护条件时，地质聚合物的抗压强度随养护龄期的延长而发展的情况，见图 3.16。

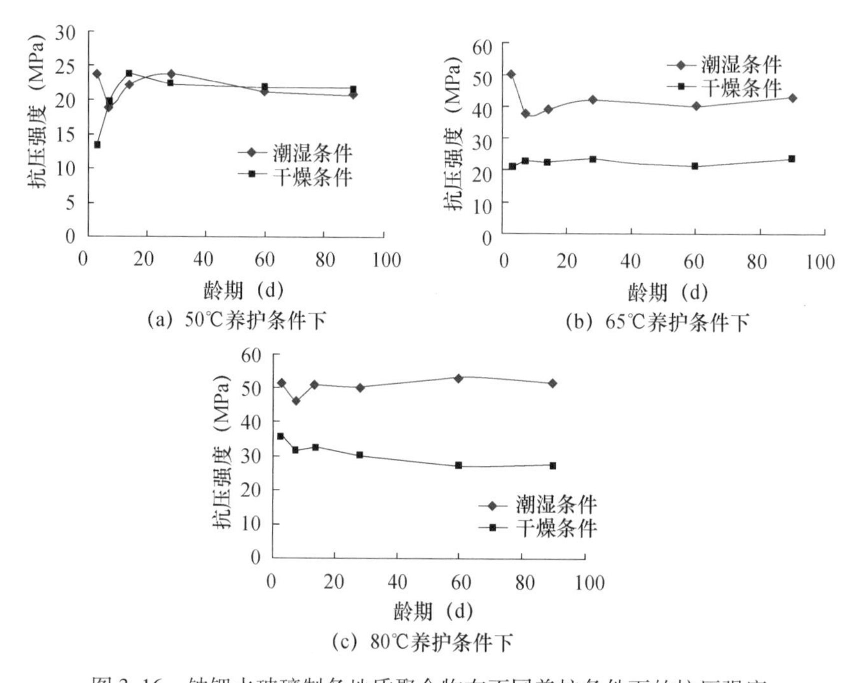

图 3.16　钠钾水玻璃制备地质聚合物在不同养护条件下的抗压强度

分析图 3.16，在三种高温时，两种养护条件对试样抗压强度的影响规律相似。在潮湿条件下，高温养护后，在常温条件下继续养护到 7d 时，试样的抗压强度均有所下降，随后继续养护，试样的抗压强度提高，到 28d 时抗压强度趋于稳定，养护到 90d 时的抗压强度略低于高温养护后试样的抗压强度。在干燥条件下，50℃温度养护后，试样在常温养护条件下的抗压强度值比高温养护时的抗压强度增大很多，而 65℃和 80℃温度养护后，试样在常温下继续养护时的抗压强度接近或略低于高温养护后的抗压强度。

图3.17对比在两种养护条件下，常温养护1d，高温养护2d后试样的抗压强度。从图中可以发现，无论是养护温度多大，在潮湿条件下试样的抗压强度都大于在干燥条件下试样的抗压强度，而且差异很大，尤其是养护温度为65℃时，潮湿条件下试样抗压强度为干燥条件下试样抗压强度的2.38倍。相比而言，潮湿条件下试样的最大抗压强度为干燥条件下试样最大抗压强度的1.44倍，相差较大。因此认为，湿热和干热这两种不同养护条件对钠钾水玻璃制备试样的抗压强度的影响程度差异很大，其中湿热条件更有利于试样的抗压强度，而在干热养护条件下，钠钾水玻璃溶液的激发效果较差。

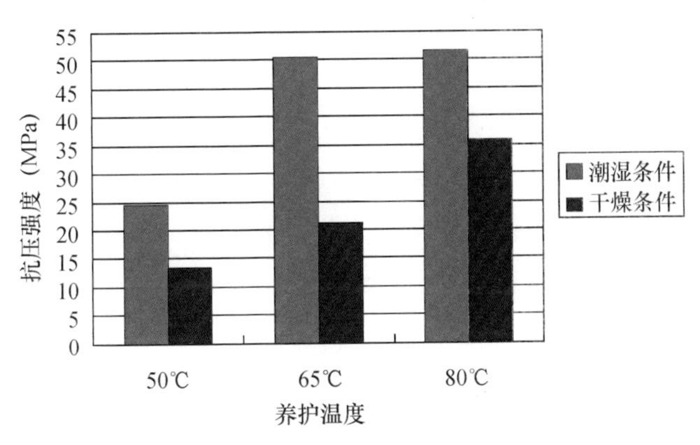

图3.17　钠钾水玻璃制备地质聚合物在不同养护条件和温度时3d的抗压强度

3. 小结

（1）在湿热和干热两种养护条件下，经过高温养护后，在常温下继续养护7d时试样的抗压强度变化较大，但是到28d后抗压强度变化趋缓，养护到60d时抗压强度达到稳定。相比而言，在50℃高温养护后，在常温下养护90d时试样抗压强度大于高温养护后的抗压强度，而在65℃和80℃高温养护后，在常温下养护90d时试样抗压强度略低于高温养护后的抗压强度。

（2）钠水玻璃制备试样，在潮湿条件下，养护温度为80℃时试样的抗压强度最大，为52.5MPa；在干燥条件下，养护温度为65℃时试样的抗压强度最大，为44.7MPa，两者差异不大。钠钾水玻璃制备试样，在潮湿条件下，养护温度为80℃时试样的抗压强度最大，为51.9MPa；在干燥条件下，还是养护温度为80℃时试样的抗压强度最大，为27.4MPa，但两者差异很大。

（3）经过高温养护后，利用两种水玻璃溶液制备试样在常温下继续养护，虽然在最初的养护龄期内，试样的抗压强度有所下降，但是经过更长时间的常温养护后，试样的抗压强度会增大，并能在较长时间内保持稳定，使得常温条件下的抗压强度基本可以达到或略低于高温养护后的抗压强度值。

3.3 地质聚合物水泥的耐久性研究

3.3.1 地质聚合物水泥的抗硫酸盐腐蚀性能

已有大量的研究结果表明，因为硅酸盐水泥石中含有较多的氢氧化钙和水化铝酸钙，所以当和硫酸盐溶液接触时，会与氢氧化钙发生反应生成硫酸钙，硫酸钙会以二水石膏的形式结晶产生膨胀，或与水化铝酸钙反应生成水化硫铝酸钙晶体而膨胀，由此会导致硅酸盐水泥石腐蚀，所以硅酸盐水泥石耐硫酸盐腐蚀性能很差。

粉煤灰基地质聚合物是以碱硅酸盐溶液作为激发剂制备而成的，其中激发剂溶液的碱性很大，其 pH 值大于 12，由此人们对粉煤灰基地质聚合物在遇到硫酸盐溶液时的抗腐蚀性能产生疑问。由于硫酸盐的腐蚀作用需要较长的时间才能体现出来，所以，为了能尽快反映出试验结果，本试验采用了两种快速反应方法，一是提高硫酸盐溶液的浓度，选择 $MgSO_4$ 溶液和 Na_2SO_4 溶液，分别采用单独 5% 的浓度及各自 5% 浓度的混合溶液共三种进行硫酸盐溶液的浸泡试验（实际环境中如土壤、地下水等，其中硫酸盐的浓度很低，以 SO_3 表示，其浓度 $<1000\times10^{-6}$），二是增大反应接触面积，所以采取 20mm × 20mm × 20mm 的净浆小试块。通过测定试样在不同浸泡时间后抗压强度和质量的变化来反映其抗硫酸盐腐蚀性能。

1. 不同硫酸盐溶液浸泡后地质聚合物抗压强度的变化

表 3.12 和表 3.13 显示了由两种激发剂溶液制备试样（钠水玻璃和钠钾水玻璃制备试样分别简称为 FN 试样和 FK 试样）在三种硫酸盐溶液浸泡不同时间时的抗压强度结果。

表 3.12 FN 试样在三种硫酸盐溶液中浸泡不同时间时的抗压强度

浸泡溶液种类	抗压强度（MPa）							
	浸泡前	15d	30d	45d	60d	90d	120d	150d
$MgSO_4$	36.9	38.7	37.8	32.9	31.2	29.7	34.6	30.1
Na_2SO_4	36.9	38.9	38.3	36.2	32.5	31.7	28.4	28.4
$MgSO_4+Na_2SO_4$	36.9	38.6	37.3	37.6	31.2	30.2	35.5	34.2

表 3.13 FK 试样在三种硫酸盐溶液中浸泡不同时间时的抗压强度

浸泡溶液种类	抗压强度（MPa）							
	浸泡前	15d	30d	45d	60d	90d	120d	150d
$MgSO_4$	25.5	37.8	33.0	30.1	24.6	32.9	25.6	25.4
Na_2SO_4	25.5	42.0	42.8	35.8	28.1	32.8	34.9	33.2
$MgSO_4+Na_2SO_4$	25.5	43.0	34.0	35.4	34.0	29.7	36.7	34.2

为了更为直观地观察分析不同硫酸盐溶液对两种试样抗压强度的影响，绘制图 3.18 ~ 图 5.20，它们显示了采用两种激发剂溶液制备试样（即 FN 和 FK）的抗压强度在不同硫酸盐溶液中随浸泡时间的变化情况。

（1）硫酸镁溶液对地质聚合物抗压强度的影响

由图 3.18 可知，在 5% $MgSO_4$溶液中浸泡最初的 15d 内，FN 和 FK 试样的抗压强度均有所增加，FK 试样增加 48.2%，FN 增加 4.8%；其后有所下降，浸泡 60d 后下降趋于稳定，随后试样的抗压强度又有所提高。浸泡到 150d 时，FN 试样抗压强度总体下降了 18.4%，FK 试样抗压强度基本上与初始抗压强度一样。

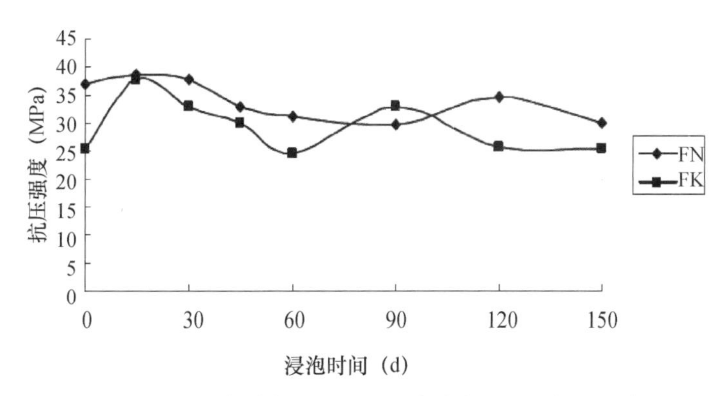

图 3.18 不同试样在 5% $MgSO_4$溶液中浸泡时抗压强度

（2）硫酸钠溶液对地质聚合物抗压强度影响

从图 3.19 中可以看出，在 5% Na_2SO_4 溶液中浸泡 30d 后，FN 和 FK 两种试样抗压强度分别增加了 4.8% 和 67.8%，随后 FN 试样的抗压强度缓慢下降，到 120d 时趋于稳定，到 150d 时，总体抗压强度下降了 23.0%，对于 FK 试样而言，浸泡 60d 时抗压强度降到最低，随后又有一定的增大，浸泡 150d 后，试样抗压强度仍然高于初始值，即提高了 30.2%。

（3）硫酸钠和硫酸镁混合溶液对地质聚合物抗压强度的影响

图 3.20 显示了在 5% $MgSO_4$ 和 5% Na_2SO_4 的混合溶液浸泡时两种试样的抗压强度，可以发现：FN 试样在 150d 的浸泡期内，抗压强度变化程度很小，最终只下降了 7.3%，FK 试样在最初浸泡的 15d 内抗压强度

显著提高，达到43MPa，提高了68.6%，随后继续浸泡试样的抗压强度略有降低，最终抗压强度仍提高了34.1%。

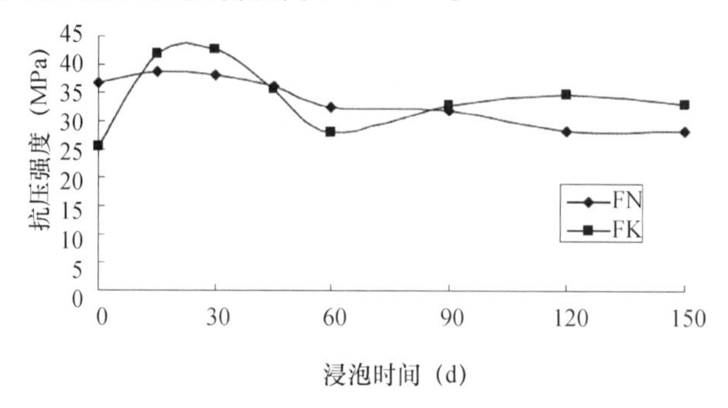

图3.19　不同试样在5% Na_2SO_4溶液中浸泡时抗压强度

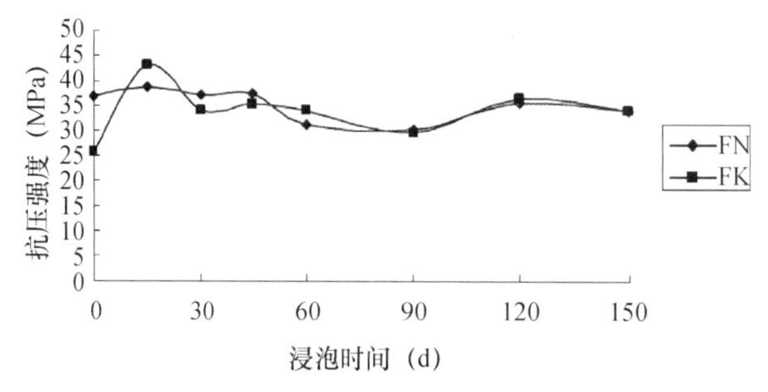

图3.20　不同试样在5% $MgSO_4$ + 5% Na_2SO_4溶液中浸泡时抗压强度

（4）不同硫酸盐溶液对地质聚合物抗压强度的影响

由图3.21和图3.22进一步比较不同硫酸盐溶液对两种试样抗压强度的影响情况。

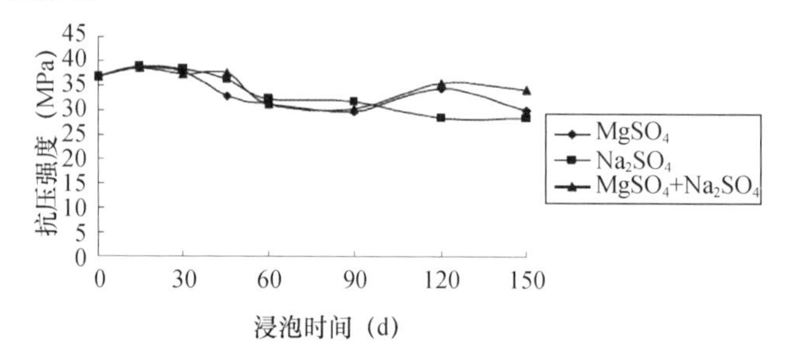

图3.21　在不同硫酸盐溶液中FN试块的抗压强度

由图3.21中可以发现，在最初的30d内，三种硫酸盐溶液对FN试样的影响程度相似，均使抗压强度有所增加，之后呈现不同程度的下降趋势，相比而言5% Na_2SO_4溶液的腐蚀影响最大，混合溶液的影响程度最小。

从图3.22中显示的FK试样在三种硫酸盐溶液中抗压强度的变化情况可以看出，在整个浸泡试验过程中，抗压强度在最初的15~30d内有明显的增大，虽然随后有所下降，但是最终的抗压强度均不低于初始强度，比较发现，5% $MgSO_4$溶液的影响最大，与 FN 试样一样，混合硫酸盐溶液的影响程度最小。

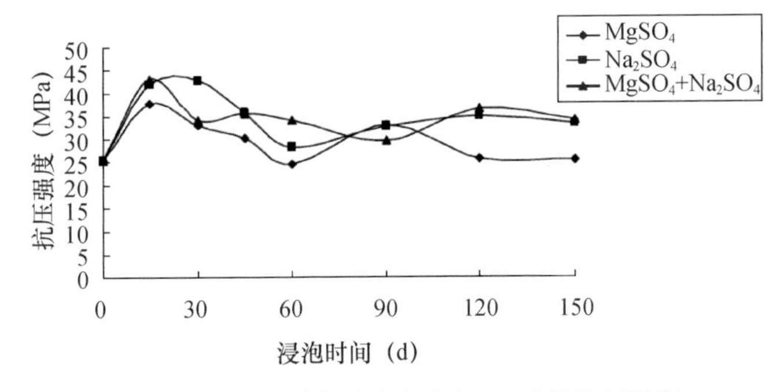

图 3.22　在不同硫酸盐溶液中 FK 试块抗压强度

将两种试样在三种溶液中浸泡 150d 后抗压强度的变化率总结于表 3.14中。

表 3.14　两种试样在三种溶液中浸泡 150d 后抗压强度

试样代号	抗压强度变化率（%）		
	5% $MgSO_4$	5% Na_2SO_4	5% $MgSO_4$ +5% Na_2SO_4
FN	−18.4	−23.0	−7.3
FK	−0.39	30.2	34.1

2. 硫酸盐溶液对试样质量的影响

观察发现，浸泡在硫酸盐溶液中的试样表面没有肉眼可见的缺陷，浸泡几个月后试块表面仍然与浸泡之前一样光滑。测定其质量随浸泡时间的变化，结果见表 3.15、表 3.16。

表 3.15　FN 试样在不同浸泡时间时的质量

浸泡溶液种类	抗压强度（MPa）							
	浸泡前	15d	30d	45d	60d	90d	120d	150d
$MgSO_4$	14.6	15.6	15.5	15.7	15.2	15.1	15.1	15.2
Na_2SO_4	14.6	15.5	15.4	15.2	15.5	15.2	15.2	15.2
$MgSO_4$ + Na_2SO_4	14.6	15.5	15.4	15.4	15.3	15.3	15.3	15.2

表 3.16　FK 试样在不同浸泡时间时的质量

浸泡溶液种类	抗压强度（MPa）							
	浸泡前	15d	30d	45d	60d	90d	120d	150d
$MgSO_4$	14.7	15.7	15.4	15.4	15.4	15.3	15.2	15.1
Na_2SO_4	14.7	15.2	15.3	15.3	15.4	15.3	15.2	15.1
$MgSO_4$ + Na_2SO_4	14.7	15.7	15.3	15.3	15.4	15.2	15.2	15.1

浸泡15d后发现两种试样的质量都有所增大，最大增幅为6.85%，最小增幅为3.37%。此后随着浸泡时间延长，试样的质量略有降低，到120d时，基本达到一致，FN试样最终在三种硫酸盐溶液中的质量增加4.11%，FK试样质量增加了2.72%。

3. 小结

试样在硫酸盐溶液中的耐久性与所用激发剂溶液中碱金属离子种类、硫酸盐溶液中阳离子类型和硫酸盐溶液的浓度有关。在5% $MgSO_4$ +5% Na_2SO_4 混合溶液中，两种激发剂溶液制备试样的抗压强度降低最小，而在5% $MgSO_4$ 溶液和5% Na_2SO_4溶液中，两种试样的抗压强度变化较大。FK试样在各种硫酸盐溶液中的性能表现都很好，抗压强度不仅没有降低，而且还表现出很大提高，最高提高率为34.1%；FN试样在各种硫酸盐溶液中抗压强度有不同程度下降，最高降低了23%。总之，粉煤灰基地质聚合物具有很好的抗硫酸盐腐蚀性能。

3.3.2 地质聚合物水泥的耐酸性能

在酸性环境硅酸盐水泥石中的氢氧化钙会与之发生反应生成溶解度大于氢氧化钙的氯化钙等，使水泥石抗压强度降低，长时间会导致水泥石破坏，所以，硅酸盐水泥石的耐酸性能很差。而粉煤灰基地质聚合物耐酸性如何？这是本节研究的目的。

图3.23显示了由两种激发剂溶液制备试样（试样FN和FK）在5% HCl溶液中浸泡前及浸泡7d、14d和28d时的抗压强度结果。

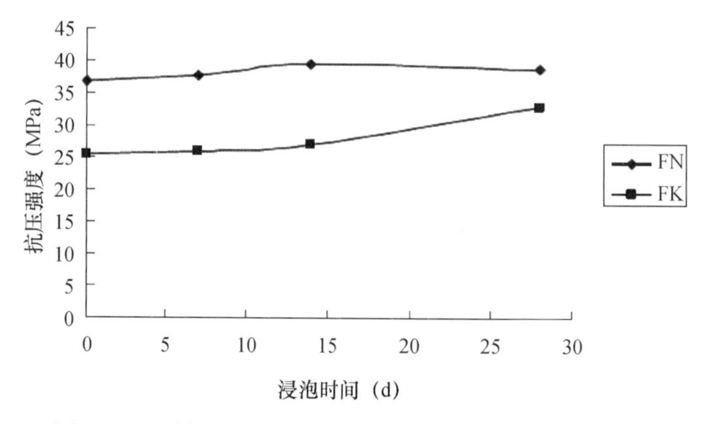

图3.23 试样在5% HCl溶液中浸泡不同时间时的抗压强度

从图3.23中看出，经过28d的浸泡后，两种试样的抗压强度均有不同程度的提高。试样FN在浸泡7d和14d时抗压强度增大，到浸泡28d时抗压强度略有下降，但是仍然高于浸泡前的抗压强度，提高率为5.15%；试样FK在整个浸泡时间内抗压强度一直在增大，7d和14d时抗压强度增长较少，浸泡28d时抗压强度显著增大，比浸泡前的抗压强度提高了29.4%。

表3.17列出了两种试样在5% HCl溶液中浸泡前及浸泡7d、14d和28d时的质量。从表中的结果可以看出，在整个浸泡试验过程中，两种试块的质量变化很小，尤其是试样FN，浸泡28d内，可以认为质量基本没有变化，试样FK在28d后质量增加了4.76%。经过28d的浸泡，试样表面没有出现肉眼可见的裂缝和体积膨胀，整个试样保持完整。

表3.17　试样在5%HCl溶液中浸泡不同时间时的质量

试样代号	质量（g）			
	浸泡前	浸泡7d	浸泡14d	浸泡28d
FN	15.1	15.2	15.2	15.0
FK	14.7	14.6	15.3	15.4

从以上的研究结果可知，粉煤灰基地质聚合物具有良好的耐酸性能。

3.3.3　地质聚合物水泥的耐热性

研究表明，硅酸盐水泥石的耐热性很差，一般在200～300℃时会产生脱水，强度开始降低，当温度达到500℃以上时，水化产物分解，水泥石的结构发生破坏。那么对于地质聚合物这一新型胶凝材料而言，其耐热性如何也是备受关注的。表3.18所示为两种试样在750℃高温炉中加热前后的抗压强度和质量数值。

表3.18　试样在750℃高温炉中加热2h前后抗压强度和质量

试样代号	抗压强度（MPa）			质量（g）		
	加热前	加热后	变化率	加热前	加热后	变化率
FN	36.9	32.7	-11.4%	15.1	11.4	-24.5%
FK	25.5	30.7	20.4%	14.7	11.4	-22.4%

从表3.18中的结果可以得知，试样FN在750℃高温下煅烧2h后抗压强度下降了11.4%，说明其具有较好的耐热性，而试样FK在750℃高温下煅烧2h后抗压强度不但没有降低，反而增大了20.4%，这说明FK试样的耐热性更好，可以承受更高的温度。分析两种试样在加热前后质量的变化发现，经过煅烧后，两种试样的质量均下降了，而且下降幅度相近。

3.3.4　地质聚合物水泥的碱-集料反应性能

碱-集料反应（Alkali-Aggregate Reaction，AAR），是指水泥中的碱

与混凝土集料中的活性二氧化硅发生化学反应，生成碱的硅酸盐凝胶而产生膨胀的一种破坏作用。碱-集料反应对混凝土耐久性有极大的危害，所以碱-集料反应已成为混凝土工程的全球性灾害问题。按照标准规定的试验方法测定的两种试样的碱-集料反应结果见表 3.19。

表 3.19　标准规定的试验方法测定的两种试样的碱-集料反应结果

试样代号	膨胀率			
	3d	7d	10d	14d
FN	-0.020	-0.036	-0.022	-0.008
FK	-0.017	-0.025	-0.011	0.001

分析表 3.19 中的结果，FN 试样 14d 膨胀率分别为负值，这意味着在 14d 的试验过程中，基本没有体积膨胀发生，FK 试样在 14d 时的膨胀率只有 0.001%，非常小，考虑试样误差，可以认为没有膨胀。总之，两种试样的膨胀率都远远小于 0.10%，根据 GB/T 14684—2001《建设用砂》中有关快速碱-硅酸反应结果判定的规定：当 14d 膨胀率小于 0.1% 时，可以判定没有潜在的碱-硅酸反应危害。这就说明即使和具有潜在碱活性的活性集料一起，粉煤灰基地质聚合物也不会发生碱-集料反应。

3.3.5　讨论

1. 浸泡硫酸盐和盐酸溶液后试样的 XRD 和 SEM 分析

(1) 浸泡硫酸盐和盐酸溶液后试样的 XRD 分析

图 3.24 为在硫酸盐和盐酸溶液浸泡后试样的 X 射线衍射图。

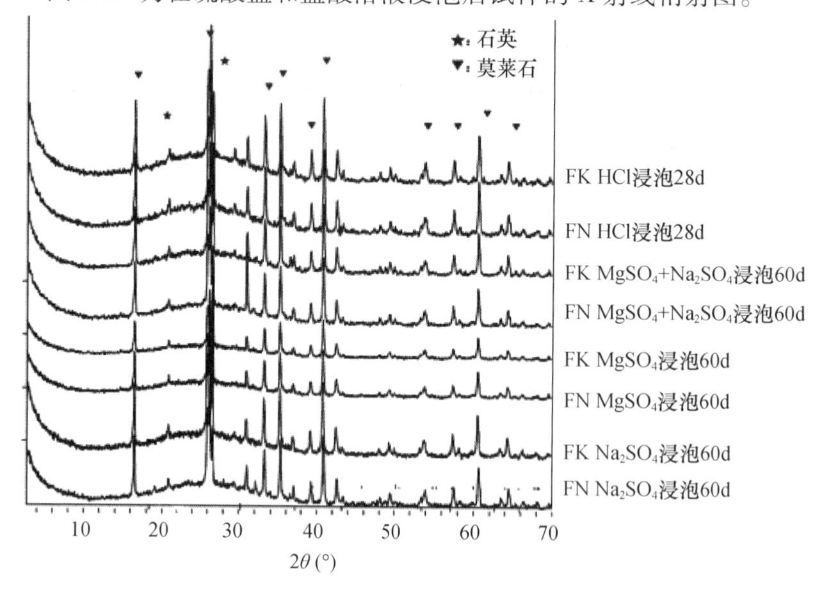

图 3.24　两种试样浸泡硫酸盐和盐酸溶液后的 XRD

从图3.24中可以看出，在盐酸溶液中浸泡28d和在硫酸盐溶液中浸泡60d后，两种试样中没有新的晶体物质形成，其X射线衍射图谱形状与未浸泡之前合成试样的一样。

（2）浸泡硫酸盐和盐酸溶液后试样的SEM分析

图3.25为试样未浸泡之前的扫描电镜照片（SEM）。图3.26为在5% HCl溶液中浸泡28d后试样的扫描电镜照片，与图3.25相比，浸泡后试样中出现了更多的凝胶相，使得试样更加密实。相比而言，FK试样的密实度增加更显著。所以盐酸溶液浸泡后，试样的抗压强度提高了，其中FK试样抗压强度提高更多。

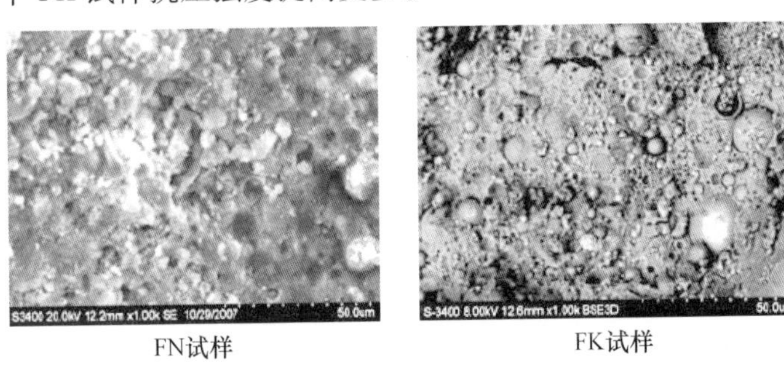

图3.25 试样在浸泡试验前的扫描电镜照片

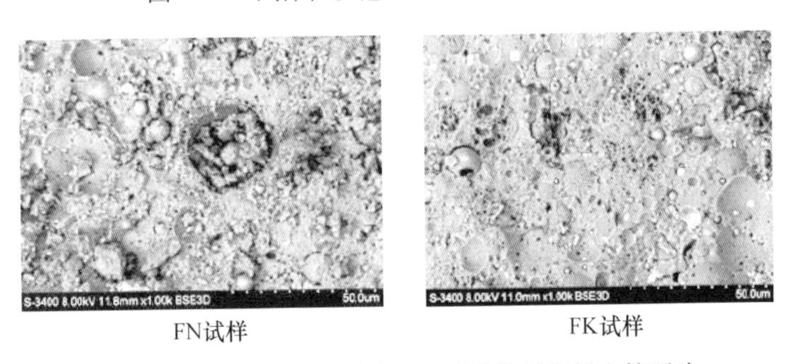

图3.26 5% HCl溶液浸泡28d时试样的扫描电镜照片

图3.27～图3.29为试样在硫酸盐溶液中浸泡后的扫描电镜照片。在5% Na_2SO_4溶液中，FN试样在浸泡60d后就出现了裂缝，90d后出现了一些晶体状的物质。FK试样浸泡60d后形成了更多的凝胶相，试样更加密实，没有出现裂缝。

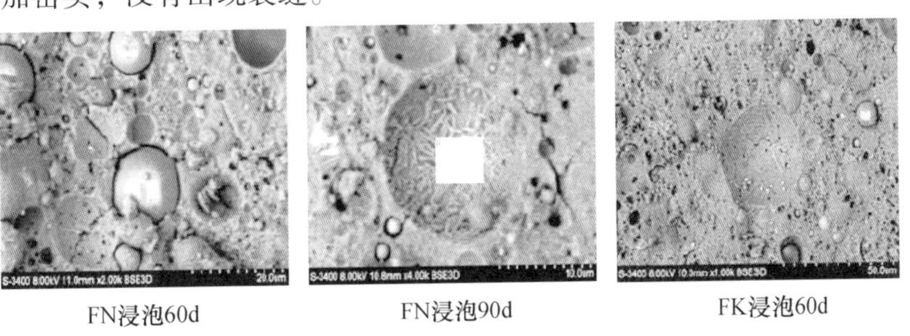

图3.27 试样在5% Na_2SO_4溶液中浸泡后的扫描电镜照片

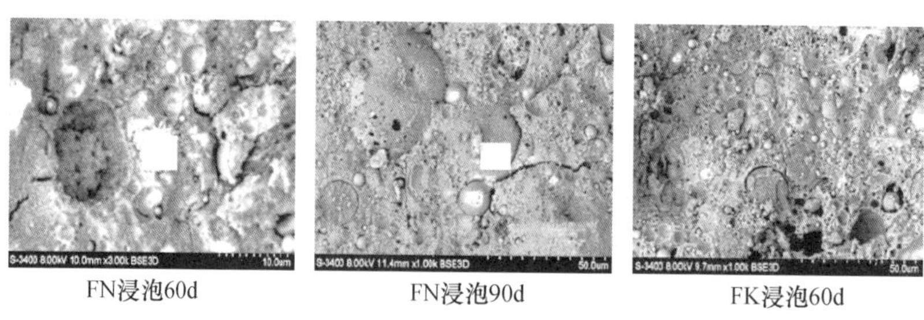

图 3.28　试样在 5% $MgSO_4$ 溶液中浸泡后的扫描电镜照片

图 3.29　试样在 5% 混合溶液中浸泡后的扫描电镜照片

在 5% 的 $MgSO_4$溶液中，FN 试样浸泡 60d 后也出现了一些裂缝，90d 后凝胶相有所增加。FK 试样浸泡 60d 后，试样没有裂缝出现，有一些凝胶相生成，但是密实度比在 5% Na_2SO_4溶液浸泡 60d 后试样的密实度差。

在 5% Na_2SO_4 和 $MgSO_4$的混合溶液中，FN 试样浸泡 60d 和 90d 后均没有出现裂缝，但与 FK 试样相比，密实度较差。FK 试样浸泡 60d 后形成大量的凝胶相，使得试样非常致密。

总之，试样在不同硫酸盐溶液中形貌的变化与抗压强度变化规律一致。

2. 机理分析

（1）硫酸盐腐蚀机理分析

地质聚合物结构中不存在类似水泥石中的氢氧化钙，所以不会与硫酸盐发生类似硫酸盐腐蚀硅酸盐水泥石的化学反应，那么，硫酸盐是如何对地质聚合物产生腐蚀作用的？为了进一步分析硫酸盐溶液对试样的影响原因，测定了在三种硫酸盐溶液中浸泡后 FN 试样扫描电镜照片中白色处的元素分布，结果见表 3.20。

表 3.20　FN 试样在硫酸盐浸泡后元素的分布

硫酸盐溶液	浸泡时间(d)	元素的原子百分比（%）							
		Ca	O	Si	Al	Na	Mg	S	K
5% Na_2SO_4	90	0.68	65.34	14.70	16.24	2.61	—	—	0.43
5% $MgSO_4$	60	—	69.33	12.87	17.12	0.33	0.34	—	—
	90	0.34	66.65	13.58	19.11	—	0.43	—	—
5% $MgSO_4$ + 5% Na_2SO_4	60	—	65.71	12.53	21.37	0.39	—	—	—
	90	5.41	68.41	10.44	6.57	1.70	0.98	5.49	1.01

分析表中元素含量，试样中含有硫酸盐溶液中的阳离子，且随着浸泡时间延长，Na^{+}和Mg^{2+}含量增大，相比而言Na^{+}含量大于Mg^{2+}含量。所以可以认为，硫酸盐对地质聚合物的腐蚀作用主要和扩散渗透作用有关。

在浸泡最初的15~30d内，FN和FK试块抗压强度的增大主要是由于硫酸盐溶液中的阳离子向地质聚合物内部扩散渗透所致，两种试块质量在此阶段增大也可证明这一结论。其中FK初始抗压强度较低，说明其内部交叉连接的铝硅聚合程度较低，结构不稳定，而硫酸盐阳离子的扩散进入促进了聚合反应，提高了聚合程度，增强了结构的稳定性。此后，随着浸泡时间的延长，地质聚合物中的碱离子开始从地质聚合物中向硫酸盐溶液中迁移，致使试块的抗压强度有所下降，同时表现出其质量略有降低；经过长时间的双向离子扩散迁移，最终达到了相对平衡状态，试块的抗压强度趋于稳定，质量变化也达到稳定水平。由于Mg^{2+}的尺寸大于Na^{+}，所以向地质聚合物中扩散渗透缓慢，使得试样中Mg^{2+}含量较少。

（2）盐酸溶液作用机理

研究发现，强酸溶液对粉煤灰具有一定的化学激发作用。所以在28d的浸泡试验过程中，HCl溶液对未反应的粉煤灰产生一定的腐蚀解聚作用，进而促进矿物聚合反应进行，使地质聚合物的抗压强度得以提高。又因为试块FK在最初的反应过程中，反应程度相对较低，其抗压强度低于试块FN的抗压强度，所以HCl溶液浸泡过程中对它的促进更为显著，使其抗压强度提高较多。另外，地质聚合物良好的耐酸性与其独特的结构有密切关系。地质聚合物为[SiO_4]四面体和[AlO_4]四面体键接而成的空间三维网络结构的聚合体，碱金属离子用以平衡剩余的电荷以配位键的形式被固定在三维网络结构中，只有极少量的游离于孔洞溶液中。地质聚合物的这种网络状结构对于H^{+}的腐蚀是十分稳定的。至于OH^{-}，大部分已经反应消耗和结合在生成物中，只有少量游离在溶液中与碱金属离子平衡。因此，能够与H^{+}反应的只是溶液残存和吸附状态的碱。在消耗这些碱以后，H^{+}也可能渗透进硬化体之中与残存的碱反应。在这一过程中对孔结构会产生一定的影响，但是难以破坏地质聚合物的硅铝氧的三维“牢笼状”结构。总之，地质聚合物的三维网络状结构不容易溶解出碱金属离子，也就意味着不容易被酸腐蚀。

（3）碱-集料反应现象分析

地质聚合物的结构决定了其中的碱不是以游离状态存在，这种存在形式完全不同于硅酸盐水泥中的碱，因此，即使和活性集料在一起也不会发生碱-集料反应。

3.3.6 小结

通过对粉煤灰基地质聚合物性能的研究，可以得到以下结论：

（1）粉煤灰基地质聚合物试样具有很好的耐盐酸腐蚀性能。

（2）硫酸盐溶液对粉煤灰基地质聚合物试样的腐蚀作用程度与硫酸盐的阳离子种类、激发剂中碱金属阳离子种类等因素有关。钠钾水玻璃制备试样的抗硫酸盐腐蚀性能较好，混合溶液的作用程度较小。

（3）粉煤灰基聚合物试样具有很好的耐热性。尤其是钠钾水玻璃制备试样的耐热性。

（4）粉煤灰基地质聚合物试样不会发生碱-集料反应。

3.4 干混地质聚合物水泥

由于地质聚合物（两部分碱激发材料）是通过一定浓度的碱金属类氢氧化物，硅酸盐、碳酸盐或者硫酸盐的水溶液和固体铝硅酸盐前驱体而形成的；然而地质聚合物的生产需要工作人员使用大量的有黏性、腐蚀性和危险性的碱激发溶液，这种特殊防护需求推动了干混碱激发材料（仅“添加水”的地质聚合物）的发展。干混碱激发材料加工工艺与硅酸盐水泥类似，除了添加水外，仅仅需要一个干混工艺。干混工艺是通过把固体碱激发材料和固体铝硅酸盐前驱体（经过或者没有煅烧）混合，如图 3.30 所示。

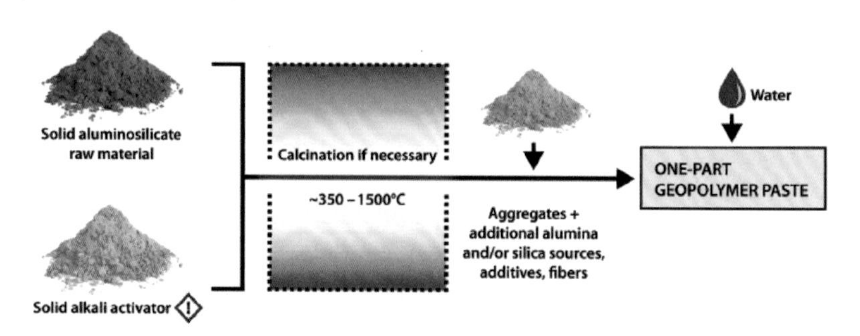

图 3.30　干混地质聚合物的加工工艺步骤

在 1940 年，Purdon 提出了一个首先通过矿渣和固体氢氧化钠干燥混合，然后添加水来生产浆体混合物的方案；在 1980 年，Heitzmann 等人申请了一个偏高岭土、矿粉、无定形二氧化硅、氢氧化钾和硅酸盐，与这些成分（粉煤灰、煅烧页岩、煅烧黏土）中的一个进行干燥混合的专利；Schwarz 和 Andre 申请了一个干燥混合的地质聚合物专利，所用的原料是通过盐酸或者硫酸脱掉粉煤灰或者偏高岭土中的铝而得到的无定形硅。Davidovits 也申请了一个干混地质聚合物的专利，其中干混地质聚合物是由氧化硅、氧化铝、二硅酸钠或钾、矿渣形成。之后，Davidovits 指出氢氧化钠或钾、硅酸盐应该部分被合成的火山岩（活性硅铝酸钠或钾玻璃体）代替，由于其可以大规模利用和生产。Duxson 和 Provis 概括了干混地质聚合物混合的方法和普遍需求。目前，干混地质聚合物被认为在原地生产方面是具有潜力的，因为在这些地方使用碱溶液是困难的，但是固液双组分地质聚合物在这些地方的预浇筑显示出可行性。虽然如此，干混地质聚合物仍然很少获得商业应用。相反，两部分地质聚合物已经被大范围地广泛应用，例如在澳大利亚的布里斯班西部机场。

van Deventer 指出在一部分地质聚合物中的铝硅酸盐原材料包括一些自然界形成的铝硅酸盐（如页岩、黏土、长石、斜长石、沸石、辉石、闪石等）和工业副产品（如尾矿、粉煤灰、矿粉、赤泥、废弃的玻璃体或煤），此外，他们指出铝硅酸盐的一些在煅烧前或煅烧后都能够被使用。对于一部分碱激发材料来说最合适的铝硅酸盐依赖于当地可获得的原料。

根据 Provis 的研究，能够作为一部分碱激发材料的碱资源的是一些能够提供碱阳离子，提高反应混合物的 pH，促进溶解的物质，通常使用在一部分碱激发材料的碱激发剂是固体 NaOH、Na_2SiO_3、$Na_2SiO_3 \cdot 5H_2O$、Na_2CO_3、$NaAlO_2$、$CaSO_4$、Na_2SO_4、KOH、赤泥和玉米秆。然而这些激发剂都有各自的一些缺陷，例如固体 NaOH 是具有腐蚀，易潮湿性的；形成的碳酸钠中包含 CO_2 等。

对于一部分碱激发材料的养护方式是在常温（25℃）还是在高温（40~80℃）依赖于所使用的前驱体、混合比设计等。Suwan 和 Fan 指出在一部分碱激发材料固体碱激发的溶解产生的热促进一部分碱激发材料性能的发展。Peng 等人获得了在 20℃下养护 28d 比在高温养护条件下（大于 38.3MPa）获得更低的抗压强度（<5MPa）。通常情况下，高温会加速地质聚合物的强度的发展。除了温度，相对湿度也是很重要的因素，对于一部分碱激发材料来说，一般倾向于密封养护，因为如果脱水的话会导致风化、微裂缝，进而导致强度的减小。

4 地质聚合物混凝土的制备与性能

4.1 地质聚合物混凝土的配合比设计

4.1.1 胶凝材料

碱激发胶凝材料是由一种或多种含有铝和硅的氧化物组成的矿物组分和一种或多种激发剂组成。激发剂含有碱金属离子并能够产生提高pH值的环境（例如：碱金属硅酸盐、氢氧化物、硫酸盐和碳酸盐）。

矿物组分和激发剂可以作为干胶凝材料预混合，然后将预混的胶凝材料与水、砂、集料和其他组分混合以获得砂浆或混凝土。或者，激发剂可以作为水溶液单独加入到矿物组分中。然后可将该双组分胶凝材料与外加水（在碱激发剂是浓缩物的情况下）、砂、集料和其他组分混合以获得灰浆或混凝土。已经存在其他完整的自激发过程，并且随着时间的推移，现在未考虑的新方法可能变得普及。最终，所有工艺路线产生的碱激发胶凝材料可以单独销售，例如，销售给砂浆或混凝土生产商。

4.1.2 矿物组分和胶凝材料实例

不应指定要使用的材料的具体性质，但须规定其具有良好的反应性，要求最低活性二氧化硅和氧化铝含量（要求对“反应性”的定义和测试要一致），和避免闪凝的最大游离石灰含量。然而，必须确保不能使用有害材料；ASTM C1157 中包含的免责声明可以类推使用。还可以参考各自国家的法律和标准。标准应提供适用材料的清单。

合适的矿物组分，例如：

磨细粒状高炉矿渣（例如根据 EN 15167-1 或 ASTM C989）

含二氧化硅的粉煤灰（例如根据 EN 450，或根据 ASTM C618 的 C 型或 F 型灰分）

煅烧黏土

非粒状高炉矿渣，其他工艺的粒状矿渣（有色冶金、锰铁合金、人造和天然铝硅酸盐玻璃）

其他含铝硅酸盐的材料，包括天然火山灰、炉渣、循环流化床粉煤

灰等

合适的激发剂，例如：

碱硅酸盐、碱氢氧化物、碱硫酸盐和碱碳酸盐等。

使用其他替代激发剂在技术上肯定是可能的，但是技术不太成熟。对于其他可能存在的材料组合，可以参考关于碱激发胶凝材料的国家标准。

4.1.3 分类和要求

地质聚合物胶凝材料应根据其性能分类，因为这使得混凝土生产商更容易设计产品。同时对于市场来说，应能理解其所购买的商品的性质。此外，不应要求客户购买“黑盒子”材料体系。还应该指出的是，材料应当具有足够的耐久性，我们会根据具体的性能测试结果定义这一术语，而不是在一般意义上的定义。

以下数据和信息应提供给客户（其中一些仅在要求、需要注明时提供）：

原材料（根据要求）：

材料来源；

元素组成，烧失量；

矿物组成，XRD 分析；

密度，比表面积，筛余物（例如 45μm）。

硬化前的性能（分类）：

工作性，流变性（例如流变曲线，扩展度）（根据要求）；

在给定温度下的凝结时间（一些材料凝结非常缓慢并需要热处理），例如，渗透试验

水化热。

硬化后的性能（分类）：

力学性能（早，晚），根据混合料组成和所需养护条件；

抗压强度（早，晚）；

抗折强度（根据要求）；

拉伸强度（根据要求）；

在指定条件下的收缩和/或徐变。

对于客户来说可以方便地了解强度等级，例如，类似于 ASTM C1157。但是，如果定义强度等级或其他规定限值，则在标准中需要有关一致性的规定。强度等级还应包括养护温度，因为基于一些粉煤灰的地质聚合反应缓慢，常常需要热处理以达到合适的强度发展速率。如果

在标准中使用强度等级，还应该有“未分类”强度等级，以便适用于某些低强度材料或具有稍高的性能变化的材料。这些材料仍然可在某些条件下适用（液压道路胶凝材料，非典型的混凝土等）。然而，一般来说，为了确保最终混凝土产品的质量以及对性能变化的限制，应给出最低要求。

地质聚合物胶凝材料的耐久性不一定在激发剂标准中调节，而是直接在地质聚合物混凝土的基于性能的标准中调节；需要在测试方法的发展和验证领域进行更多的工作，然后才能实现这一点。

4.1.4 地质聚合物混凝土的标准

1. 范围

本节讨论地质聚合物混凝土的标准。它提出了指导方针以及为新一代或下一代地质聚合物创建标准的一些建议。地质聚合物混凝土没有像传统混凝土一样广泛研究，因此，应采用基于性能的标准，以提供未来发展的广度，并且保护终端用户免受可能落入仅基于组合物的规定标准的界限内的不太了解的材料体系。

2. 定义

地质聚合物混凝土是由低钙铝硅酸盐、一种或混合的碱激发剂（例如碱金属硅酸盐、氢氧化物、硫酸盐或碳酸盐）、水、细和粗集料以及具有或不具有化学外加剂的一种或多种矿物组分组成，可以根据材料的预期用途和它们与激发剂的相容性来添加。根据这个定义，每个组分应基于混凝土的一般性能或该成分对混凝土的整体性能的给定效应来选择。

3. 有效胶凝材料配比

矿物组分、激发剂和水的有效三元组合以形成胶凝材料，应根据激发条件（在环境温度或外部加热条件下）配制，并且还要考虑净浆和砂浆中的胶凝材料。

4. 胶砂比

最佳胶砂比应根据具有不同胶砂比的混合物在给定龄期（根据反应进程而不是时间顺序的龄期）下的最高强度（根据选择的标准测试方法，例如 ASTM C109/C109M 测定）来确定。最佳比率可用于计算原料混合物组成。重要的是指定所有测试混合物的流动度，而不是基于水与胶凝材料的比例，尽管由于流变性的基本差异，该值可能最终与硅酸盐水泥的期望值不同。工作性应根据流动度测试来定义，并且可以选择参考流动度的值（例如 ASTM C230/C230M 和 C1437 或 EN 12350-5）。可以选择满足目标性能的任何比率，但应该提出细和粗集料的体系优化。

5. 原料混合物组成的计算

用于绝对体积混凝土配合比设计的 ACI 方法是适用的，且在北美洲广泛使用。应确定固体激发剂的密度，以及它们的含水量。应测量固体激发剂在水中的溶解度和最终混合溶液的密度以计算体积。

6. 外加水质量的影响

如果外加水的量对激发剂的溶解度有显著影响，则外加水的质量是重要影响因素（ASTM C1602/C1602M 和 D1193 和 EN 1008：2002）。一般来说，外加水的质量对混凝土的整体质量有着重要的影响，应在 AAM 中确保这一因素。

7. 混合过程对坍落度和抗压强度的影响

混料方法对坍落度及其保持和最终抗压强度有显著的影响。应采用能使矿物组分有效激发的混料方式。因此，有两种建议的方法：

第一种方法，把激发剂加入外加水中。在开始时，粗细集料与少量激发剂溶液预混合，设为时间 t_1。然后将矿物原料加入上述混合物中，并逐渐加入剩余的激发剂溶液，这段时间设为 t_2。静置一段时间 t_3 后，继续混合搅拌一段时间 t_4。通过激发剂溶入外加水的溶解性能（全完溶解和溶解速率）以及初凝时间来设定 t_1-t_4 的时间值。这种方法在北美广泛使用。

在第二种方法中，唯一的区别是将矿物原料加入到预混好的水溶液（充分溶解激发剂的水）中，用一段时间充分激发矿物原料。然后，其他步骤与第一种方法相同。

在指定（或推荐在不严格规定的时候）地质聚合物混凝土的实验室测试方法的混合标准时，重要的是尽可能模拟混凝土生产的典型过程。这意味着包含激发剂、集料和水的固体胶凝材料以与商业混凝土生产中类似的使用方式。大多数液体激发剂是苛性的和危险的，因此建议在大规模生产环境中应避免或最小化它们的使用。此外，从一些固体激发剂释放的溶解热可有助于加速一些矿物组分的反应性。但这可能是或可能不是所期望的，这取决于混合物设计、样品几何形状和预期应用。在一些具有低溶解度激发剂的情况，需要外部加热提高水温或任何其他实用的方法以在合理的时间段内实现溶解。

8. 化学外加剂及其在地质聚合物混凝土中的稳定性

为了调节地质聚合物混凝土的工作性，可以使用各种化学外加剂来改善混凝土的工作性能（ASTM C494 / C494M 和 C260 以及 EN 934 和 480）。然而，一些化学外加剂的稳定性尚未被广泛研究，如传统混凝土的情况，并且在后面详细讨论。应评估激发剂的类型和性质、热输入量

（如果需要）、化学外加剂的类型和性质以及活性矿物组分的类型和性质的影响。

9. 集料的性质和对碱-硅反应的敏感性

集料的惰性在混凝土质量中起重要作用。因此，应评估集料对碱-二氧化硅反应（ASR）膨胀的敏感性（例如，类似于 ASTM C1260 和 1293，CSA A23.2-14A 和 25A，CR 1901：1995 和 AFNOR P18-588）。应对现有的混凝土性能试验如 AFNOR P18-454［42］进行评估，以确定它们是否适用于地质聚合物混凝土。应采取一些预防措施，因为大多数矿物原料对激发期间的放热敏感。放热的加速效应（根据 ASTM 和 CSA 规范）可能导致在实际激发和养护下矿物原料对 ASR 的真实影响产生误导。所以也有人建议使用不同矿物原料（例如硅灰、F 类粉煤灰、偏高岭土）的二元或三元组合来抑制由于碱-集料反应引起的膨胀。

混凝土是常用的建筑材料，全地球的人都在用，用量仅次于水。大型建筑和基础设施要求一定量的硅酸盐水泥，但其制造过程会产生大量的二氧化碳。世界对混凝土需求的迅速增长为发展地质聚合物混凝土和各种水泥提供了很大的机会，同时二氧化碳排放量降低。关于地质聚合物混凝土的研究报道很少。在澳大利亚的 Perth Curtin 技术大学，Rangan B. V. 和他的团队花费了 4 年多时间广泛研究了主要因素对新配地质聚合物混凝土和硬化地质聚合物混凝土性能的影响。本章是以此研究为基础（Ranga 等，2005；Rangan，2008），分析粉煤灰基地质聚合物体系的情况。

10. 粉煤灰地质聚合物混凝土的混合比例

地质聚合物混凝土与硅酸盐水泥混凝土的主要差别在于水泥或者胶凝材料。实际上，同硅酸盐水泥混凝土一样，粗集料和细集料在地质聚合物混凝土中占质量的 75%～80%。该地质聚合物混凝土是考虑用与硅酸盐水泥混凝土一样的工具制备而设计的。

湿态地质聚合物混合体系各组分的比例及性能会影响地质聚合物混凝土的抗压强度和工作性。其实验结果（Hardjito 和 Rangan，2005）如下：

（1）较低的 MR（SiO_2：M_2O）会使地质聚合物混凝土的抗压强度较高。

（2）添加磺酸萘盐的超塑化剂，达 4% 的粉煤灰量能够提高新配地质聚合物混凝土的工作性；实际上，当超塑化剂量高于 2% 时，会导致硬化混凝土强度下降。

（3）当混合物中水量增大时，新拌地质聚合物混凝土更容易崩塌。

（4）当 H_2O 对 Na_2O 的摩尔比增大时，地质聚合物混凝土的抗压强度降低。

（5）当 Na_2O 对 SiO_2 摩尔比增大时，对地质聚合物混凝土的抗压强度影响不大。

从上面看出，影响抗压强度和工作性的因素复杂。为了有助于设计低钙粉煤灰基地质聚合物混凝土，用一个称为“水/地质聚合物固体质量比”的参数。在这个参数中，水的总质量是氢氧化物溶液中水质量和添加的多余水之和。地质聚合物固体的质量是粉煤灰、碱性氢氧化物质量、碱性硅酸盐溶液中固体质量的总和（即是 Na_2O 对 SiO_2 的质量）。

通过测试来分析水/地质聚合物固体质量比对地质聚合物混凝土的压缩强度和工作性的影响。测试的样品是100mm×200mm的圆柱，在烘箱中不同温度下固化24h。图4.1说明随着水/地质聚合物固体质量比下降，压缩强度下降，这是附加水作用的结果。这个测试结果与已经知道的水/水泥比对硅酸盐水泥混凝土的压缩强度的影响一致。明显地，当水/地质聚合物固体比例增大，即混合物中含水越多，其工作性越好。

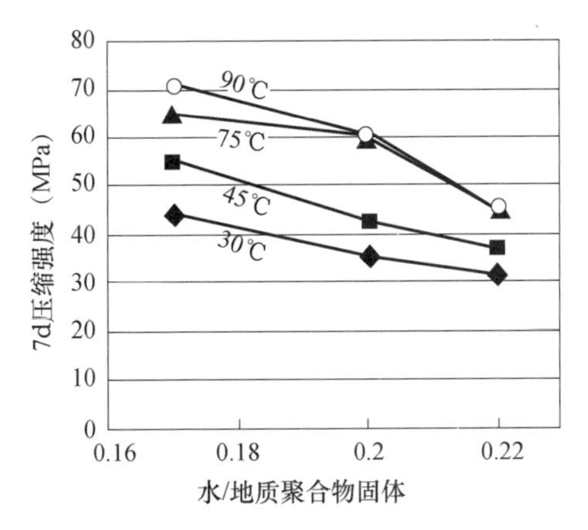

图4.1　不同固化温度下，水/地质聚合物固体质量比的影响

（Hardjito 和 Rangan，2005）

11. 地质聚合物混凝土混合物的设计

地质聚合物混凝土的设计是一个很大的命题，通常以性能为基准。集料的作用和影响与硅酸盐水泥混凝土的情形一样。集料的质量可以占地质聚合物混凝土的75%～80%。地质聚合物混凝土混合物的性能基准取决于应用。为简单起见，选择硬化后的压缩强度和新配混凝土的工作性为性能基准。为了满足这些性能要求，碱液/粉煤灰的质量比、水/地质聚合物固体质量比和湿态混合时间、加热固化温度及时间是可选择的参数。

就碱液/粉煤灰的质量比而言，推荐范围在0.30～0.45。以实验室中四年的无数混合物测试结果为基础，表4.1中的数据可用于设计低钙粉煤灰基地质聚合物混凝土。

表 4.1 设计低钙的粉煤灰基地质聚合物混凝土混合物的数据
（湿态混合 4min，浇注后 60℃蒸汽固化 24h）

水/地质聚合物固体质量比	工作性	设计的抗压强度（MPa）
0.16	非常硬	60
0.18	硬	50
0.20	中等	40
0.22	高	35
0.24	高	30

硅酸钠溶液比氮氧化钠固体便宜。商业硅酸钠溶液中 SiO_2 对 Na_2O 的质量比约为 2，即 Na_2O = 14.7%，SiO_2 = 29.4%，含水量 = 55.9%，NaOH 纯度是 97% ~98%。

实验室经验建议硅酸钠对氢氧化钠的质量比约为 2.5。注意：

（1）配合集料粒子的模量在 4.5 ~5.0。

（2）在干态、加热时，压缩强度比前面的值高 15%。

（3）当湿态混合时间从 4min 延长到 16min 时，上述压缩强度可以增大约 30%。

（4）压缩强度的标准偏差在给定值的 10% 左右。

4.2 地质聚合物混凝土的外加剂

4.2.1 什么是地质聚合物混凝土的外加剂？

在开始讨论地质聚合物胶凝材料中的外加剂之前，首先对外加剂做一个定义是非常必要的。地质聚合物胶凝材料配比必不可少的组分，有时候被说成是硅酸盐水泥的外加剂（矿物外加剂或化学外加剂）。在碱化学激发的背景下，碱激发剂和固体（铝）硅酸盐都不应该被认为是一种外加剂，均为地质聚合物胶凝材料的组分，同样，添加的熟料化合物，或相关材料如水泥窑灰，已经超出了本文的范围。虽然其也会引入作为促凝剂和缓凝剂的无机组分，但是本章主要讨论有机外加剂。

研究表明，有机和无机外加剂（常用于硅酸盐水泥混凝土技术）对地质聚合物混凝土、砂浆、水泥浆体性能的影响还没有被完全研究清楚。此外，不同作者报告的结果往往是矛盾（对立的）的，也许是因为条件的变化，例如：被激发材料（炉渣、粉煤灰、偏高岭土）的自然性质不同，碱激发剂的性质和浓度的差异，也和外加剂的种类和用量有关。然而，这些研究都一致显示，有机和无机外加剂在硅酸盐水泥和碱激发水泥体系环境下的行为非常不同，虽然在这方面进一步的研究仍然是必要的，但是目前已经提出了很多关于这些差异的原因。专利文献中确实有大量碱激发领域的各种外加剂的参考文献，然而，大多数专利中提供的科学背景有限和对专利起草具有保护策略的趋势，所以，从这些资源中获取详细的信息是非常困难的。

有些观点是值得评论的，比如通常在地质聚合物混凝土中外加剂的使用情况：

在地质聚合物混凝土中添加一种液体外加剂，外加剂中水的含量应该被考虑在混凝土的配合比设计范围之内，因为大多数配合比设计对水灰比都十分敏感。

粉煤灰中的未燃尽的碳组分通常在确定所需外加剂掺量时存在问题。由于外加剂对有机组分的选择性吸附，碳含量稍微增加，外加剂所需的量就会急剧增加。

添加外加剂的研究结果表明，当决定使用哪种外加剂时，其预期效果和副作用都应明确，方便对结果进行判断。尽管作为基本常识，但在具体环境下仍然是非常重要的。例如，疏水聚合物链越多，引气性越好。这个就最终使用材料的预期属性而言，可能是优点亦可是缺点。疏水性有助于使表面防水达到抗冻融性所需的含气量，但太多的空气对耐久性和渗透性不利。另外，地质聚合物中的一些塑化剂会增加坍落度，如果是引气造成的，而非有效的增塑作用造成的，那么这是不可取的。

在地质聚合物混凝土中使用养护组分（内部或外部）是比较有意思的，有机内养护化合物应该被认为是外加剂，但目前在该领域的所有文献中似乎没有相关报道。

在此基础上，以下是根据外加剂的性质进行分类的外加剂对地质聚合物混凝土、砂浆和浆体性能的影响的回顾。

4.2.2　引气剂

Douglas 等人发现，在硅酸钠/石灰浆激发矿渣混凝土中添加磺化烃型引气剂，能有效提高含气量到6%。然而，Rostami 和 Brendley 发现，使用一引气剂并不会提高硅酸钠激发粉煤灰地质聚合物混凝土的抗冻融性能。抗冻融性，不仅涉及夹带的含气量而且涉及它的分布，所以，它可能是一种可以给地质聚合物和硅酸盐水泥混凝土中引入相同含量空气的外加剂，但是对孔隙率的影响不同，因此对抗冻融性能的影响也不同。这个仍然是当前文献中所详细记载的。

Bakharev 等人研究了烷基芳基磺酸盐引气剂对用水玻璃或 NaOH 和

Na_2CO_3激发矿渣混凝土的工作性、收缩性能和机械强度的影响。这些作者的结论是，该外加剂会提高混凝土工作性，不影响机械强度，并减少收缩。

其他的研究表明，在地质聚合物砂浆和混凝土中使用无机外加剂，含气量会被改善，这其实是因为内部形成气泡而不是空气引入导致的，胶凝材料经过化学反应产生气体，使孔隙变大从而形成泡沫胶凝材料化学反应。例如，Arellano Aguilar 等人通过给偏高岭土基地质聚合物砂浆和混凝土，或粉煤灰/偏高岭土比例为 25/75% 复合的砂浆和混凝土中添加铝粉得到了轻质地质聚合物混凝土。在这两种情况下都使用 Na_2O 浓度为 15.2% 的硅酸钠为激发剂，发现高碱性环境中添加铝粉会产生氢气，使其体积增大、密度减小。为了制备性能优良的加气混凝土，就必须平衡导热能力和强度。

4.2.3 促凝剂和缓凝剂

有大量的外加剂被用来加速或者减缓碱激发水泥反应进程，尽管它们性能变化范围很广，而且到现在为止作用机理也没有被完全解释清楚。

Chang 在硅酸钠激发矿渣混凝土中加入 H_3PO_4 作为缓凝剂，实验结果表明其具有强的浓度敏感性：当 H_3PO_4 浓度低于 0.78mol/L 时影响不大，浓度在 0.8 ~ 0.84mol/L 之间有轻微的影响，但是在浓度为 0.87mol/L 时有很强的缓凝作用（设定时间为 6h）。同时 0.87mol/L 的磷酸也会降低早期的抗压强度，增大干缩。磷酸和石膏同时使用会降低磷酸的缓凝效果，也会影响强度的发展（和单独使用磷酸或单独使用石膏一样），未能减小干缩。这种行为潜在的化学机理或许和 Gong 和 Yang 发现的现象有关，在碱硅酸盐激发矿渣-赤泥共混物中加入高浓度磷酸钠时，有很强的缓凝作用，这是因为磷酸根离子会在反应体系中结合钙离子形成磷酸钙沉淀。Lee 和 van Deventer 证实磷酸钾是碱金属-硅酸盐激发粉煤灰地质聚合物中的一种非常有效的缓凝剂，而且不会损失 28d 强度。然而 Shi 和 Li 发现当在碱激发磷渣中加入 Na_3PO_4，没有明显的缓凝作用，也有报道称硼酸盐和磷酸盐可作为中等强度的碱激发矿渣水泥的促凝剂。

Bilim 等人发现缓凝剂对碱硅酸盐激发矿渣凝结时间的影响比对普通水泥砂浆的凝结时间的影响低得多。随着激发剂中硅酸盐模数的增加，该聚合物的缓凝作用下降，同时在开始 60min 内对工作性有积极的影响。该外加剂减缓了早期强度的发展，但是对后期砂浆的机械强度没有影响。

使用硼酸盐作为硅酸盐水泥缓凝剂是众所周知的；在碱激发 C 类粉煤灰中加入硼酸盐会导致其出现快速凝结的现象。因此要想改变新拌浆体的凝结时间需要求硼酸盐质量浓度大于7%。但是在该浓度下对胶凝材料的强度有不利影响。Tailby 和 Mackenzie 发现了一种创新应用，以硼酸盐作为硅酸钠和煅烧黏土和熟料矿物混合反应生成铝硅酸盐胶凝材料的缓凝剂；硼酸盐延缓铝酸盐胶凝材料的形成，使熟料组分能够充分水化，因此提高了混合胶凝材料强度的发展。

与硅酸盐水泥体系相似，4% 的 NaCl 可加快碱激发反应。而 1.5mol/L的 $Na_2Si_2O_5$ 溶液作为激发剂激发矿渣混凝土体系中，添加8%的盐会发现有缓凝作用，反应几乎停止以及机械强度的发展也会延迟甚至停止。Brough 等人发现在硅酸盐激发矿渣浆体中 NaCl 的含量达到4%时会有促凝作用，但是高于4%会有缓凝作用；然而苹果酸是一种更有效的缓凝剂。在其他的硅酸盐激发矿渣混凝土中，NaCl 的掺量达到20%时对凝结时间才有很小的影响，超过这个掺量才有显著的缓凝效果；NaCl 对最终强度发展的影响有限。然而，从长远来看，在钢筋混凝土中加入如此大量的氯化物是存在潜在的危害的；这些掺合料应主要考虑使用在无钢筋加固建筑中，或者钢不是主要的增强材料（例如合成纤维增强）。

Lee 和 van Deventer 测试了一系列盐在碱硅酸盐激发粉煤灰地质聚合物体系中的作用，加入 Mg 和 Ca 盐结果总结于图 4.2；钙盐一般表现出促凝的效果，而镁盐的影响不大，KCl 和 KNO_3 都能延缓凝结时间。Provis 等人研究了钙盐和锶盐对偏高岭土和硅酸钠地质聚合物体系的动力学的影响，发现硝酸盐和硫酸盐在初始阶段表现出缓凝作用，但是会被后期凝胶（胶凝材料）的形成和它的结构所干预，导致在没有它们的地方会形成更加多孔和渗透性更好的凝胶。

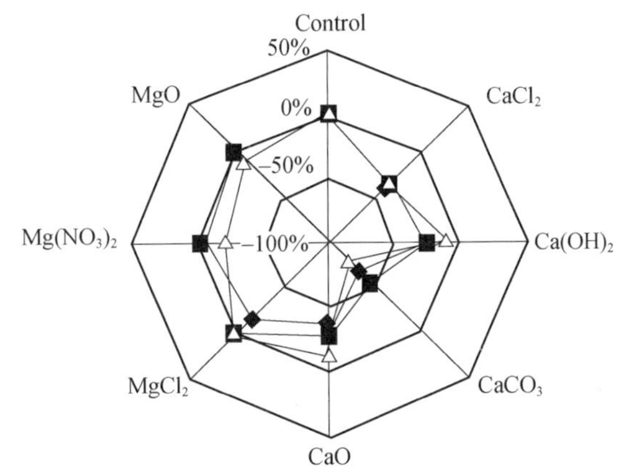

图 4.2　三种不同粉煤灰/高岭土比例的地质聚合物中加入 0.09mol/L 钙盐和镁盐，它们对维卡终凝时间的影响（每一组符号反映了不同的粉煤灰/高岭土比），共混物用 Na-K 混合硅酸盐溶液激发

硝酸盐作用比硫酸盐要强。包含 Douglas 和 Brandstetr 在内的许多作者都表示 Na_2SO_4 在碱硅酸盐激发矿渣胶凝材料中有显著的促凝作用，再次突出了高钙和低钙胶凝材料体系之间在强度发展和不同组分的影响方面的差异。有钙离子的地方就可能形成 AFm 和 Aft 相，在讨论硫酸盐对碱激发胶凝材料的作用时，铝和硫都非常重要；在钙离子浓度不是很高的情况下，这些相的形成是不常见的。

酒石酸和各种硝酸盐等也可作为调节碱激发胶凝材料凝结时间的物质，尽管会对后期强度造成相应的影响。Pu 等人开发出了专有的碱激发矿渣胶凝材料无机调凝剂，命名为 YP-8，能有效地延长凝结时间70 ~ 120min，强度不损失。Rattanasak 等人研究各种有机和无机外加剂对硅酸钠激发高钙粉煤灰地质聚合物强度的影响，研究表明蔗糖对初凝时间没有影响，但是会延缓终凝时间，提高材料的抗压强度。最后，$C_{12}A_7$ 会减少粉煤灰地质聚合物胶凝材料的凝结时间，但它会降低 28d 的机械强度。

4.2.4　减水剂和高效减水剂

Finland 发明了“F-Concrete”并注册了专利，这是首次使用减水剂的碱激发胶凝材料。在这种情况下，对木质素磺酸盐进行了尝试。然而，在这方面进行的研究并没有解释这些激发剂在激发体系中的行为。Douglas 和 Brandstetr 也报道说，木质素磺酸盐和萘磺酸盐型减水剂在碱激发矿渣体系中都不是很有效，Wang 等人也观察到木质素磺酸盐会降低抗压强度而不会改善和易性。

Bakharev 等人报道说，木质素磺酸盐的混合物在硅酸盐水泥混凝土和水玻璃、NaOH 或 Na_2CO_3 激发矿渣体系中的作用相似，即提高混凝土的和易性，与此同时能够延缓凝结时间和提高机械强度的发展。这些外加剂也会稍微减少干燥收缩。在同一研究中，萘系外加剂提高了水玻璃或 NaOH、Na_2CO_3 激发矿渣混凝土前几分钟的和易性，但随后会引起快凝同时降低后期的机械强度和强化收缩。因此，在碱激发矿渣混凝土中使用这些外加剂是有害的。

Collins 和 Sanjayan 研究了葡萄糖酸钙和葡萄糖酸钠对 NaOH、Na_2CO_3 混合激发矿渣砂浆和混凝土的影响。结果表明，砂浆的和易性得到了改善，并观察到比 120min 水泥效果要好。但降低了一天强度，随其掺量越大，强度下降的趋势变得平缓；此外，缓凝剂会随着水的渗出被带出来，这样会使混凝土表面软化。

Puertas 等人研究了乙烯基共聚物和聚羧酸系减水剂对水玻璃激发矿渣和粉煤灰砂浆以及净浆的影响。实验结果表明，2% 掺量的乙烯基共聚物净浆的流动性并未改善，会延缓激发反应导致其 2 ~ 28d 之间的强度（图 4.3）降低。相比之下，聚羧酸减水剂不会提高净浆的流动性，也不对砂浆的机械强度产生影响。聚羧酸减水剂的种类对激发过程和碱激发矿渣水泥流动性有明显影响，然而这对粉煤灰地质聚合物体系影响不大。在聚羧酸减水剂对粉煤灰地质聚合物浆体流变学的影响方面，Criado 等人也得到了相似的结论。

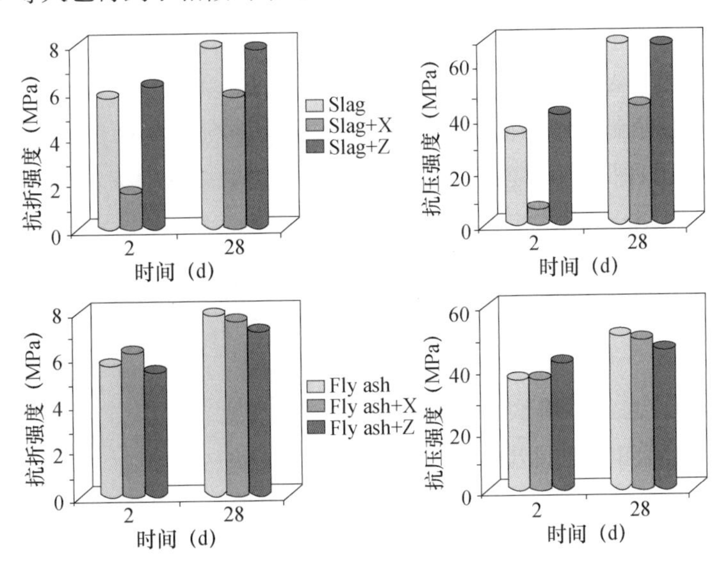

图 4.3　添加乙烯基共聚物（X）和聚羧酸共聚物减水剂（Z），碱硅酸盐激发粉煤灰和矿渣砂浆的 2d 和 28d 强度（由 Puertas 等人改编）

最近，Kashani 等人发明了一种梳状聚羧酸减水剂，可以减小硅酸钠激发矿渣胶凝材料高达 40% 的屈服应力。但此实验仅在实验室进行设计并未得到市场化推广。类似分子结构减水剂是降低屈服应力还是增加屈服应力取决于分子结构的详细信息，然而主链同时带有正电荷和负电荷的分子表现出有效的增塑效果。

Sathonsaowaphak 等人报道了在 0.01 ~ 0.03 的萘/灰比下使用萘系外加剂，可以轻微提高和易性，同时能够保持碱活性底灰砂浆的机械强度。当萘系外加剂掺加量达到 0.03 ~ 0.09 之间时，其硬化浆体机械强度就会降低。Kong 和 Sanjayan 研究了添加聚羧酸和磺酸基的减水剂的偏高岭土基地质聚合物净浆、砂浆和混凝土的工作性，发现拌合物和易性提高了，混凝土的耐火性有所下降。然而，Hardjito 和 Rangan 发现当萘系磺酸盐减水剂掺量达到 2% 时，可以改善粉煤灰/硅酸钠碱激发地质聚合物混凝土的坍落度，但是不会损失 3d 和 7d 抗压强度。

Palacios 等人研究了几种减水剂与碱激发矿渣水泥之间的相互作用，发现三聚氰胺基、萘系基和乙烯基共聚物外加剂对碱激发矿渣浆体的吸附比普通硅酸盐浆体要低 3 ~ 10 倍，使用的外加剂溶液都有不同的 pH 值。研究发现 pH = 11.7 的 NaOH 激发矿渣悬浮液的 Zata 电位（大约 - 2mV）比普通硅酸盐悬浮液的 Zata 电位（大约 + 0.5mV）要低一点，而且偏向负电位，这个就作为减水剂在两种水泥上吸附行为的差异的一部分解释。

这些作者还发现外加剂对碱激发矿渣流变参数的影响直接取决于减水剂的类型和掺量，以及碱激发剂溶液的 pH 值。在 pH = 13.6 的 NaOH 激发矿渣体系中，唯一观察到降低了流变参数的外加剂是萘系减水剂。掺量低至每克矿渣加 1.26mg 的萘系减水剂都能减小 98% 的屈服应力。然而，当使用水玻璃溶液作为激发剂时，却没有减水剂能提高流动性。

Palacios 和 Puertas 提出了高效减水剂在碱激发水泥体系中的现象的解释。这些作者研究了不同类型减水剂（三聚氰胺系、萘系、乙烯共聚物和聚羧酸系）在强碱性介质下的化学稳定性，除了萘系减水剂，其他所有的减水剂在 NaOH 环境且 pH > 13 时都是稳定的。在如此高的 pH 值下，乙烯基共聚物与聚羧酸类减水剂会进行碱性水解，从而改变它们的结构，因此具有分散性和流变性。

鉴于文献报道的结果，明确高 pH 值的地质聚合物体系中用来提高地质聚合物水泥、砂浆、混凝土的流动性的新型高效减水剂化学性质是稳定的。这些减水剂应该进行改进，使通常使用的硅酸盐水泥减水剂加到地质聚合物混凝土中的一些缓凝作用得到改善；有时就减小坍落度损失方面而言，这些缓凝作用是需要的，但是有时会使凝结时间额外地延长。

4.2.5 减缩剂

许多碱硅酸盐激发地质聚合物砂浆和混凝土出现的一个最重要的技术问题就是会发生很高的化学和干燥收缩率。在相同的制备、养护、储存环境下，地质聚合物胶凝材料的收缩率是硅酸盐水泥的 3 ~ 4 倍。虽然使用多种外加剂不会完全地消除收缩，但是基于使用不同纤维（腈纶、聚丙烯、碳纤维或玻璃纤维，包括一些为减缩所特别设计的纤维）的许多方法已经作为物理方式来减缓这个问题。

几乎没有任何关于减缩剂对碱激发矿渣体系影响的研究报道，Bakharev等人报道了标准的减缩剂（化学信息不详）和引气剂一块使用，可以使干缩降低到 OPC 之下（无外加剂）。这些作者也指出给矿渣混凝土添加石膏可以减小收缩，这个是由于形成的钙矾石和单硫铝酸钙所引起的膨胀，这样能够补偿收缩，但是这并不是大多数地质聚合物的机理。

Palacios 和 Puertas 发现在水玻璃激发矿渣砂浆中使用基于聚丙二醇的

减缩剂（SRA）可以减小85%的自收缩和50%的干缩（图4.4），所观察到的SRAs对收缩有益的影响主要是由于孔隙水表面张力的下降和外加剂对孔结果的改变。具体来说，外加剂会导致大孔的生成，提高孔直径在0.1～1.0μm范围内的孔的百分比，这些孔的毛细管压力要比不加外加剂的砂浆中主要的小毛细管压力低得多。SRA也观察到可以减缓矿渣的激发过程，并且掺量越大，减缓作用越强，但是它不会改变浆体的矿物组成。

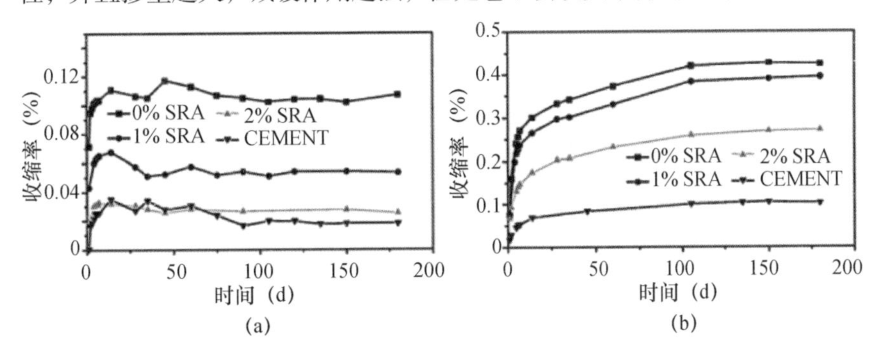

图4.4　水玻璃激发矿渣砂浆的收缩，添加SRA和不添加SRA，不同的养护环境：（a）RH＝99%和（b）RH＝50%（由Puertas等人得出的结果）

总之，我们可以从大部分文献调研来看，大多数硅酸盐水泥使用的常见外加剂已经发展了几十年，并且能够精确控制硅酸盐水泥体系的流变性质和水化过程，但是它们加到地质聚合物体系中要么无效，要么有害。这主要是由于地质聚合过程与硅酸盐水泥的水化过程相比有不同的化学作用，特别是大部分的地质聚合物合成过程中有很高的pH值环境。虽然一些高质量的科学研究在过去的十年中已经被完成，但是很多文献中的科学信息的深度和广度都不是很高，许多关键领域仍需要从根本上进行详细的分析。在未来这个领域里，很可能这些为地质聚合这种特别的化学环境所设计的特有有机添加剂的发展将变得非常必要，使地质聚合物外加剂的潜力得到释放。

4.3　地质聚合物混凝土的混合、浇注和密实化

地质聚合物混凝土可以采用硅酸盐水泥混凝土的传统技术来制备。在实验室，粉煤灰和集料首先在SOL的锅状搅拌器内干态混合约3min。用额外的水使碱液与超塑剂混合后，加入干态材料的液体组分再混合4min。新配混凝土浇注并用硅酸盐水泥混凝土所用的方法振实。

地质聚合物混凝土的压缩强度受到湿态混合时间的影响。测试样品100mm×200mm的圆柱，在烘箱中60℃下固化24h，放置21d进行压缩测试；如图4.5所示，压缩强度明显随混合时间延长而提高。测试新配

混凝土的塌陷值，结果表明塌陷值从湿态混合 2min 的 240mm 降低到混合时间为 6min 的 210mm。

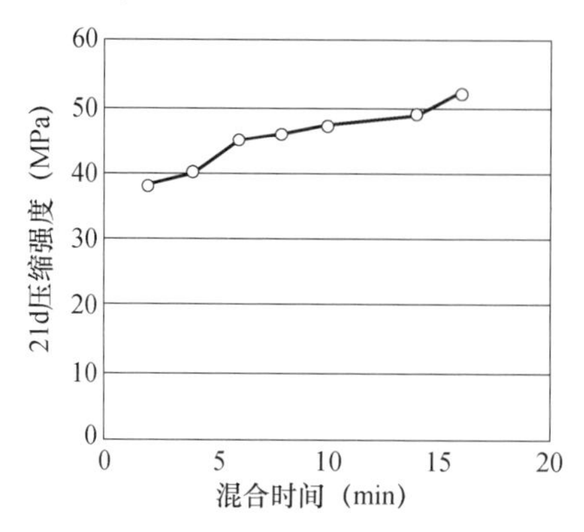

图 4.5　湿态混合时间对地质聚合物混凝土压缩强度的影响（Hardjito 和 Rangan，2005）

4.4　地质聚合物混凝土的固化

虽然低钙粉煤灰基地质聚合物混凝土可以在室温固化，但通常推荐加热固化。加热明显促进地质聚合物的固化反应。固化时间和固化温度都会影响地质聚合物混凝土的强度。图 4.6 显示了固化时间的影响。所测试样品是 100mm × 200mm 的圆柱，在烘箱中 60℃下固化不同的时间。时间为 4 ~ 96h。较长的固化时间能增大聚合程度而形成较高的抗压强度。强度的增加速率在固化时间 24h 内随时间延长是很快的；过了 24h，强度增加得适中。因此，实际应用中粉煤灰体系的加热固化时间不需要超过 24h。图 4.6 说明固化温度对地质聚合物混凝土压缩强度的影响。测试样品是 100mm × 200mm 的圆柱，在烘箱中固化 24h。较高的固化温度产生较高强度的地质聚合物混凝土，但固化温度超过 60℃时强度增加不明显。固化温度对压缩强度的影响在图 4.7 中显示。基于这种测试趋势，推荐固化温度在 60℃。

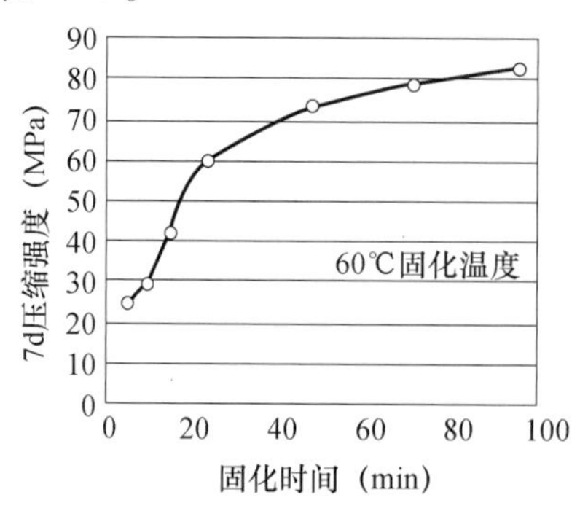

图 4.6　固化时间的影响

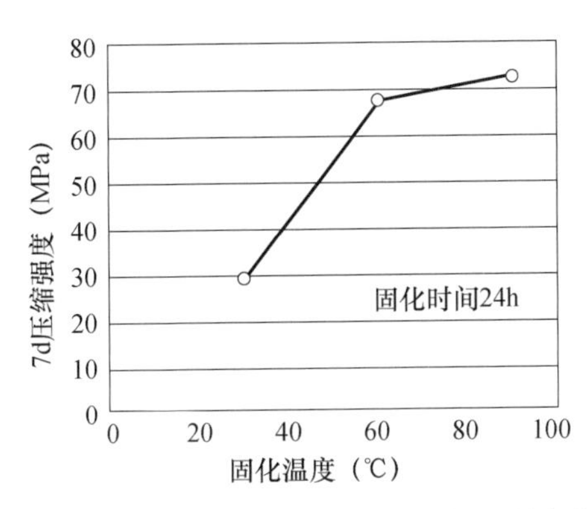

图 4.7　固化时间对地质聚合物混凝土抗压强度的影响

加热固化可以通过蒸汽加热或干态加热实现。测试数据表明，干态加热固化地质聚合物的抗压强度比蒸汽加热固化的约高 15%。所要求的加热固化范围可以调整以满足实际使用的需要。在实验室测试中，用地质聚合物预浇注制品，设计的蒸汽固化要求是 60℃、24h。为了优化成型，浇注制品先进行 4h 的蒸汽加热固化。一段时间后，停止蒸汽加热固化，从模具取出制品。继续对制品进行 21h 的蒸汽固化。这种两阶段固化不会导致制品强度的下降。加热固化地质聚合物混凝土的初始阶段也可以延长几天。测试表明，延长 5d 不会导致强度下降，相反，初始固化的延期会明显提高压缩强度（Hardjito 等，2005）。

4.5　地质聚合物混凝土的早期性能

4.5.1　受压缩响应

粉煤灰地质聚合物混凝土在受压中的行为和失效模式与硅酸盐水泥混凝土的相似。图 4.8 给出了地质聚合物的典型应力-应变曲线。测试数据表明应力峰值对应的应变在 0.0024～0.0026（Hardjito 和 Rangan，2005）。Collins 等（1993）建议硅酸盐水泥混凝土的压缩中应力-应变可以用下面表达式预测：

$$\sigma_c = f_{cm}\frac{\varepsilon_c}{\varepsilon_{cm}}\ \frac{n}{n-1+(\varepsilon_c/\varepsilon_{cm})^{nk}} \tag{4.1}$$

式中　f_{cm}——应力峰值；

ε_{cm}——应力峰值的应变；

$n=0.8+(f_{cm}/17)$。

当 $\varepsilon_c/\varepsilon_{cm}>1$ 时 $k=0.67+(f_{cm}/62)$；当 $\varepsilon_c/\varepsilon_{cm}<1$ 时 $k=1$。

图 4.8 说明测试的应力-应变曲线与式（4.1）预测值相关得很好。

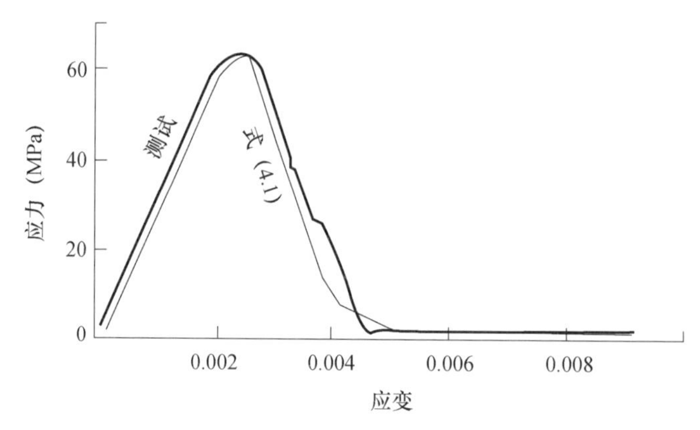

图 4.8　地质聚合物混凝土的应力-应变曲线

表 4.2 给出了地质聚合物混凝土弹性模量的测试值。可以预期，弹性模量随着地质聚合物混凝土强度的增大而增大（Hardjito 和 Rangan，2005）。就硅酸盐水泥混凝土草拟的澳大利亚标准 AS3600 推荐以式（4.2）来计算弹性模量，误差在 ±20%：

$$\varepsilon_c = \rho^{1.5} x \ (0.024\sqrt{f_{cm}} + 0.12) \ (\text{MPa}) \tag{4.2}$$

式中　ρ——混凝土的单位体积的质量（kg/m^3）；

f_{cm}——平均抗压强度（MPa）。

表 4.2　地质聚合物混凝土在压缩时的弹性模量

f_{cm}	测量 ε_c（GPa）	ε_c（式 4.2）（GPa）	ε_c（式 4.3）（GPa）
89	30.8	39.5 ±7.9	38.2
68	27.3	36.2 ±7.2	34.3
55	26.1	33.9 ±6.8	31.5
44	23.0	31.8 ±6.4	28.9

美国混凝土研究院（ACI）委员会（1992）推荐采用式（4.3）计算弹性模量：

$$\varepsilon_c = 3320\sqrt{f_{cm}} + 6900 \ (\text{MPa}) \tag{4.3}$$

表 4.2 说明粉煤灰地质聚合物基混凝土的弹性模量测试值和用式（4.2）和式（4.3）计算的结果。总是比用式（4.2）和式（4.3）计算的结果低。这是因为在制备地质聚合物混凝土时采用了粗集料。

4.5.2　弱于地质聚合物基体的集料抗压强度

在测试项目中用的粗集料是石英岩的，即使用 f_{cm} = 44MPa 混合物制备的样品，测试圆柱的失效表面是在粗集料处断裂，因此造成光滑的失效表面。这表明粗集料的强度比地质聚合物基体和地质聚合物/集料界面的弱。

用石英砂型粗集料的硅酸盐水泥混凝土，Aitcin 和 Mehta（1990）报道了当 f_{cm} = 84.8MPa 和 88.6MPa 时弹性模量值分别为 31.7MPa 和 33.8MPa。这些值与表4.2 列出的地质聚合物混凝土的相似。

粉煤灰地质聚合物基混凝土的压缩强度在 40 ~ 90MPa 的泊松比在 0.12 ~0.16 之间。这些值与硅酸盐水泥混凝土的值相似。

4.5.3 间接控伸强度

粉煤灰地质聚合物基混凝土的拉伸强度可以通过 150mm × 300mm 圆柱的破裂试验来测试。结果列在表 4.3 中。这些结果表明地质聚合物混凝土的拉伸破裂强度低于压缩强度，与硅酸盐水泥混凝土的相似。

表 4.3 地质聚合物混凝土的间接拉伸开裂强度

平均抗压强度（MPa）	平均间接拉伸强度（MPa）	特征主拉伸强度 f_{ct}［式（4.4）］（MPa）	开裂强度 f_{ct}［式（4.5）］（MPa）
89	7.43	3.77	5.98
68	5.52	3.30	5.00
55	5.45	3.00	4.34
44	4.43	2.65	3.74

混凝土结构的澳大利亚草拟标准 AS3600（2005）推荐采用下列表达式来确定硅酸盐水泥混凝土的特征主拉伸强度（f_{ct}）：

$$f_{ct} = 0.4\sqrt{f_{cm}} \ (\text{MPa}) \tag{4.4}$$

Neville（2000）推荐硅酸盐水泥混凝土的拉伸开裂强度与压缩强度之间的关系可以表达为

$$f_{ct} = 0.3 \ (f_{cm})^{\frac{2}{3}} \ (\text{MPa}) \tag{4.5}$$

用式（4.4）和式（4.5）计算的 f_{ct} 也列于表 4.3。

表4.3 说明，粉煤灰地质聚合物基混凝土的间接拉伸强度大于硅酸盐水泥混凝土的澳大利亚草拟标准 AS3600（2005）推荐值和 Neville（2005）值。压缩强度可表征集料，而拉伸强度值则依赖于地质聚合物基体。地质聚合物水泥比硅酸盐水泥的拉伸强度大（Cordi-Geopolymere）。式（4.4）和式（4.5）是为硅酸盐水泥建立的，必须加以改进才能适用于强度更高的地质聚合物基体。

混凝土的单位质量主要依赖于混合物中集料的单位质量。测试表明，低钙粉煤灰基地质聚合物混凝土的单位质量与硅酸盐水泥混凝土的相似。当采用石英砂型粗集料时，单位质量在 2330 ~ 2430kg/m^3。

4.6 地质聚合物混凝土的长期性能

4.6.1 压缩强度

实验室测试用的地质聚合物混凝土混合物的组成比例列于表 4.4。在四年研究期内，制备了很多批次样品。在每批地质聚合物混凝土中，用 100mm×200mm 圆柱样品。浇注后 7d 试样的压缩强度是至少三个样品测试值的平均值。同时也测试样品的单位质量。对混合物 1、混合物 2 和浇注后 60℃热固化 24h 的样品进行大量测试，平均值列于表 4.5。

表 4.4 地质聚合物混凝土混合物的组成比例

材料	密度（kg/m³）	
	混合物 1	混合物 2
粗集料 20μm	277	277
粗集料 14μm	370	370
粗集料 7μm	647	647
细砂子	554	554
粉煤灰（ASTM 低钙 F 级）	408	408
硅酸钠溶液（SiO_2 : Na_2O = 2）	103	103
氢氧化钠溶液	41（8mol）	41（14mol）
超塑性助剂	6	6
多余的水	无	22.5

表 4.5 地质聚合物混凝土的平均压缩强度和单位质量

混合物	固化形式	7d 压缩强度（60℃固化 24h）（MPa）		单位质量（kg/m³）	
		平均值	标准偏差	平均值	标准偏差
混合物 1	烘箱中干态固化	58	6	2379	17
	蒸汽固化	56	3	2388	15
混合物 2	烘箱中干态固化	45	7	2302	52
	蒸汽固化	36	8	2302	49

为了观察老化对热固化地质聚合物混凝土压缩强度的影响，用混合物 1 制备了几批 100mm×200mm 的圆柱来测试，组成比例列于表 4.4。样品是在 60℃烘箱固化 24h。图 4.9 给出了同批次地质聚合物混凝土试样在一定时间老化后与浇注后第 7 天的压缩强度的比较。这些测试数据

表明与第 7 天的压缩强度相比，老化后的压缩强度增加 10% ~20% 。

表 4.5 和图 4.9 试验数据表明制备的粉煤灰地质聚合物混凝土的质量均一、重复性强、长期稳定。

为了分析老化对室温固化粉煤灰地质聚合物混凝土压缩强度的影响，用表 4.4 中混合物 1 制备三个批次地质聚合物混凝土。测试试样是 100mm ×200mm 圆柱，结果见图 4.10。第一批试样（May05）于 2005 年 5 月 5 日制备，而第二批试样（July05）是在 7 月 5 日制备的，第三批试样（September05）是在 2005 年 9 月制备的。2005 年浇注后的第一周的室温是 18 ~25℃，在 2005 年 7 月则是 8 ~18℃，在 9 月是 12 ~22℃（注：在澳大利亚是冬天）。这几个月的实验室湿度为 40% ~60% 。浇筑后 1d，测试的圆柱体从模子中取出，放置在实验室条件下直到测试。测试结果表明，室温固化地质聚合物混凝土的压缩强度随着老化不断增大。这个测试趋势与热固化地质聚合物混凝土的（图 4.9）相反。

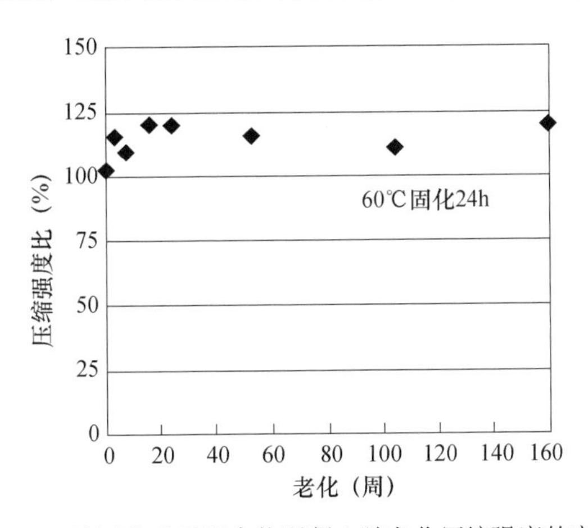

图 4.9　热固化地质聚合物混凝土随老化压缩强度的变化

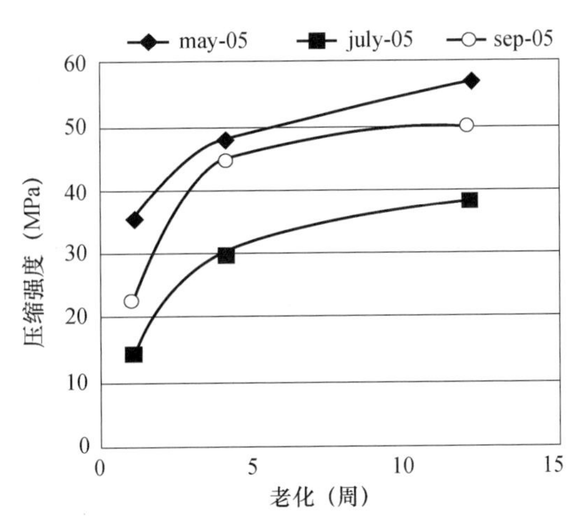

图 4.10　室温固化地质聚合物混凝土的压缩强度

4.6.2 蠕变和干化收缩

Wallah 和 Rangan 用 1 年时间研究热固化低钙粉煤灰基地质聚合物混凝土的蠕变和干化收缩。地质聚合物混凝土混合物组成见表 4.4 中的混合物 1 和混合物 2，测试样品是 150mm×300mm 的圆柱，在 60℃热固化 24h。浇注后第 7 天开始进行蠕变试验，维持应力是那天压缩强度的 40%。混合物 1 和烘箱热固化试样的测试结果见图 4.11。测试趋势与烘箱中热固化或蒸汽固化的混合物 1 和混合物 2 相似。

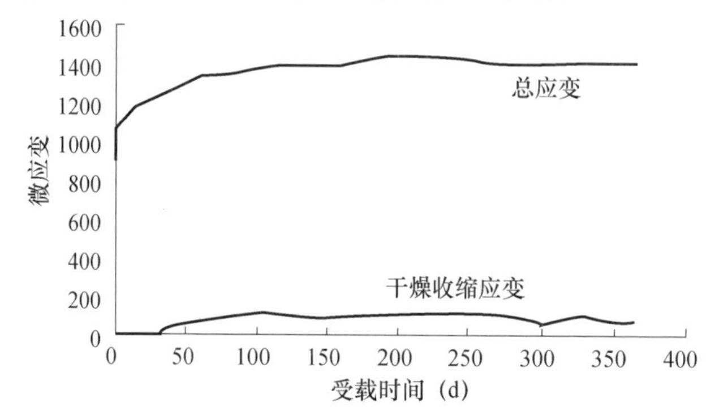

图 4.11 热固化地质聚合物混凝土的总应变和干燥收缩

热固化的粉煤灰基地质聚合物混凝土放置 1 年后，干化收缩很小，约为 100μm。该值比硅酸盐水泥混凝土的 500～800μm 小得多。在加载 1 年后，热固化地质聚合物混凝土的压缩强度在 40MPa、47MPa 和 57MPa，定义为蠕变应变和弹性应变比值的蠕变系数在 0.6～0.7。而压缩强度在 67MPa 的值为 0.4～0.5。

定义为单位维持应力下的蠕变应变的比蠕变值见图 4.12。加载 1 年后比蠕变值列于表 4.6（Wallah 和 Rangan，2006）。这些值是澳大利亚草拟标准 AS3600（2005）推荐值（对硅酸盐水泥混凝土）的 50%。

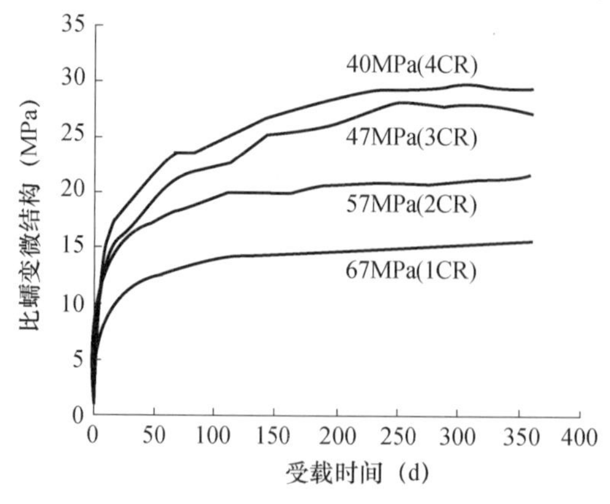

图 4.12 热固化地质聚合物混凝土的压缩强度对其蠕变的影响

表 4.6 热固化地质聚合物混凝土的比蠕变

代号	压缩强度（MPa）	加载 1 年后的比蠕变（$\times 10^{-6}$/MPa）
1CR	67	15
2CR	57	22
3CR	47	28
4CR	40	29

室温下固化的地质聚合物混凝土的干化收缩应变比加热固化试样的大很多（图 4.13），在地质聚合物反应过程中放出水。如图 4.13 所示，在室温下固化样品，水的蒸发会引起很大的干化收缩，特别是在前两周中更明显。

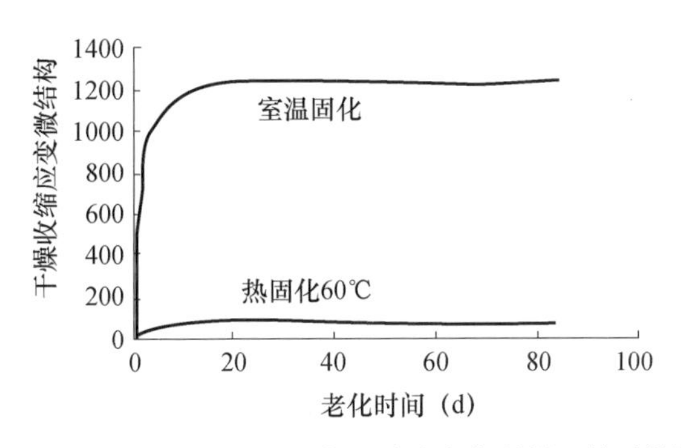

图 4.13 加热固化和室温固化地质聚合物混凝土的干燥收缩

4.6.3 抗硫酸盐

1. 引言

在文献和现有的相关标准中有大量的有关矿物胶凝材料、砂浆和混凝土抗硫酸盐侵蚀性的试验方法、试验结果和裂化机理。然而，在大多数建筑材料的常见测试方法中，测试过程一般是基于普通硅酸盐水泥（OPC）和复合 OPC 胶凝材料体系的固有设计。相反，没有提供对地质聚合物的抗硫酸盐侵蚀性能方面有关的改进的测试报告、案例研究或劣化机理。基于 OPC 的硫酸盐侵蚀的机理很好理解，然而这方面的工作与正在进行过程中的化学和热力学的细节以及有意义的加速测试方法的发展有关。针对上述问题，许多国家（包括欧盟）仍然依靠命令式的规定而不是基于性能的测试方法。在此问题上，学者们需要考虑的关键是在硫酸盐侵蚀下 OPC 和地质聚合物环境下劣化的不同。其主要与在 OPC 中 C—S—H 型凝胶相形成脱钙作用以及含硫钙（通常是膨胀的）裂化产物的形成有关。地质聚合物低的钙含量导致了两者的差异。因此需对测试硫酸盐侵蚀下的 OPC 性能测试参数进行修订。

基于OPC体系的测试方法上，对其进行改性以满足地质聚合物的特殊要求（如样品制备、养护和其他地质聚合物的具体问题）。本节介绍：①对一般OPC体系抗硫酸盐测试简短的文献综述；②对地质聚合物的抗硫酸盐侵蚀性能的一些案例研究；③一般测试抗硫酸盐侵蚀的可能途径的一些考虑。硫酸（矿物或生物）侵蚀在这一章不予考虑，将在本章后面讨论。

2. OPC体系的抗硫酸盐测试

一般来说，抗硫酸盐侵蚀测试方法可分类如下：

（1）外部硫酸盐侵蚀：通过将试样浸泡在一种测试溶液中，或通过执行润湿和干燥循环来模拟外部环境。在这两种情况下，使用含硫酸盐的水溶液（最常见的 Na_2SO_4 和 $MgSO_4$），同时需要及时更换。外部侵蚀测试了胶凝材料本身由于膨胀含硫酸盐相的形成而带来膨胀的“化学”潜能。还有这种方式的侵蚀下整个体系（净浆、砂浆、混凝土）的性能，外部硫酸盐侵蚀下体系的孔隙率影响其行为。

（2）内部硫酸盐侵蚀：添加额外的石膏胶凝材料使它“过硫酸盐化”。这里测试了胶凝材料的抗硫酸盐性，净浆或砂浆中石膏的直接加入使水和离子运输的影响被排除在外。

世界各地的各种研究人员实施的特定应用的测试方案和不同方法将会影响所获得的结果。测试环境：真实的环境条件，加速的条件，如非常高的硫酸盐浓度或较高的温度；也使用各种评价方法（膨胀和抗折强度）和评价标准。

考虑到浓度和温度作用下硫酸盐溶液本身（和它们的相互作用的结晶产物与水泥基胶凝材料）的物相变化，加速的测试方法有效性已成为当前的研究重点。不仅仅是硫酸盐侵蚀，多种类型的化学侵蚀的核心内容将在本章和下面几章中分别讨论。

一些常见的测试方法以及特征，如下所示：

内部侵蚀

ASTM C452

设计：OPC（不是复合水泥）

样品：砂浆，OPC中石膏加至7% SO_3，*W/C* 0.485（0.460引气砂浆），（水泥+添加石膏）/砂子 = 2.75

样品尺寸：25mm×25mm×285mm

养护：在模具中23℃养护1d，然后在23℃水中养护，用水不时更新

评价：第1d和第14d之间的膨胀性能

Duggan 测试

设计：OPC 混凝土

样品：混凝土，水/水泥 = 0.40

样品尺寸：76mm × 76mm × 356mm

养护：热循环（最高温度为 85℃），然后在水里，没有添加硫酸（延迟钙矾石生成测试）

评估：90d 膨胀性能

Le Chatelier-Anstett 试验

设计：OPC

样品：含 50% 石膏和 6% 额外补充水分的硬化水泥浆体

样品尺寸：圆柱体直径 80mm，高度 30mm，1.96MPa 压制成型

养护：水

评估：90d 膨胀性能

外部侵蚀

ASTM C1012

设计：OPC，与火山灰或矿渣复合的 OPC，复合水硬性水泥

样品：OPC 砂浆，*W/C* 0.485（0.460 引气砂浆，或调整至流动的复合/水硬水泥），水泥/砂 = 2.75

样品尺寸：50mm 立方体，用于控制强度，25mm × 25mm × 285mm 棒状测试膨胀

养护和浸置：在模具中 35℃ 养护 1d，然后在 23℃ 的石灰水中养护，直到抗压强度 > 20MPa，然后浸入 23℃ 的 Na_2SO_4（50g/L）溶液中，其他可能的溶液（如 $MgSO_4$）。

评价：在硫酸溶液中 12 ~ 18 个月后的膨胀性能

CEN 测试

设计：OPC，复合 OPC

样品：*W/C* = 0.50 砂浆，水泥/砂 = 1∶3

样品尺寸：20mm × 20mm × 160mm

养护和浸置：20℃ 相对湿度 > 90%，养护 1d，然后在 20℃ 水中养护 27d，然后浸置于 Na_2SO_4 溶液中（16g/L SO_4 = 24g/L Na_2SO_4），每个月更换一次溶液，对照空白样品放在水中

评价：1 年后长度变化

Koch and Steinegger

设计：OPC，矿渣复合 OPC

样品：*W/C* = 0.60 砂浆，水泥/砂 = 1∶3

样品尺寸：10mm×10mm×60mm

养护和浸置：在模具中养护1d，然后在去离子水中养护20d，然后浸置于10% $Na_2SO_4 \cdot 10H_2O$ 溶液（44g/L 的 Na_2SO_4）；对照空白样品放置在去离子水中

评价：用硫酸对酚酞滴定硫酸的吸收，抗折强度，目测观察，持续77d

Mehta and Gjørv

设计：OPC，复合OPC（矿渣、火山灰）

样品：水泥浆，$W/C=0.50$

样品尺寸：12.5mm立方体

养护和浸置：50℃湿度养护7d，然后浸置于①$CaSO_4$ 溶液（0.12% SO_3 =2g/L $CaSO_4$）或②Na_2SO_4 溶液（2.1%，SO_3 =37g/L Na_2SO_4），用 H_2SO_4 滴定溴百里酚蓝来更新硫酸盐

评价：28d后抗压强度

NMS测试

设计：砂浆和混凝土，混凝土不养护

样品：用 $W/C=0.50$ 的砂浆或混凝土，样品不养护

样品尺寸：40mm×40mm×160mm（砂浆/混凝土），芯直径50mm、长度150mm（混凝土）

养护和浸置：20℃，相对湿度>90%，在模具中养护2d，然后在水中养护5d，20℃，65%相对湿度养护21d；之后浸置于真空度为150mbar，饱和度为5%的 Na_2SO_4 溶液（50g/L Na_2SO_4），再浸置于8℃，50g/L Na_2SO_4 溶液中，对照空白样品浸置于水中

评估：56~180d后抗拉强度，取决于测试设置

SVA测试

设计：砂浆和混凝土，混凝土不养护

样品：砂浆 $W/C=0.50$，水泥/砂=1∶3

样品尺寸：10mm×40mm×160mm（砂浆），芯直径50mm、长度150mm

养护和浸置：20℃，相对湿度>90%，在模具中养护2d，然后在饱和石灰溶液中养护12d；分别在20℃和6℃时，浸置于饱和硫酸钠溶液中（44g/L Na_2SO_4）。对照空白样品分别在20℃和6℃的饱和石灰溶液中养护，每14d换一次溶液，最初的程序只考虑在20℃下测试。

评价：91d后长度变化

Swiss Standard SIA 262/1 Appendix D

设计：混凝土

样品：一般混凝土样品

样品尺寸：芯直径28mm、长度150mm

养护和浸置：根据EN 12390-2标准28d湿养护，然后4次硫酸盐侵蚀循环。实施步骤如下：50℃干燥48h，20℃冷却1h，50g/L Na_2SO_4 溶液中浸置120h

评价：长度变化，质量增加

（注：本标准目前正在修订，在修订后的版本中一些细节将略有不同）

Wittekindt

设计：OPC，矿渣复合OPC

样品：砂浆 $W/C=0.60$，水泥/砂 =1：3

样品尺寸：10mm×40mm×160mm

养护和浸置：模具中养护2d，水中养护5d，然后在0.15M的 Na_2SO_4 溶液（21g/L）浸置，溶液在不同的时间间隔更换

评估：膨胀性能（持续时间变量，数月～数年）

3. 地质聚合物的抗硫酸盐性能

地质聚合物的抗硫酸盐侵蚀性能研究报道较少。在一般情况下，外部硫酸盐侵蚀使用砂浆或混凝土样品作为检测方法。

Shi等人对地质聚合物的抗硫酸盐侵蚀性能做了综述，但其测试方法不是分开的。通常地质聚合物性能与OPC相当甚至优于OPC。但碱激发材料的性能主要取决于原材料的化学组成（矿渣、粉煤灰或其他）、激发剂的种类以及测试所用的硫酸溶液的组成和浓度。

Bakharev等人在ASTM C1012的基础上为AAM开发了一种应用到碱激发矿渣混凝土上抗硫酸盐的测试方法。其具体方法如下：直径为100mm、长度为200mm的混凝土圆柱体蒸汽室养护28d后，浸置于50g/L的 Na_2SO_4 和50g/L的 $MgSO_4$ 溶液中，并定期更换。经过12个月后进行了抗压强度测试，并与存储在饮用水中的参考样品进行比较。在 Na_2SO_4 溶液中地质聚合物混凝土比OPC混凝土的性能好，然而在 $MgSO_4$ 溶液中两者相似。在 Na_2SO_4 溶液中，未有劣化的迹象，而 $MgSO_4$ 的侵蚀造成了石膏的形成和C—S—H的分解。在同一研究者的第二个论文中，碱激发粉煤灰地质聚合物的抗硫酸盐性能用类似的方法进行了测试。在这种情况下，热养护的试块浸置于上述相同的溶液中，使用抗压强度作为评价标准。发现不同种类激发剂及浸置条件下地质聚合物的耐久性有显著的变化（NaOH激发剂+热养护性能最好）。

Puertas等人以Koch-Steinegger和ASTM C1012方法研究碱激发矿渣和粉煤灰地质聚合物砂浆的抗硫酸盐，结果表明其具有良好的抗硫酸盐

性，而 NaOH 激发的高炉矿渣对硫酸盐侵蚀较敏感，同时有石膏和钙矾石的形成。然而，Ismail 等人表明，碱激发矿渣粉煤灰混合物对硫酸盐侵蚀的反应基本取决于硫酸盐阳离子的性质；Na_2SO_4浸渍导致净浆样品的轻微损伤，而 $MgSO_4$引起胶凝材料的严重脱钙，石膏的形成，结构和尺寸完整性的损失。

根据 Swiss Standard SIA 262/1 Appendix D，测试一个特定的非标准养护制度（在 80℃下热养护，然后储存在空气中）四种粉煤灰基地质聚合物混凝土抗硫酸盐侵蚀性，表明其具有良好的抗侵蚀性。Škvára 观察到碱激发粉煤灰地质聚合物砂浆在实验室环境中养护 28d 后浸置于含 44g/L 的 Na_2SO_4 或 5g/L$MgSO_4$ 溶液中，并没有劣化。其他使用类似的测试方法的报告也报道了地质聚合物对硫酸盐溶液有好的抵抗性。

4. 关于 AAM 的测试方法评价

在一般情况下，要使用的测试方法应接近于 OPC 和混合 OPC 体系使用的测试方法，有助于接受地质聚合物耐久性能测试的有效性。因此，必要时只应轻微变动现有标准测试，在某种程度上将适用于地质聚合物。改进应主要限于样品的制备和养护，而不是测试方法本身。

5. 外部或内部的抗硫酸盐侵蚀测试

在砂浆或混凝土中的硫酸盐含水溶液的外部侵蚀是应进行测试的最现实的设置。整个体系进行测试需考虑其孔隙率和透气性的性质。

6. 测试胶凝材料或混凝土

这个测试需要混凝土而非胶凝材料，地质聚合物混凝土可以由没有形成胶凝材料的原料直接制备，从某种意义上来说，OPC 是从筒仓或袋中提供的。

最终产品的耐久性应是决定性的参数，孔隙率和渗透性能发挥作用。这是从实验室测试净浆和砂浆取得重要成果，但混凝土测试标准被提到。

7. 被定义的或“当做”混合组成或混凝土

地质聚合物基混凝土有很宽范围的水胶比、砂胶比和外加剂。因此，“真实”应用于施工现场的混凝土而不是在已经存在的测试方法中定义的特殊的混合组成应该被测试。

8. 与硫酸盐作用前养护

根据地质聚合物的组成，特殊养护制度经常被应用，包括热养护。在水或石灰水中养护并不总是适合地质聚合物，因其可能会导致碱浸出，可以用湿养护来代替。一般来说，测试方法中不应指定养护制度（除了一些可能的特殊龄期，一般是28天），但特定的地质聚合物必须使用适宜的养护制度。

9. 硫酸盐反应测试

除此之外，建议不修改测试方案，并与OPC的性能进行比较，要求相同的环境条件。

10. 应该使用哪种测试方法？

样品制备和养护改进后出现了几种合适的测试方法，包括ASTM C1012、CEN、NMS和SVA测试。然而在这些测试中的硫酸盐的剂量、评价方法和标准有很大的不同。从这些差异中透露出重要的化学和物理意义。目前不可能得出它将是最合适的方法的结论（值得注意的是，这在OPC中并没有被实现）。

4.6.4 碱-集料反应

开发地质聚合物水泥在西方国家目前的研究和发展也有很大的变化。在硅酸盐水泥中，碱被认为是破坏性碱-集料反应的因素。结果是，倾向于在硅酸盐水泥中不用碱，一般要求水泥制造商提供低碱水泥。另外，Mehta、Mindess和Young、Roy发表文章表明，添加碱性的天然铝硅酸钾或铀可以明显降低高碱水泥的碱-集料反应。Sersale和Frigione通过添加沸石（碱-铝硅酸盐），如菱沸岳、钙十字沸石进一步消除碱-集料反应。最后，Metso、Haekkinen和Tailing Brandstetr宣称，碱激发铝硅酸盐胶凝材料、碱激发粉煤灰地质聚合物不会产生任何碱-集料反应。

图4.14（a）显示的是按照ASTM C227对（K，Ca）-PSS水泥条状试样进行的膨胀实验，在硅酸盐水泥中加入了1.2%的Na_2O，添加容易处理的硅石粉，该实验进行250d。

图4.14（b）给出了在丹麦制备、在意大利水泥实验室得到检验的方法，即在饱和NaCl溶液加速14d的测试结果。这个结果也证实尖晶石地质聚合物水泥有良好的性能，没有膨胀，与硅酸盐水泥形成鲜明对照。这些结果与以前得到的一致。地质聚合物胶凝材料和水泥，包含高达10%的碱组分，也没有产生任何碱-集料反应。无碱-集料反应总是在地质聚合物水泥方面得到证实。更近一些，Li等采用另外的标准——ASTM C441-97，其中粉碎的石英玻璃是反应性粉状组分，测试时间为90d。90d时，硅酸盐水泥表现出明显的膨胀，达0.9%~1.0%；而地质聚合物水泥几乎不变化，90d后的收缩为-0.03%。

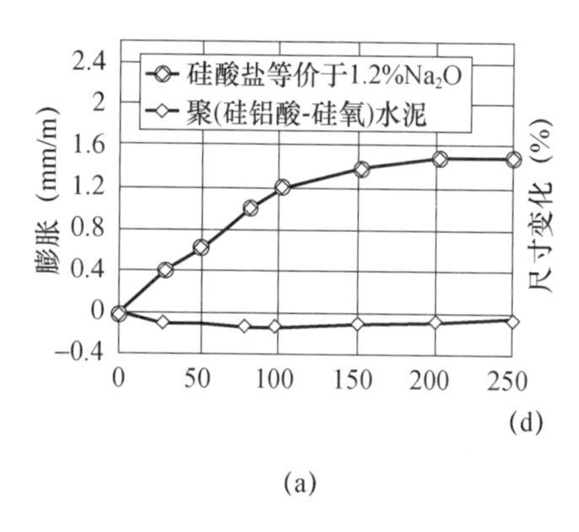

(a)

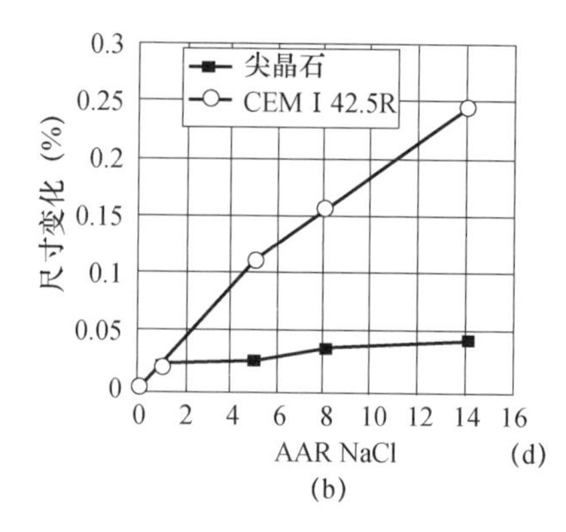

(b)

图 4.14　检测（K，Ca）-PSS 水泥和尖晶石水泥及硅酸盐水泥 CEM Ⅰ 42.5R 制备的混凝土的碱-集料反应的两种方法

（a）ASTM C227，250d；（b）用 NaCl 加速 14d

胶凝材料的碱含量是非常关键的，关系到硅酸盐水泥混凝土的碱-集料反应（AAR）。碱-集料反应可以分为两类：碱-硅反应（ASR）和碱-碳酸盐反应（ACR）。前者发生在水泥中有潜在活性的集料和碱之间，Na_2O、K_2O 和 $Ca(OH)_2$。反应产物是碱硅酸凝胶，受潮后易发生膨胀，造成混凝土的膨胀和开裂。与 ASR 相比，ACR 反应更常见，它由混凝土中碳酸盐集料中的白云石与碱反应产生。

在 OPC 混凝土中，限制 ASR 反应的破坏性通常是通过减少混凝土的碱含量来实现。OPC 中，碱含量不应超过水泥质量的 0.6% Na_2O（其中 Na_2O 含量包含在一个摩尔当量的基础上）。50% 或更多的矿渣在 OPC 中加入碱含量超过 1% 是可以接受的。然而，在地质聚合物中碱激发剂的使用使其碱含量远高于 PC。例如，碱激发矿渣水泥（AAS）中碱含量可达到 2% ~5% 。因此，在地质聚合物中的 ASR 反应的研究已经吸引了很多的关注，有人担心地质聚合物可能会受到 ASR 的影响。

另一方面，由于初始组成材料如低钙冶金渣或 F 级粉煤灰的低钙组成，基于这些材料的地质聚合物相对于 PC 的碱-集料反应可能会预期表现出不同的行为，如钙在 ASR 过程中在确定的速率和潜在破坏程度方面起决定性作用。

以下部分概述了地质聚合物胶凝材料中 ASR 反应，并讨论了现有的预测潜在的有害膨胀的测试和标准。

1. 测试方法

RILEM TC 219-ACS 评价地质聚合物体系中 ASR 膨胀的常用测试方法的适用性。许多地质聚合物研究者已经开发了 PC 体系的 ASTM 或加拿大标准（CSA）。在北美洲出台了用于集料潜在碱活性的评价测试标准和一个特定的水泥集料的结合反应性，如砂浆棒法（ASTM C227）和混凝土棱柱体法（ASTM C1293，CSA 23.2-14），化学分析和岩相（光学显微镜）方法（ASTM C289 and C295）也可。

混凝土棱柱体试验在实际混凝土材料性能中被认为是一个更合适和准确的指标试验。因为相同的混合物可以用于实验室标本中以及在提出的预制混凝土产品或结构中。然而，这两个具体的测试方法至少需要1年才能完成。

化学分析法（ASTM C289）是一种更快速的检测方法，但并未对集料膨胀趋势进行评价。岩相法（ASTM C295）通过评价集料可以确定集料中潜在的活性材料，但未能提供特定的水泥集料组合的膨胀性信息。

快速砂浆棒法（ASTM C1260）是一种快速的测试方法并且结果是保守的，是评价地质聚合物材料中ASR最常用的测试方法。然而，这种测试方法需要砂浆浸泡在80℃1mol/L NaOH溶液中，专为集料的评价设计的，不是集料/水泥体系，用在一个固有的高碱体系如地质聚合物中似乎被怀疑。Xie等认为，这种方法往往给一个高估的结果，即使评价集料；即用此方法一种具有良好性能的集料可能被列为有害膨胀的。

在砂浆中的集料是根据ASTM C1260的建议分级，然后在指定尺寸的集料（标记）的部分（或全部，8号大小）用活性玻璃取代（情节改编自Xie等人）。当水泥暴露在正常环境中时，自收缩和ASR膨胀的时间尺度不同。硬化期间以自收缩为主，而ASR主要作用在后期，造成长期的膨胀。采用快速砂浆棒法提供的加速度（ASTM C1260）使这两种机制部分重叠，这显然影响了ASR膨胀的评价。当测试地质聚合物的ASR的潜力时这是一个必须考虑的因素，对于PC砂浆也一样。由于补偿作用的早期自收缩［特别是在稍后的测试期间图4.15（b）、（c）］，图4.15显示了与PC相比在碱激发粉煤灰中较低的ASR膨胀。

此外，在ASTM C1260实验方法中，在铝硅前驱体的激发已经达到一个真正具有代表性的（或满意）的程度之前ASR反应可能发生。Yang表明ASR主要发生在前30~60d，随后到达平稳期。一些作者也指出，在含有矿渣的砂浆最初的膨胀速度缓慢意味着ASTM C1260加速试验方法可能不是决定在一个更长的使用寿命中由于砂浆中ASR的潜在膨胀的最适合测试方法。

这种测试方法的目的是检测16d内使用PC砂浆棒特殊集料有害的ASR的潜力。然而，在AAS砂浆中当测试是有限的16d，有害ASR可能并没有被观察到，给人一种误导性的砂浆“安全”的结果。有人建议，AAS砂浆试验应该持续至少6个月，虽然对具有相同的测试时间的OPC

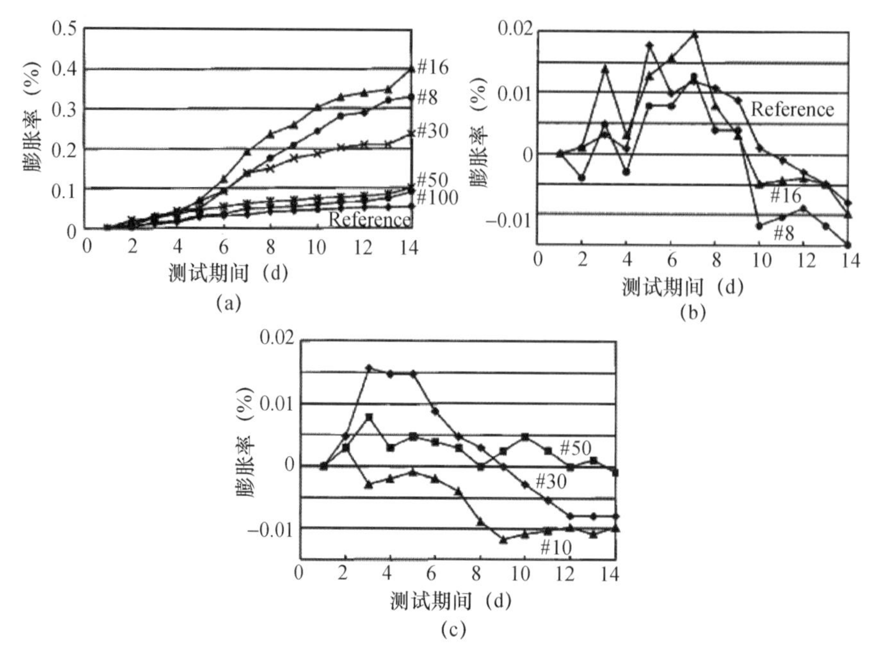

图 4.15　ASR 的 ASTM C1260 测试期间观察到的膨胀，用 10% 的玻璃取代集料中的石英砂：（a）OPC，（b，c）硅酸钠激发粉煤灰地质聚合物

和混合 OPC 样品的长期测试结果的解释可能还需要进一步的验证。

除了 ASTM 和 CSA 的方法，Ding 用 RILEM 加速混凝土棱柱体法（RILEM TC-106）与养护温度 60℃，Al-Otaibi 在 1995 草案中 BSI DD218 指定的方法（注意，这个标准已经由 BS 812-123：1999 代替），用了持续了 12 个月的试验时间。

测试硅酸盐水泥（PC）为基础的体系中的 ASR 时，加碱加速反应是常见的。在 ASTM 砂浆棒法（C227）中将测试水泥碱含量调至 1.25% Na_2Oeq。然而，在 AAMs 中，由于在最初的混合成分中高碱含量同时在测试过程并未添加多余的碱，其含碱量一般为 3.5% ~6% Na_2Oeq。

2. 砂浆棒测试结果

ASTM 砂浆棒法（C227）（或这种程序的变形）是研究者的热门选择。这种测试方法中使用的 AAMs 中最早的 ASR 研究，活性蛋白石集料替代部分石英砂，并发现它们的“F-混凝土”样品膨胀比控制硅酸盐水泥膨胀小。Yang 和同事评估了碱激发矿渣水泥砂浆使用活性玻璃集料反应。硅酸钠（$Na_2O \cdot nSiO_2$）、Na_2CO_3 和 NaOH 碱激发矿渣水泥之间，给定 Na_2O 用量和测试条件下 $Na_2O \cdot nSiO_2$ 碱激发矿渣水泥被发现具有最高的膨胀，NaOH 碱激发矿渣水泥膨胀最小（图 4.16）。无论激发剂的选择如何，Yang 声称膨胀随着碱用量和矿渣碱度的增加而增加。

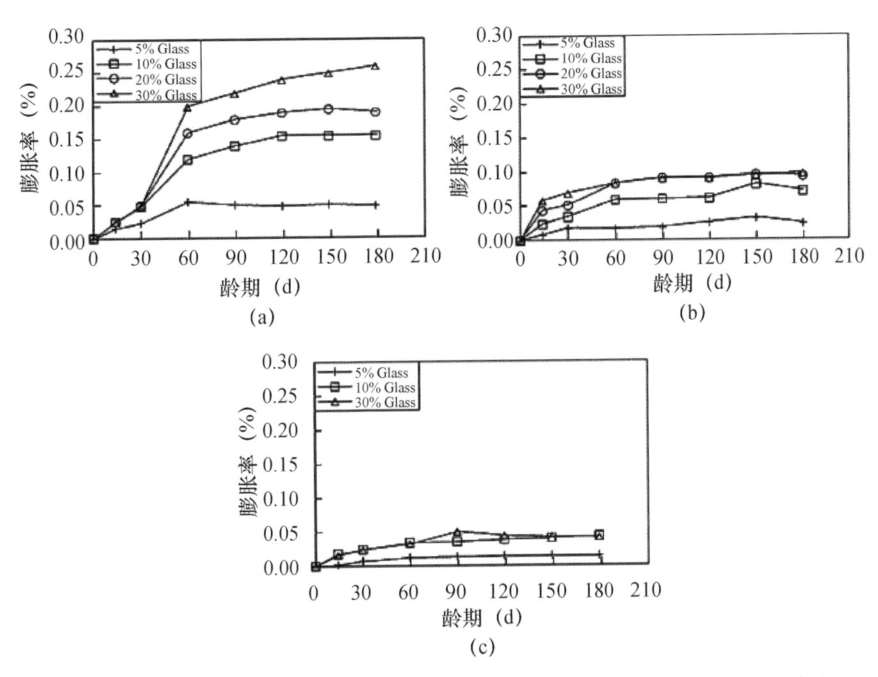

图 4.16　激发剂和石英玻璃含量对砂浆棒膨胀的影响：（a）$Na_2O \cdot nSiO_2$ 激发，（b）Na_2CO_3 激发和（c）NaOH 激发矿渣水泥（数据来源于 Yang）

Chen 等用碱量 3.5% Na_2O 激发含有石英玻璃集料的矿渣砂浆棒并证实由于 ASR 硅酸钠激发矿渣膨胀得到了发展。他们也同意使用一个更基本的 BFS 导致更大的扩张（图 4.17）。硅酸钠模数（SiO_2/Na_2O 比；Ms）对硅酸盐激发矿渣水泥混凝土的膨胀也有显著效果，用模数 1.8 的硅酸钠激发观测到膨胀最大。Al-Otaibi 解释说，当 Ms 更高时，由于碱激发硅酸盐形成的部分水化产物导致膨胀的下降。

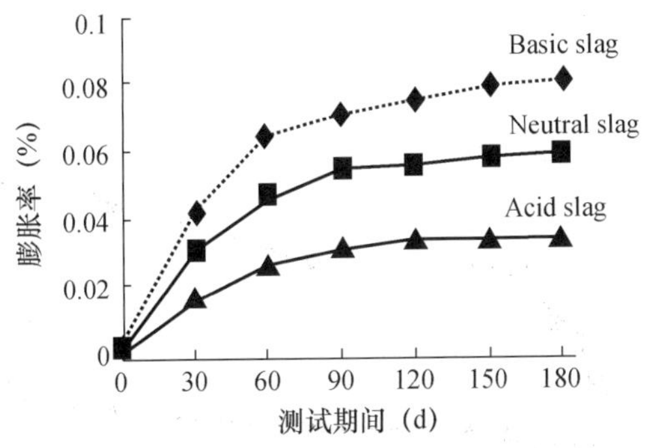

图 4.17　矿渣类型对砂浆棒膨胀的影响（改编自 Chen 等人），碱激发粉煤灰用于测量 ASR 的激发剂是 8mol/L NaOH，或 Ms = 1.64 ~ 3.3 的硅酸钠

García-Lodeiro 等人用 ASTM C1260 加速砂浆棒测试，棒浸在 80℃ 的 1mol/L NaOH 中，并与 8mol/L NaOH 激发的低碱（0.46% Na_2O）PC 和粉煤灰的性能作比较。他们发现，测试中虽然在粉煤灰地质聚合物体系

中有小的膨胀，但远小于在 PC 体系中的极端的膨胀和开裂。使用相同的测试方法，Fernández-Jiménez 等人发现，用硅酸钠溶液激发的粉煤灰比用 NaOH 激发的粉煤灰地质聚合物的膨胀更严重，但仍低于低碱 OPC。Xie 等也使用 ASTM C1260 砂浆试验，包含玻璃集料。由硅酸钠激发的粉煤灰地质聚合物砂浆膨胀很小，而 PC 砂浆表现出相当大的膨胀。

3. 混凝土样品的测试结果

Bakharev 用 ASTM 混凝土棱柱体法（ASTM C1293）评价用 0.75 模数的硅酸钠激发的矿渣混凝土的反应（图 4.18），并报道碱矿渣混凝土比类似等级的 PC 混凝土更容易发生 ASR 劣化。研究表明，碱矿渣混凝土中 ASR 膨胀可以通过强度的快速发展来减轻。因此，在至少两年的时间观察碱矿渣混凝土样品是必不可少的。

Al-Otaibi 使用在 PC 体系中有活性的英国砂岩集料按照 BS 812-123 制备棱柱体法混凝土，38℃和 100% 相对湿度条件下养护测试了一系列硅酸钠激发的矿渣混合物膨胀，发现碱激发矿渣体系产生很小的膨胀，远低于有害的标准。其膨胀随混合物中 Na_2O 的增加而增加，但随着硅酸盐激发剂模数的增加而降低。

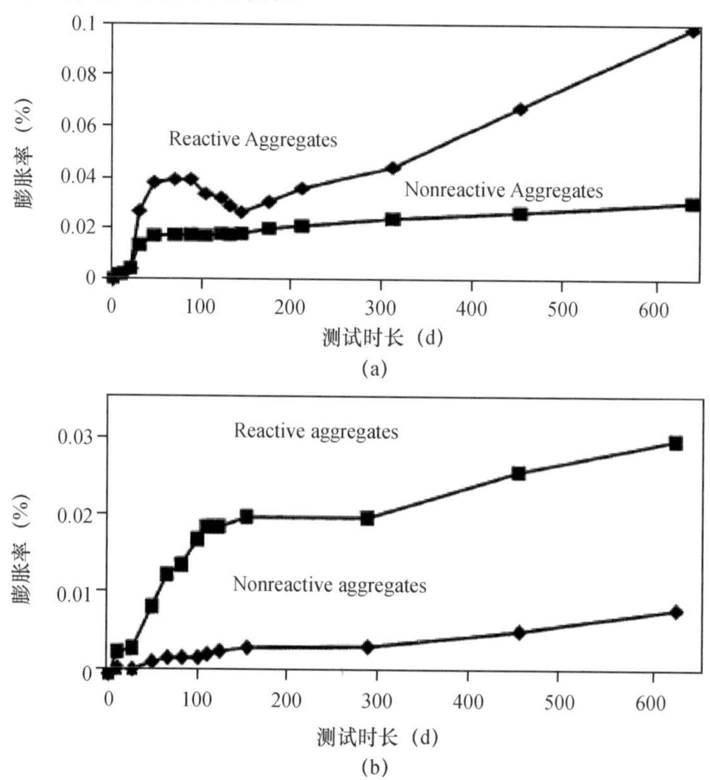

图 4.18 （a）OPC 和（b）硅酸钠激发矿渣混凝土中的膨胀测量 ASR 混凝土棱柱体试验（ASTM C1293-95）（改编自 Bakharev 等）

4. 地质聚合物体系中集料对 ASR 膨胀的影响

研究表明，集料掺量、大小和活性对 ASR 决定地质聚合物性能的影响。众所周知，影响普通 PC 的砂浆 ASR 膨胀量的重要因素是活性集料的大小；最高的 ASR 膨胀是由集料的性质和组成造成的。由于竞争的影响，更大数量的潜在膨胀凝胶的形成作为基体颗粒尺寸缩小了，与参与非常活泼的和/或极细集料在火山灰反应而不是 ASR 过程，从而降低了膨胀的可能性。例如，在一个特定的 OPC 体系研究中，最大膨胀的蛋白石粒径为 20～50mm，打火石粒径为 1～3mm，废玻璃集料粒径为 300～600μm。然而，在硅酸钠激发粉煤灰地质聚合物砂浆的 ASR 膨胀在同样的实验中被发现其反应集料的尺寸比总含量的影响小；当玻璃集料在惰性集料中的替代量逐渐增加至 100% 时，碱激发粉煤灰地质聚合物砂浆的 ASR 膨胀会增加。

Yang 表明，当活性玻璃集料含量小于 5wt. %，无论碱用量和激发剂的性质如何，碱激发矿渣水泥体系的膨胀是在膨胀极限内。相反，Metso 用含蛋白石活性集料的碱激发矿渣水泥砂浆棒测 ASR 膨胀，碱激发矿渣水泥的膨胀取决于使用的 BFS 的性质以及蛋白石含量，并在蛋白石含量约为 5% 时观察到最大膨胀。

Pu 和 Yang 研究碱激发矿渣水泥中 ASR 的膨胀和微观结构。他们发现集料含有活性成分时发生 ASR，但指出激发剂不同，膨胀也会变化。NaOH 作为激发剂以及活性集料含量小于 15% 时没有破坏性的膨胀发生。Na_2CO_3 或 $Na_2O \cdot nSiO_2$ 作为激发剂时，允许的最大活性集料含量可高达 50%。

Chen 等人的研究结果表明，ASR 被列为“危险”只发生在一个 AAS 体系中当在 180d 的测试中活性集料用量为 15% 时，甚至 80～150μm 粒径集料级配导致其测试最高 ASR 膨胀，随着活性集料含量达 50% 时膨胀程度有所增加。

这些结果表明，已公布的调查结果至今缺乏明确性或一致性，显示出进一步的科学工作和测试方法验证在这方面的明确需要。

5. 在 PC 胶凝材料和地质聚合物中 ASR 的比较

虽然碱矿渣水泥比 OPC 钙含量低，无 $Ca(OH)_2$（认为这是有益的）也是一个特征，但其碱浓度高，通常超过 3%，而 OPC 小于 0.8% 的 Na_2Oeq。这导致用户和/或相关人的关注，当使用碱活性集料时，碱含量高可以促进 ASR。然而，当碱金属被化学结合在反应产物中而不是在孔溶液中时，高浓度的活性氧化铝是可用的（直接加入分子筛前驱体或富铝原料如偏高岭土），这种危险减少了。

在前面的章节中讨论，有研究报道，采用 ASTM C1260 方法（加速砂浆棒法），地质聚合物体系比 PC 的 ASR 膨胀发展得少。Puertas 等人用三种集料［硅质、非活性石灰和活性石灰（白云）］，比较 PC 以及硅酸钠活性矿渣的膨胀性。对于持续 4 个月的测试时间，在 ASTM C1260 试验条件下硅质集料 PC 样品比相应的碱矿渣显示的膨胀大四倍。所有碱矿渣-钙质集料样品的膨胀比相应的碱矿渣稍微高，但这些样品在 80℃ 1mol/L NaOH 溶液中 4 个月后最糟糕的膨胀是在 0.05% 左右，所以事实上它高于 OPC 砂浆也不算特别成问题。

相反，正如 Bakharev 等人报道的，当采用混凝土棱柱体法（ASTM C1293）时，碱矿渣混凝土受 ASR 劣化影响比同类级 PC 混凝土更容易。他们认为，在碱活性矿渣混凝土中早期的 ASR 膨胀可以通过快速增加强度来减轻，因此，碱矿渣样品长期性能测试是很重要的。

6. 碱-集料反应测试结果的讨论

如上所述，研究表明地质聚合物体系可产生破坏性的 ASR。大多数人采用小规模的人工试验方法或不常用的活性集料的砂浆棒加速试验方法。当集料跟碱反应时，在碱激发水泥体系中有潜在的破坏碱激发反应存在。从这些试验可以得出的结论是膨胀性由集料种类和胶凝材料组成以及每种组成如激发剂、冶金渣或粉煤灰的性质决定。然而，结果表明，地质聚合物体系中潜在的破坏性碱性反应比 PC 体系中少。使用有限数量的混凝土样品进行的加速试验，无论地质聚合物受 ASR 影响比 PC 混凝土是多还是少都给出了相反的迹象。

一些学者指出，试验方法对预测 ASR 膨胀有明显的影响。高温和高湿度（或浸渍）用来加速 ASR 反应特别适合于促进地质聚合物体系的硬化反应。这样的测试可能不会提供确切的有效结果。在正常使用条件下展开长期的观察，一个详细科学研究对控制地质聚合物体系中 ASR 机理值得推荐。较低的早期反应速率和特殊环境下地质聚合物的高收缩，可能导致对 ASR 性能的误解。

但是，暴露在自然环境中天然集料的地质聚合物混凝土样品的 ASR 的具体研究尚无报道。此情况与 20 年前辅助胶凝材料如 PC 体系中复合的粉煤灰、矿渣相似。使用快速测试和人工活性集料的测试实验结果相矛盾导致行业的混乱。只有关注包含一系列的自然发生的集料的混凝土样品，暴露在实验室和自然环境中时，才能形成共识。如果按照严格的标准，这些材料将是减轻 ASR 的宝贵资源。

7. 文献中测试方法的总结

不同的研究者应用的一些对地质聚合物体系中的潜在的 ASR 评价的测试方法在表 4.7 中有所总结。

表 4.7 适用于地质聚合物的碱-集料反应分析的测试方法总结

来源	地域	测试方法	样品组成	集料	样品尺寸	碱含量	养护和曝光
Xie 等 2003	美国	ASTM C1260	硅酸钠激发粉煤灰，Ms = 1.64，$w/b=0.47$ 集料/胶凝材料 = 2.25	10% 废玻璃集料替代普通河砂 筛余 2.375mm 10% 1.18mm 25% 600μm 25% 300μm 25% 150μm 15%			OPC：24℃，R. H. 100% 养护 24h；AAFA：60℃，24h 脱模后（24h），浸在水浴中 80℃，24h；测量长度为初始长度，然后放置在 1N NaOH 中
Li et al. 2005 2006	中国	ASTM C441-97	$w/b=0.35$，集料/胶凝材料 = 2.25 碱激发偏高岭土，$w/b=0.36$	活性石英玻璃细集料，每个级配 20%： 2.5～5mm 1.25～2.5mm， 0.63～1.25mm 0.315～0.63mm 0.16～0.315mm		对于地质聚合物：12.1% 其他混合物：0.94%，0.57%，0.47%	20℃下养护 24h，脱模，测量初始长度，然后在 38℃下浸置
García-Lodeiro 等 2007	西班牙	ASTM C1260	OPC $w/b=0.47$ AAFA，8M NaOH， 溶液/粉煤灰 = 0.47 集料/粘结剂 = 2.25	活性蛋白石集料： 2～4mm，10% 1～2mm，25% 0.5～1mm，25% 0.25～0.5mm，25% 0.125～0.25mm，15%	25mm×25mm ×285mm		OPC：混合后，在 21℃和 R. H. 99% 下养护 1d，脱模，在 85℃的水中养护 1d AAFA：混合后，放置在 85℃和高湿度下 20h 后脱模 对于 OPC 和 AAFA 砂浆棒实验：浸置在 85℃，1M NaOH 中，测量 90d 后长度

续表

来源	地域	测试方法	样品组成	集料	样品尺寸	碱含量	养护和曝光
Fernandez-Jimenez 等 2007	西班牙	ASTM C1260-94	8M NaOH（NH），和 85% 12.5M NH + 15% Ms 3.3 硅酸钠（SS），集料/粉煤灰 = 2.25，溶液/粉煤灰 = 0.47（NH）或 0.64（SS）OPC，w/c = 0.47	非活性集料	25mm × 25mm × 285mm		85℃，R. H. 99% 下养护 20h，脱模 85℃浸置在 1M NaOH 中
Kupwade-Patil 和 Allouche 2011	美国	ASTM C1260	F 级或 C 级粉煤灰，14M NaOH + 硅酸钠	活性集料：石英，砂岩和石灰石	51mm × 51mm × 254mm		样品浸置于 1M NaOH，80℃的养护箱中

4.6.5 耐酸性

虽然大多数混凝土没有受到高酸性条件的限制，但在某些应用中，这确实成为一个问题，在这种情况下，混凝土的寿命可能会受到严重限制。酸雨、酸性硫酸盐土壤、畜牧业和工业过程都可能产生酸化而降低混凝土的寿命。然而，生物硫酸侵蚀是经济和工业方面基础设施所面临的最严重的酸侵蚀。其经常发生在下水管道。随着各种工艺方案（要么与管道本身混凝土处理有关，要么与表面的涂料有关）的发展和实施，下水管道的酸侵蚀已成为世界研究项目中的一个主要研究点。

一般意义上，混凝土的许多酸侵蚀测试方法的几个涉及暴露在酸性条件下的浸出实验都是一样的。在强酸的侵蚀下，有一些非常重要的机理将会在这一节简单介绍。据悉，RILEM TC 211-PAE 最近的“技术报告”详细地解决了硅酸盐水泥的这些问题，并且读者认为这篇文献充分分析了不同的酸侵蚀进程、影响和测试。

无论是基于 OPC 还是地质聚合物，酸侵蚀的一个最重要的模式就是通过离子交换反应而使混凝土发生劣化。这将会导致基体的纳米和显微结构发生破坏，而使混凝土强度降低。在某些条件下这种情况发生得极其快速和严重，并且酸性条件可以由工业或生物过程诱导。

在实验室测试中，调整不同的参数以尽可能地模拟现实环境或加速劣化更快地获得结果，并且加速程度和方式将影响检测结果。这些参数包括 pH 值和酸性溶液的浓度、样品的物理性质（块状或粉末状；砂浆或混凝土）、温度、酸补加率、是否存在机械运动或者机械流、干湿交替和冷热交替以及压力。应该认真选取这些参数并且和测试结果一同呈报。劣化度的选取（强度损失、质量损失和穿入深度）都可能对水泥的相关性能带来不同的结果，特别是当不同样品之间胶凝材料的化学性质完全不同的时候。通常情况下，将需要多个相关的指标相结合。此外，样品制备、养护条件、侵蚀环境以及测试时的成熟度都是至关重要的。

1. 测试方法的分类

在实践中，由于暴露在酸性环境中，在这些条件下大量的性能参数对确定一种材料的成功与失败是非常重要的，绝大多数的酸侵蚀实验都是采用非标准化实验方案，现有的测试方法将会以不同的方式分类。

2. 侵蚀物质的类型

化学和微生物劣化机制是有区别的。化学劣化过程包括有机酸如乳酸和醋酸以及无机/矿物酸如硫酸或盐酸等的攻击。分析这些劣化机制的试验方法是将胶凝材料样品直接浸没在一种或者多种浓度的酸溶液中。

微生物劣化的机制是通过微生物产生侵蚀性物质；事实上在单纯的

化学劣化过程中可能存在同一种酸，但是在微生物诱导的物理化学条件下很可能更复杂，这可能导致其他的劣化效果。一个特别重要的例子是下水道的氧化还原循环导致的硫化物氧化并且引起对混凝土管道生物硫酸侵蚀。因此，这可能需要使用特殊的测试方法。蒙特尼等人提供了对硫酸侵蚀的混凝土进行化学、微生物和现场试验方法的综述，并描述了在试验期间通过提供硫杆菌来实现 H_2S 至 H_2SO_4 的氧化的试验程序，物种在合适的营养环境中，以样品表面的胶凝材料的损失率作为评价性能的关键指标。

3. 测试方法的适用范围

测试方法的规模对测试结果有明显的影响，因为它可能会影响如试样表面积与液体的比值、补加物中是否存在侵蚀性物质、是否存在界面过渡区（混凝土与砂浆试样）、工业上生成的或者是模拟的侵蚀性液体的使用，以及与提供条件相当的加速程度。因为界面过渡区引起的显微结构和渗透性差异，砂浆或水泥浆样品的研究不能总是外推到混凝土中。集料（硅质或碳质）的选择差异也可能很重要。

在低液固比和无补加酸的情况下的实验可能使 pH 值变化很大。由于地质聚合物胶凝材料的强碱性，这点很重要。在某些情况下，浸出溶液实际上可能变成碱性的，可能的解释就是如大量文献中记载的那样，在地质聚合物胶凝材料中的“酸侵蚀”测试造成其他沸石的形成；如果测试条件实际上保持酸性，这是不可预期的。

4. 机械作用添加与否

当只有化学作用时，劣化材料的缓慢生长层开始形成，这可能减缓进一步反应。当机械作用同酸侵蚀结合，磨损会去除劣化层并且形成新的表面，通过物质层间无障碍的扩散作用而受到化学侵蚀；因此，这可能加速裂化过程。增加研磨作用的常用方法是手动或自动刷（使用洛杉矶仪器已被证明在地质聚合物的研究中是有效的），或浸在水中摇晃或搅拌。在某些情况下，还可以通过施加润湿和干燥循环来加速酸的进入，从而允许通过对流过程吸收侵蚀性试剂，这比纯扩散快得多。

5. 模拟试验中加速裂化的参数

正如前面所述的硫酸盐的侵蚀一样，侵蚀性溶液的浓度和温度都可能加速侵蚀进程，如果所选的浓度或温度太高的话，热力学/相位平衡混杂将会变得非常明显。使用表面积和体积之比大的试样也可能提高表面积活性，如果溶解二氧化硅的浓度可以提高到很大的话，将再次达到一个不具代表性条件的风险。

6. 所用酸的性质

侵蚀性溶液中酸的强度在确定酸侵蚀率和酸侵蚀程度时很重要；对

于给定的浓度强酸更具有腐蚀性，因为它们生成低 pH 值环境。然而，一些弱酸也可能由于缓冲作用表现出强腐蚀性。在同 pH 值条件下，硫酸比硝酸更具有腐蚀性，因为硫酸的二次性质也可以提供低 pH 值缓冲作用和额外的劣化。

干的、不吸湿的固体酸不侵蚀干混凝土，但有些会侵蚀潮湿混凝土。如果发生侵蚀的话，干燥的气体在混凝土内部接触到足够的水分。

7. 测试劣化样品的方法

测定劣化的参数包括尺寸的改变（由于硫酸钙盐的沉积导致的膨胀，由于胶凝材料的溶解导致截面损失）、试样的质量、块状样品的强度或者弹性系数的损失，酸渗入/酸胶结强度的改变，浸出液或者胶凝孔溶液 pH 值的改变，钙离子浓度或释放到溶液中的网络形成元素等。通过扫描电镜、X 射线衍射或红外光谱分析胶结部分的微观结构和纳米结构的改变。

关于混凝土类型的相关表现，劣化方式的选择可能导致不同的结果。因此，一个简单的方法可能不足以充分描述劣化。需要使用多个相关指标，认真选择测试条件、胶凝材料的性质，以及寻求的信息。例如，由于部分胶凝材料溶解（造成质量损失）和硫酸钙沉积的竞争影响，在硫酸作用下的地质聚合物的劣化程度并不是完全相关的；然而和硝酸作用的样品则表现完全不同的效果和趋势。

8. 地质聚合物耐酸测试的应用

地质聚合物具有高度耐酸性，近年来这已经成为此领域学术和商业发展的主要驱动力。然而，许多声明中表示对暴露在酸中的地质聚合物的使用率并没有足够详细的测试，这对研究它的长期性能是至关重要的。此外，硅酸盐水泥胶凝材料设计的实验通常已经开始应用，然而对地质聚合物目前尚未被验证，所以对于真正性能有可能也可能不会提供预想的信息。

由于地质聚合物的耐酸性的研究中使用不同原材料、固化时间、配料设计、样品形态、酸暴露环境和性能参数，因此很难对实验结果进行比较。同时很多测试方法和预期进行情况差别很大（例如室温下 70% 的硝酸或 100℃时 70% 的硫酸）。使测试条件更接近预期进行是为了获得更具有代表性的结果，但是可能需要更长的测试时间。

绝大多数用作测定酸侵蚀劣化的水泥和混凝土质量损失，几乎没有关于强度损失和深层侵蚀的。抗压强度损失是研究材料在多种情况下性能中最有意义的指标。在几周或几个月时间快速试验方法中劣化方法的使用可能由于试验中完好的胶凝材料变得复杂，在一定程度上抵消了劣化的胶凝材料的强度损失。在抗压强度测试中重复试样的差异可能产生样品被破坏或者已经劣化这种问题，如样品几何形状的改变（当样品部分劣化很难使样品端部平整)，样品的不均匀性（核心强大、边缘部分弱）也可能在加压情况下使样品断裂。然而，作为衡量酸侵蚀劣化的残留强度的最大缺陷是，在给定的侵蚀程度的质量损失百分比很大程度上取决于样品几何形状；在相同侵蚀程度下，较大的样品比较小的样品强度损失小，导致在比较调查结果的时候比较困难。

相反，锈蚀的深度提供了更直接测定抵抗酸侵蚀裂化的能力，针对组成或者是强度发展差别很大的物料组不会产生体系的或随意的错误。侵蚀程度可以通过高精度和假设整个测试过程中样品完整部分尺寸稳定来测量，使样品几何、理论上更具重复性、比较不同实验是相对独立的。

9. 耐酸性

在前面的章节中已经知道，酸性环境会发生解聚的化学反应机理。高聚的聚硅铝酸盐、聚硅铝酸盐——硅氧体或聚硅铝酸盐——二硅氧体就像地质岩石组成的矿物。酸性介质中的裂化主要发生在硅氧 Si—O—Si 受到质子攻击，而非硅铝键 Si—O—Al 的断键，因为 Si—O—Al 受到金属阳离子（钠、钾、钙）的保护。这种断键符合如下步骤。

第一步：质子附着在硅氧烷氧原子的孤电子对上，即

$$\gt Si—\underset{H^{\oplus}}{\bar{O}}—Si\lt \longrightarrow \gt Si—\overset{\oplus}{\underset{|\,H}{\bar{O}}}—Si \tag{4.6}$$

第二步：其后的反应导致硅键或硅氧键的断键和再生；氧配位体的分解伴随着硅烷单元 Si—OH 的生成和硅负离子 Si—X 键的形成，即

$$\gt Si—\overset{\oplus}{\underset{|\,H}{\bar{O}}}—Si+X^{\ominus} \longrightarrow \gt Si—OH+\gt Si—X \tag{4.7}$$

在酸性介质中，地质聚合物骨架的破坏局限于溶液中存在阳离子 X 达到有效数量时的情形。式（4.7）是速率限制的参数。当我们比较 5% 酸溶液腐蚀水泥和聚硅铝钾——硅氧体 MK-750 基 K-PSS 地质聚合物的效果时就非常明显。测试条件为 HCl 和 H_2SO_4 溶液，室温 28d，对象为硅酸盐水泥、炉渣水泥、铝酸钙水泥和 K-PSS 地质聚合物（图 4. 19)。

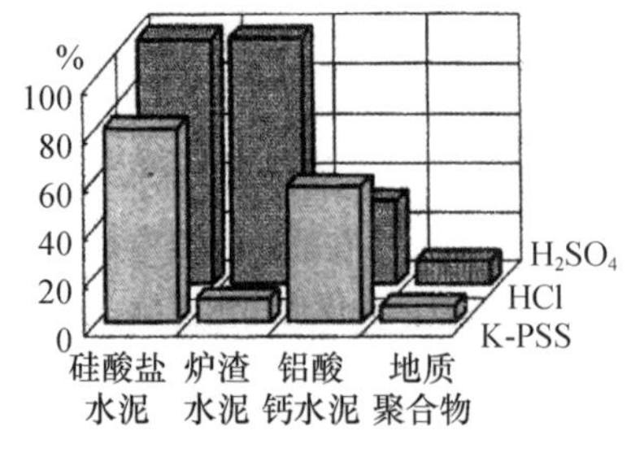

图 4. 19　用 5% 酸性环境下的质量分数柱状图表示硅酸盐水泥、炉渣水泥、铝酸钙水泥和 K-PSS 地质聚合物的分解率

（1）酸对不完全缩聚的钠—硅铝—硅氧体的影响

Bortnovsky 等开展了很有意义的研究，发现稀释的硝酸溶液对 Na-PSS型钙化页岩基地质聚合物有影响。页岩由很多种铝-硅盐矿组成，地聚合会产生不完整的交联，生成 AlQ（3Si，1OH）四面体铝的 Al—OH 单元。

0.01mol/L 和 0.1mol/L 硝酸溶液的效果可以用 FTIR 谱图进行评价。用0.1mol/L 硝酸，质子交换仅发生在钠阳离子部分。这样硅铝体 Si—O—Al中自由氧免受质子攻击，接着分解成—Si—OH 网络和 Al 组分。图 4.20 的 FT-IR 谱表明在约 1000cm^{-1}T—O 主带向高波数发生很小的偏移。在 0.1mol/L 硝酸溶液的处理导致形成未预测到的沸石材料，这可以通过在 500cm^{-1} 和 550cm^{-1} 出现新 IR 带证实（图 4.20）。按照 Coudurier 等，550cm^{-1}带说明在主结构存在双环。

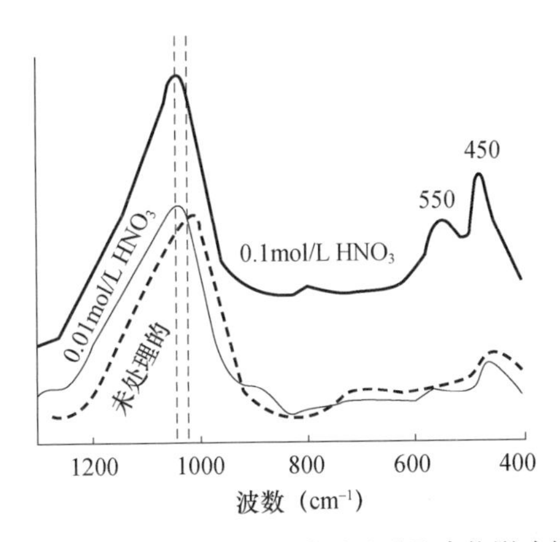

图 4.20　硝酸对 Na-PSS 型钙化页岩基地质聚合物影响的 FT-IR 谱

Bortnovsky 等提出，在酸性介质地质聚合物网络的分解是逐步进行的：首先分离不稳定的铝，即没有与桥氧连接端的铝单元；其次是形成沸石结构，造成强度下降（弯曲强度从 11MPa 下降到 9MPa，压缩强度从 80MPa 下降到 60MPa），下降程度取决于酸的浓度。

（2）饱和聚合物水泥对硫酸的耐酸性

对 5% 强硫酸溶液的耐酸性可以用两组试验分析（图 4.21）。

① 仅 24h 硬化后。

② 进行标准的 28d 硬化后。

与常规硅酸盐水泥 Ⅰ 型 42.5 的比较表明，地质聚合物尖晶石水泥具有优异的性能。地质聚合物尖晶石是一种岩石基地质聚合物 Ca-PSS 水泥。28d 后，第一组实验中，尖晶石水泥没有变化（图 4.21）而酸腐蚀破坏了 50% 以上的水泥 Ⅰ 42.5（失重、形状和体积均发生变化）。在第二组实验中，经过56d，尖晶石水泥损失不到5%，而普通水泥Ⅰ型42.5受酸介质影响很大（56d失重约63%）。Song等研究了浸没在10%硫酸中的粉煤灰基地质聚合物混凝土的情况。他们用普通的碱激发流程，其中不需要形成完全缩合的地质聚合物结构。阳离子Na和Al—OH是容易被酸溶液攻击到的位置。这样，他们报道硫酸腐蚀地质聚合物混凝土是由扩散机理控制的。扩散深度（mm）是浸没时间（d）的1.35次方根。大多数Na和Al离子是从腐蚀的地质聚合物中分离出来的。同时，图4.22中电镜照片说明腐蚀区的地质聚合物依然与未腐蚀区的一样，在颗粒周围起粘结作用，显示很好的胶体-颗粒界面。另外，FT-IR谱图说明在1050cm^{-1}的强而宽的谱带移向高频，而其他两个主要峰保持在797cm^{-1}和457cm^{-1}。峰位移动与Na和Al析出有关。

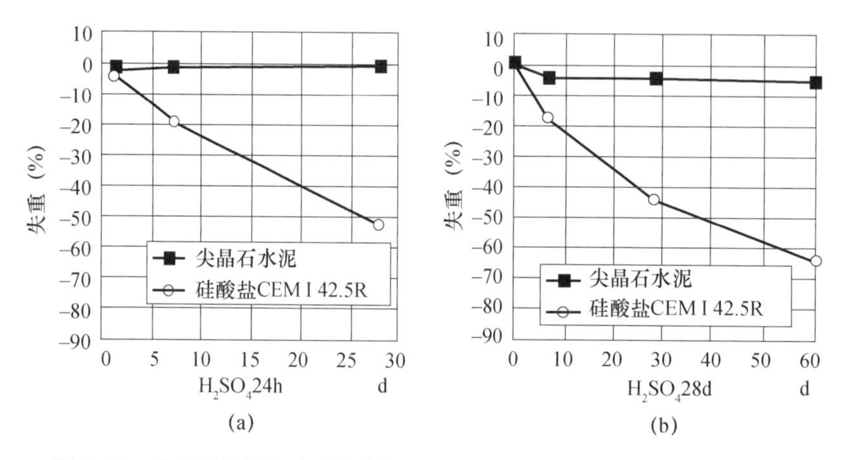

图4.21　尖晶石水泥和硅酸盐水泥Ⅰ型42.5在5%硫酸浓液中对照试验。
（a）硬化24h，7d和28d的失重，（b）硬化28d，7d、28d和56d天的失重

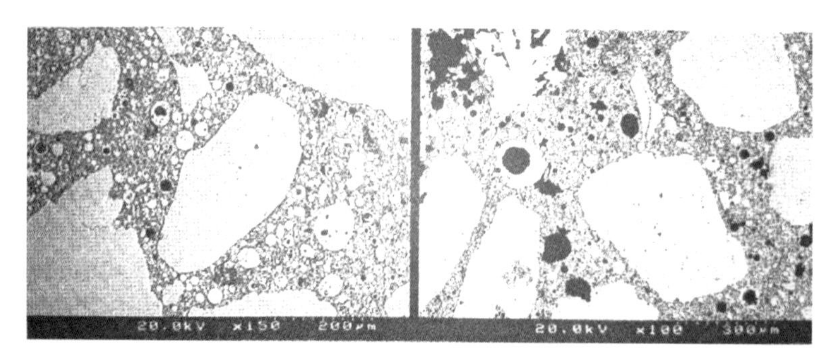

图4.22　粉煤灰基地质聚合物混凝土的A蚀区的SEM（a）；
未影响区的SEM（b）。白色球是粉煤灰粒子

Wallah等也研究了0.5%、1.0%和2.0%硫酸腐蚀粉煤灰混凝土24h后的情况。它们显示了图4.23所示的压缩强度的变化。

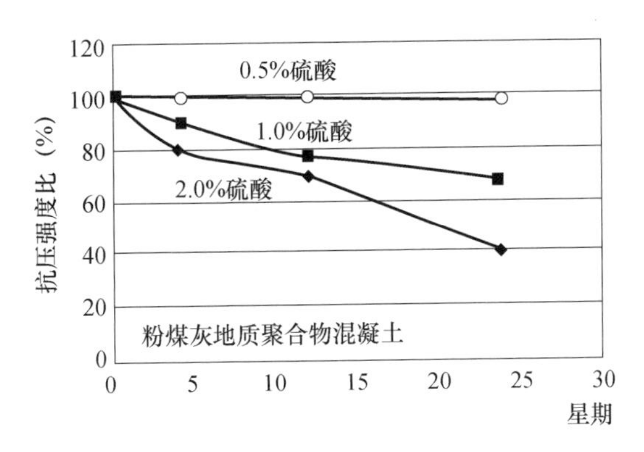

图 4.23 粉煤灰地质聚合物混凝土在不同浓度硫酸下的抗压强度比

Allahverd 和 Skvara 对粉煤灰地质聚合物在高碱含量（硅酸钠的 MR 等于 0.6）进行了研究。它们也符合在低浓度腐蚀 28d，pH 值为 2 和 3。他们选用的地质聚合物的聚合过程与前面总结的相似。Na 和 Ca 阳离子都出现在地质聚合物的结构中。

（1）用相对高浓度硫酸（pH = 1）时，更换酸需要分两个连续步骤进行。第一步，用骨架给电子阳离子（即钠和钙）与 H^+ 和 H_3O^+ 之间进行离子交换反应。后者通过酸质子对聚硅酸盐 Si—O—Al 和 Si—O—Si 键进行电泳作用形成的溶液来提供。这种作用导致铝硅骨架上释放出四面体铝，交换的钙离子向酸溶液扩散，与反方向扩散的硫酸阴离子反应，在腐蚀层内形成并沉积出石膏晶体。在腐蚀基体内沉积的这种石膏形成了保护屏障，阻止整个破坏过程的进行。

（2）用中等浓度硫酸（pH = 2）时，用骨架给电子阳离子（即钠和钙）与 H^+ 和 H_3O^+ 之间进行离子交换反应。后者通过酸质子对聚硅酸盐 Si—O—Al 和 Si—O—Si 键进行电泳作用形成的溶液来提供，这种作用导致铝硅骨架上释放出四面体铝。这第一步持续进行，直到形成收缩裂纹。当收缩裂纹足够宽时，硫酸离子就扩散进去，与反方向扩散的钙离子反应，形成并沉积出石膏晶体。

（3）在相对低浓度硫酸（pH = 3）和有限暴露时间（≈90d）的情况下，腐蚀机理简单，就是阳离子析出形成不含石膏晶体的四面体铝。

为了按照常规硅酸盐水泥配方进行对比，所有地质聚合物水泥必须测试抗硫酸性。图 4.24 显示了按照 ASTM C1012 程序产生的结果。

尖晶石水泥（图 4.24 中 Stampo 6）表现未膨胀，相反却轻微收缩了。这个 ASTM 标准描述道：成型后马上将模具放入 35℃、100% 湿度的固化槽 24h，然后检验 24h 的压缩强度。在开始进行硫酸腐蚀试验之前，强度至少达到 20MPa。

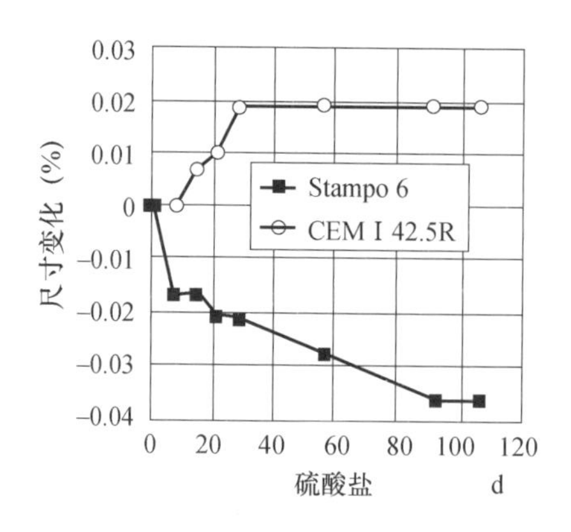

图 4.24　地质聚合物水泥（Stampo 6）和硅酸盐水泥 CEM Ⅰ42.5R 的耐硫酸性（尺寸变化）

4.6.6　耐碱性

地质聚合物延长碱浸渍的阻力仅在有限的测试环境中进行了测试。一般在氢氧化物及碳酸盐的强碱环境下碱硅酸盐激发和氢氧化物激发粉煤灰地质聚合物时观察到的性能良好，然而当暴露在碳捕收溶剂中时矿渣基胶凝材料并没有表现出良好的性能，可能是由于钙离子的离子交换作用。中温煅烧也能增强低钙铝硅酸盐地质聚合物在碱性浸出过程中的抵抗力，尽管当胶凝材料产品基于钙（铝）硅酸盐水化物时，该方法可能不相关。现有的标准化测试方法无法模拟测试环境，其碱性溶液环境中的情况复杂，因此为每种应用设计特定的测试条件是非常有必要的（图 4.25）。

图 4.25　碱激发胶凝性材料涂料在我国海洋混凝土构件中的应用（图由 Z. Zhang 提供，南昆士兰大学）

4.6.7 抗氯离子渗透

1. 氯离子渗透阻力的重要性

氯离子即使在高碱性条件下也具有破坏钢的被动氧化膜的能力，尽管已知 Cl^-/OH^- 比率存在阈值效应在确定腐蚀发生中具有一定的作用。通过胶凝材料基质和/或界面过渡区域将氯化物渗透到加强钢的表面，因此会导致钢筋腐蚀和钢筋混凝土结构的损坏。氯化物引起的腐蚀是沿海海岸以及使用除冰盐的寒冷地区的混凝土变质的常见原因，由氯化物引起的腐蚀受损混凝土结构的修复是非常昂贵的。因此，使用具有低氯化物渗透性的优质混凝土材料在耐用钢筋混凝土结构的施工中是非常重要的。因此，必须确定和明确碱激发胶凝材料体系的化学和微观结构的渗透性，氯化物渗透速率和钢腐蚀之间的关系。本节将重点介绍氯化物渗透的测量，以下部分将介绍碱激发材料孔隙溶液环境中的钢腐蚀的分析。

2. 氯化物渗透测试

值得注意的是，在这样的报告范围内，不可能全面地描述分析混凝土的每种氯化物渗透试验；有许多测试可供选择，近年来，Stanish 等和唐等提供了许多可供选择的测试方案的详细评估。RILEM T C 在这一领域也一直很活跃，其中包括 178-TMC 和 235-CTC，读者也参考了他们的重要著作，以便广泛地分析氯化物检测。表 4.8 显示了一些更常见的氯化物测试方法，这些方法大致根据应用于通过样品的氯化物迁移的加速度进行分类。

表 4.8 总结了广泛使用的不同氯化物的测试方法，大致按从低到高的程度加速氯化物迁移

标准试验方法	时间	测量	应用评价
EN 13396-04	6 个月	浸入 3wt.% 的 NaCl，测量三个深度的氯化物含量	6 个重复样本；没有计算传输参数 2002 初步版本规定 40℃，2004 批准版本 23℃
ASTM C1543-10a（based on AASHTO T259）	90d	用 3% NaCl 浸渍，通过钻孔在特定深度取样氯化物含量	提取样品的空间分辨率非常粗糙（12.5mm 间距）；使用部分干燥的样品可加速初始氯化物进入
Nordtest NT Build 443（& related，e.g. ASTM C1556-11）	35 ~ 40d	浸入 16.5wt.% 的 NaCl（或 ASTM 测试中 15%），通过轮廓研磨测量氯化物渗透深度分布，由 Fick 第二定律计算的非稳态扩散系数	一式三份 非常高的 NaCl 浓度 测试后样品的分析可能是耗时的

续表

标准试验方法	时间	测量	应用评价
Accelerated Chloride Migration Test	5~15d	RCPT 协议的变体，具有更大的溶液体积和更长的持续时间，以减少加热效应 测量主要是通过测定氯化物通过，但是在稳态电流，电荷通过和氯化物通过 OPC 材料之间存在相关性	使用高电压（60V） 电加速试验的持续时间相对较长
Nordtest NT Build 355	至少 7d	在 12V DC 下的稳态迁移，测量下游电池中的氯化物浓度	低渗透混凝土的应用限制
Nordtest NT Build 492 (based on CTH test)	通常 24h (range 6~96h)	在 10V 和 60V 之间的直流电流下，非稳态迁移的氯离子迁移系数；从比色分析的渗透深度	近年来作为一种快速测试获得了显著的普及；报告在 Nordtest 方法中具有最好的精度
Rapid Chloride Permeability Test (ASTM C1202-based on AASHTO T277)	6h	在测试期间施加 60V DC 下通过的电流；低电荷通过与低氯化物渗透性相关	高可变性和较差的重现性 由氢氧化物和阳离子而不是氯化物的运动控制 测试期间的加热有问题；更短的测试持续时间已被建议作为这个与 OPC，特别是混合水泥的 90d 积水结果的相关性较差

3. 地质聚合物的氯化物渗透试验

快速氯离子渗透性测试方法（ASTM C1202 或 AASHTO 227）广泛用于预测混凝土的氯化物渗透性，尽管其基本上是取决于孔结构和孔溶液的化学性质电导率的测量，而不是直接测量氯离子运动。而且测试条件相当严格，在样品上施加 60V 的电压将引起加热效应和样品结构的其他变化。由于这个和其他一些原因，测试具有很大争议（已修改形式应用）。当比较具有不同胶凝材料化学性质的混凝土混合物时，电导率可能受孔溶液组成变化的影响。基于电化学的分析和计算表明，用辅助胶凝材料代替硅酸盐水泥会由于孔隙溶液组成的变化而使通过的电荷减少高达 10 倍，而氯离子运输的实际变化是远远小于它。尽管如此，这种测试已经被最广泛地使用（并且被世界范围内的规范和监管机构广泛要求并被其接受）来预测在硅酸盐水泥材料和地质聚合物中的氯化物渗透率，所以通过使用这个测试，各位工作人员的结果将在这里讨论。

4. 与地质聚合物中氯离子渗透相关机理

弗瑞德盐的形成（Friedel's salt）降低了氯化物通过硅酸盐水泥胶凝材料的孔隙网络的速率。弗瑞德盐是一种由氯化物与硫代铝酸钙的相互作用形成的氯铝酸钙相。在地质聚合物胶凝材料体系中并未发现弗瑞德盐（也不像在低钙体系中所预期）以及其他结晶氯化物化合物的存在，这表明在氯化物的特定化学键合的途径难以进入地质聚合物。与硅酸盐水泥相比，地质聚合物中存在的氯化物吸附任何差异仍然需要得到解释。因为这些效应与硬化的胶凝材料中的氯化物迁移试验中的孔几何形状差异的影响相矛盾。同时目前尚未有效方法对两组因素分离进行实验。另一方面，胶凝材料化学组分没有转化成弗瑞德盐被认为是地质聚合物比硅酸盐水泥在高浓度 $CaCl_2$ 溶液环境下具有更高的稳定性的原因，因此可以证明这在一些情况下是有利的。

本节的讨论表明了在确定地质聚合物的耐久性性能时，进行尽可能多的性能测试的重要性，而不是基于特定的差的结果选择或丢弃材料或配方测试。在许多情况下，通过 RCPT 试验方案预测的地质聚合物的氯化物渗透性出现极好或极差的极端情况，而其他渗透性参数没有显示相同的极端变异性预测性能。非常希望在地质聚合物胶凝材料和混凝土的未来研究中进行替代氯化物渗透试验，以获得在材料使用时氯化物渗透问题的研究，必须得出结论，这种现象尚未得到很好的解释。

5. 钢筋锈蚀直接分析

埋入混凝土中的钢筋由于混凝土的高碱性环境而形成一层保持在其表面上的薄氧化层，从而保护其免受腐蚀。对于硅酸盐水泥，环境 pH 值通常超过 12.5，并且对于未受损的地质聚合物可能高于 12.5。高 pH 值导致在混凝土中钢筋的表面上形成一层非常致密的不可渗透薄膜钝化层，阻碍钢筋的进一步腐蚀。然而，随着时间的推移，浆体的 pH 值降低，同时氯化物迁移到钢筋表面，此时钝化层极不稳定，易造成钢筋的严重腐蚀。一旦钝化层被破坏，钢会非常快速地被腐蚀掉。诱导腐蚀发生的氯化物浓度通常以 Cl^-/OH^- 比作为阈值，因此高碱度可以降低氯化物的破坏作用。

ASTM C876 描述了一种通过比较其电化学电位与 $Cu/CuSO_4$ 参比电极的电化学电位来测试钢筋腐蚀的方法。电位差高于 -200mV 表明没有腐蚀的概率为 90%，而电位差低于 -350mV 时对应于 90% 的腐蚀概率。这些标准被认为提供了在含氯化物的体系中腐蚀的可能性的良好指标，但是腐蚀的发生也受到 O_2 浓度（其取决于渗透性）、碳化［其可以产生大的腐蚀变化对于氧化还原电位（Eh）的小偏移］和其他参数的影响。在硅酸盐水泥体系中使用腐蚀抑制剂如亚硝酸钙以通过控制 Eh 稳定钝化层，同时强氧化剂或还原剂在合适的使用方法下可能是有效的。诸如 ASTM G109 或 EN 480-14 的方法与诸如 ASTM C876 等文献的建议并行地用于测试这些添加剂的功效。然而，当前研究中似乎并未对碱激发胶凝材料进行详细的描述。较长的测试所需的时间（例如，ASTM G109 将氯化物沉积与电化学测试结合在一起）导致了采用更加快速的协议的建议的提出，例如“快速宏单元测试”，并且这可以提供在分析地质聚合物方面向前推进的良机。

Gu 和 Beaudoin 也总结了影响混凝土腐蚀电位测量的因素，如表 4.9 所示。大多数情况下，这些因素与地质聚合物相关但仍需要通过科学分析来详细验证。Poursaee 和 Hansson 研究评估混凝土中钢筋腐蚀的各种加速技术的适用性（或缺乏），将该主题一般性地描述为“雷区”，并指出“任何旨在加速腐蚀的过程都应该被怀疑”。在此基础上，实验室测试不可能提供地质聚合物混凝土在钢腐蚀方面的在役性能的完整表示，但是仔细设计的测试也可能提供一些有用的用于预测不同胶凝材料类型的耐久性的信息。

表 4.9　影响硅酸盐水泥混凝土腐蚀电位测量的因素

参数	半电池电位迁移	钢筋锈蚀速率变化
O_2浓度	O_2浓度越高，正迁移越多	因环境而定
碳化	负迁移增大	增强
氯化物	负迁移增大更多	增强
氧化物（阳极阻锈剂）	正迁移	降低
还原剂（阴极阻锈剂）	负迁移	降低
环氧涂覆的钢筋	很难构成电池	涂层不破坏的话，降低
镀锌钢筋	负迁移	有效的，但在高碱水泥中略有减弱
涂覆、修补和杂散电流	测试无法确定	影响不同

与常规混凝土相当的碱性下地质聚合物混凝土将能够在 Pourbaix 图的惰性区域中保护钢筋，从而在钢筋混凝土结构中提供低腐蚀水平。Wheat 将 Pyrament 地质聚合物混凝土浸渍在 3.5% 质量分数的 NaCl 溶液，同时钢筋保持在被动状态下以及相同溶液的润湿/干燥循环中，3 年后仍具有优异的性能。这归因于胶凝材料具有高的不可渗透性。钝化能力和钝化状态的持续时间取决于胶凝材料的性质和剂量、激发剂的类型和溶液的条件。

6. 碱激发粉煤灰地质聚合物中的钢筋

Bastidas 等人和 Fernández-Jiménez 等人研究硅酸盐或碳酸盐激发的粉煤灰基地质聚合物钢筋混凝土的 80mm×55mm×20mm 的棱柱样品在质量分数为 2% $CaCl_2$ 环境下的，通过测量 6mm 直径的碳钢钢筋的测试电极与外直径为 50mm 的不锈钢盘，其中心具有孔，以容纳用作参考的饱和甘汞电极（SCE）的辅助电极之间的电极差来测量其腐蚀程度。在此过程中用湿海绵增强电解质（混凝土基体）和辅助电极（不锈钢盘）之间的接触以促进电测量，并且用胶带控制测试电极（$10cm^2$）的表面积（图 4.26）。

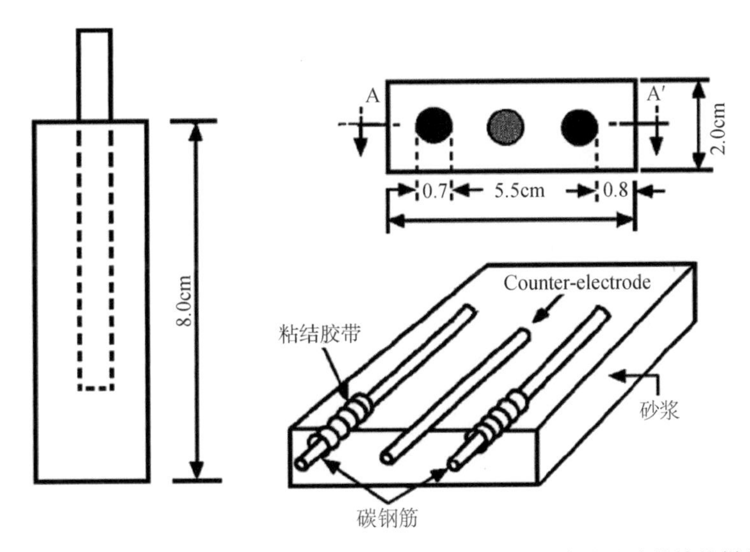

图 4.26 用于 Bastidas 等人和 Fernández-Jiménez 等人的腐蚀试验的棱柱样品

新拌浆体凝固后将样品脱模并在环境温度下储存，测试开始时首先在 95% 相对湿度（RH）下 90d，然后在 30% RH 下 180d，最终恢复到 95% RH 760d 直到实验结束。在这些条件下，碱激发粉煤灰灰浆在相对湿度较高的环境下成功钝化钢筋（图 4.27）。所有样品的干燥增加了电位，降低了腐蚀的可能性。氯化物在所有情况下的存在都是有害的。

灰线和点是具有 2% Cl^- 以 $CaCl_2$ 添加的样品，黑线和点不含添加的氯化物（来自 Fernández-Jiménez 等人的数据）。虚线水平线显示 90% 的腐蚀可能性的 ASTM C876 规范；比这更负的值表明根据标准测试方法的高腐蚀可能性。

在干燥期后，NaOH 激发的粉煤灰样品中的钝化被视为失败（根据测试方法的分类），可能由于在中等相对湿度下富碱且多孔的基质的碳化，而硅酸盐激发的灰分和硅酸盐水泥没有显示出这种效果。腐蚀电流（i_{corr}）的趋势和样品中腐蚀产物的观察结果与腐蚀电位数据相一致。

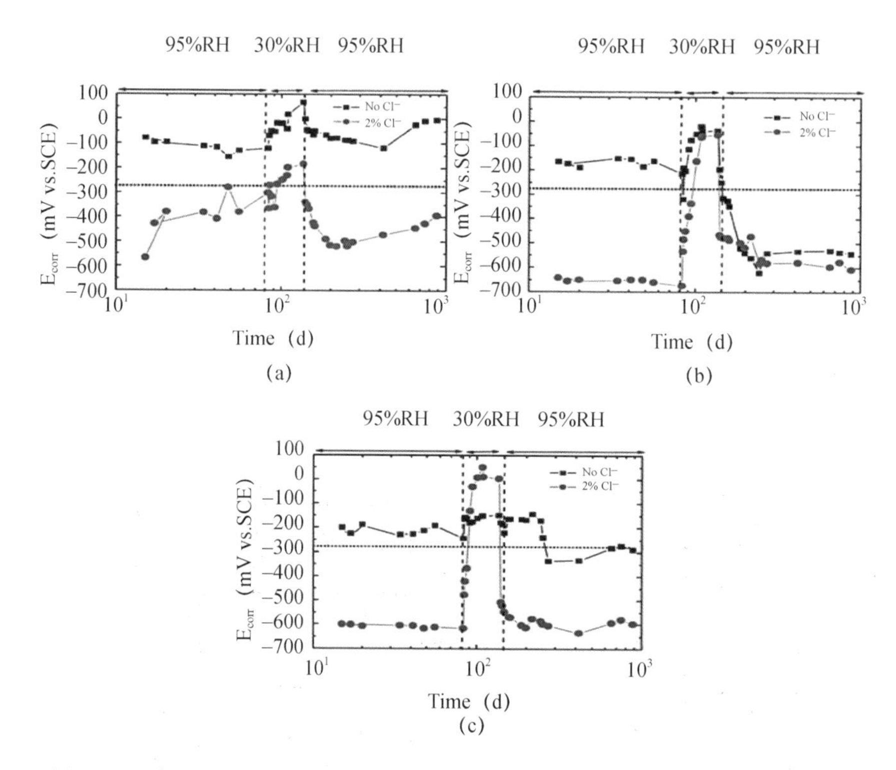

图 4.27 腐蚀电位 E_{corr}，记录为对饱和甘汞电极（SCE；电位相对于 $Cu/CuSO_4$ 电极加入 75mV）的半电池电位：（a）硅酸盐水泥 CEMI 砂浆；（b）飞灰 +8M NaOH 砂浆；（c）硅灰石 + 硅酸钠砂浆

几十年前，不锈钢（SS）增强试件首次应用于硅酸盐水泥混凝土，已被证明即使在非常恶劣的环境中仍能抵抗侵蚀。然而，与碳钢相比，SS 的高成本阻碍了其推广使用。通过其他元素取代镍元素产生新的低镍不锈钢，将可能成为常规碳钢的替代品。当其处于浓度高达 2% 氯化物以及 95% RH 环境下的碱激发粉煤灰试块中时，180d 的腐蚀行为类似于有（AISI 304）不锈钢的 AAM 试块的侵蚀行为，相对于饱和甘汞电极差值为 -100 ~ -200mV，表明嵌入在试块中的低镍 SS 的良好的耐久性性能。

7. 碱激发矿渣和其他矿渣胶凝材料中的钢筋

Kukko 和 Mannonen 研究表明，碱激发矿渣“F 混凝土”材料浸入在模拟海水中 1 年时间内对嵌入钢筋提供良好的保护。在此实验中仅仅从视觉角度判断在样品上尚未形成腐蚀产物其并未进行电化学测量。Deja 等人和 Malolepszy 等人通过测量极化曲线、腐蚀电流和增强质量损失，研究了在水中和 5% $MgSO_4$ 溶液中碱激发矿渣砂浆中的钢筋腐蚀。结果表明，硫酸镁浸泡仅对钢筋有轻微的影响，淡水中几乎没有影响。

腐蚀电流数据表明，碱激发矿渣砂浆中的钢的腐蚀速率高于硅酸盐水泥砂浆，但两种砂浆中的电流随时间而降低。

Holloway 和 Sykes 将详细的电化学特性分析应用于硅酸钠激发的矿渣砂浆中的低碳钢筋分析。其中苹果酸作为缓凝剂，NaCl 作为加速腐蚀剂。实验结果表明：高浓度的 NaCl 减少了初始腐蚀电流。这种趋势从基本化学角度不能清楚解释。然而，Bernal 关于胶凝材料碳化对腐蚀速率的影响获得了类似的结果，与未碳化的材料相比，部分碳化的胶凝材料在浸入水中 12 个月期间显示出较高的耐腐蚀性。上述均未能以标准理论直接解释，因此碱激发矿渣胶凝材料中的钢腐蚀所涉及的机理方面需要进一步详细的科学分析研究。Holloway 和 Sykes 基于孔隙溶液化学和电化学的观点提出，炉渣中的硫化物造成了此类试样的电化学的复杂性，影响了腐蚀动力学和测量的腐蚀电流。同时在他们的研究发现与混合水中高的氯化物剂量的预期相比，所有腐蚀速率测量的是“低”。

Bernal 和 Aperador 等人也指出，其研究中所有样品的腐蚀电位落在 ASTM C876，表明存在高腐蚀可能性的地区。Montoya 等人还提出，在有限元模拟的基础上，碱激发的矿渣砂浆似乎增强阴极的耐久性。

碱性副产物也可用作矿渣和其他冶金炉渣的激发剂，这是苏联特别感兴趣的领域。然而，含有氯化物和硫酸盐一些副产物会引起混凝土中钢的腐蚀。Krivenko 和 Pushkaryeva 使用两种混合的激发剂（一种由 90% Na_2CO_3 + 10% NaOH 和另一种由 45% Na_2CO_3 + 40% Na_2SO_4 组成）在 15% NaCl 环境下研究了碱激发混凝土中钢筋的腐蚀。表 4. 10 的结果表明，钢的腐蚀取决于炉渣的性质、碱激发剂的性质和用量以及混凝土的碳化。当使用碳酸盐-氢氧化物激发剂时，质量损失随激发剂浓度而增加。碳酸盐-硫酸盐-氯化物激发剂表现了类似的腐蚀性能。磷渣和最高激发剂浓度制备的样品被快速碳化并且产生高浓度的氯化物，导致了比在任何其他样品中观察到的更严重的腐蚀。

表 4. 10　在干湿循环下由不同炉渣和碱激发剂制成的碱激发矿渣水泥混凝土中钢筋的质量损失

矿渣类型	激发溶液密度（kg/m^3）	钢筋的质量损失（g/m^2），龄期（月，标题栏最下一行）							
		90% Na_2CO_3 + 10% NaOH				45% Na_2CO_3 + 40% Na_2SO_4 + 15% NaCl			
		6	9	12	18	6	9	12	18
碱性	1100	0. 52	0. 53	0. 52	0. 53	0	0	0	0
	1150	0. 70	0. 73	0. 71	0. 72	0. 89	0. 91	0. 90	0. 91
	1200	0. 98	0. 96	0. 98	0. 97	1. 07	1. 09	1. 07	1. 06

续表

矿渣类型	激发溶液密度（kg/m^3）	钢筋的质量损失（g/m^2），龄期（月，标题栏最下一行）							
		90% Na_2CO_3 +10% NaOH				45% Na_2CO_3 +40% Na_2SO_4 +15% NaCl			
		6	9	12	18	6	9	12	18
酸性	1100	0	0	0	0	0	0	0	0
	1150	0.41	0.43	0.40	0.42	0.63	0.61	0.62	0.62
	1200	0.71	0.70	0.72	0.71	0.58	0.60	0.59	0.59
中性（电-热-磷）	1100	0	0	0	0	0	0	0.36	0.36
	1150	0.71	0.76	0.73	0.72	46.91	74.73	78.54	84.10
	1200	1.12	1.14	1.11	1.13	59.12	85.73	86.04	87.40

添加剂改变硬化混凝土的结构致密化并改变孔溶液的化学性质。表4.11显示了添加剂对磷渣和含有 45% Na_2CO_3 + 40% Na_2SO_4 + 15% NaCl 的激发剂制备的碱激发混凝土中湿干循环过程中的质量损失的速率和程度的影响。添加 5% 的硅酸盐水泥熟料、10% 的铌矿渣（其富含 Al）和 5% CaF_2 有助于降低腐蚀速率（降至高达 100 倍）。然而，由于铌矿渣的可用性低（以及通常还有放射性特征），以及氟化物可以大大加速钢的腐蚀（如果存在于低温下），同时不适用任何浓度仅在较高浓度（~100×10^{-6}或更高）下提供腐蚀抑制。

表 4.11　在干湿循环下，激发剂由 45% Na_2CO_3 +40% Na_2SO_4 +15% NaCl 组成的碱激发磷矿渣混凝土中增强材料的质量损失的影响

外加剂	钢筋质量损失（g/m^2）		
	6 个月	12 个月	18 个月
参考混凝土（无外加剂）	46.9	78.5	84.1
NaOH（5%）	18.0	31.1	42.1
OPC 熟料（5%）	0.41	0.38	0.39
镍铁渣（10%）+ CaF_2（5%）	8.81	0.52	0.51

8. 地质聚合物试验方法的评价

目前，对地质聚合物胶凝材料中钢的腐蚀化学性的理解可能不足以使得能够开发适用于地质聚合物的化学试验方法。硫化物以复杂的方式影响钢的腐蚀速率。高浓度碱的条件下，地质聚合物的碳化、氯化物和碱之间的相互作用以及在钢筋-胶凝材料界面处的传输性能和钢腐蚀化学之间的关系的作用将成为未来研究的重点。因此，地质聚合物的任何测试分析方法至关重要。实验条件和完整的实验报告对读者理解和利用实验结果是至关重要的。这在耐久性测试的实施中是普遍重要的。但是在诸如腐蚀测试的领域中是特别关键的，其中存在许多不完全理解的参数，这些参数可能潜在地影响从每个测试获得的结果。

4.6.8　碳化

已知二氧化碳（CO_2）通过称为碳化的劣化过程而长期地显著影响水泥基材料的耐久性。这种现象由气体扩散和化学反应机理控制，主要由基质的结构特征和材料的渗透性决定。碳化通常导致材料碱度的降低，主要反应产物（在 OPC 材料的情况下的硅酸盐、CSH 凝胶和钙矾石）的脱钙以及力学性能的降低和渗透性的增加，造成了氯化物或硫酸盐的透过，增加钢筋的腐蚀程度。这就是为什么碳化被认为是水泥基结构破坏的主要原因之一。

普通硅酸盐水泥基砂浆和混凝土的碳化已被广泛研究，被认为是相对容易理解的现象。来自大气的CO_2通过材料的孔扩散，溶解在孔溶液中形成 HCO_3^-，与存在的富含钙的水化产物反应造成脱钙。然而，地质聚合物的混凝土碳化机理和影响因素的研究相对较少。

1. 普通硅酸盐水泥基材料的碳化

众所周知，硅酸盐水泥体系中碳化的程度取决于构成与CO_2反应的胶凝材料的反应产物以及调节CO_2扩散性的因素，例如孔隙网络和暴露环境（主要是相对湿度和温度）。图 4. 28 为调控碳化进程的主要参数是控制CO_2扩散率和CO_2与胶凝材料的反应性的主要参数，例如：胶凝材料类型的作用与水化过程中形成的相的量和类型相关，其中包含碱金属或碱土金属阳离子的那些最容易与环境中存在的CO_2反应。同时还发现有机物质和阴离子易与硬化浆料中的水化产物反应增加CO_2扩散率，造成碳化程度的恶化。另一方面，加速碳化过程中较高的CO_2浓度（其最初促进固体密度的增加）导致浆料的超细孔隙率，增加材料中的毛细管吸附性。在更高的CO_2浓度下，$CaCO_3$相形成也可能有变化，形成亚稳相，也改变孔径分布。

据报道，碳化在 50% ~70% 相对湿度（RH）下更迅速。高湿度增加了填充水的孔的比例，阻碍了CO_2的扩散，低湿度意味着没有足够的水来促进二氧化碳的溶剂化和水化。鉴于两者之间的湿度，CO_2的反应动力学和扩散都是有利的，成为碳化的最佳条件。

近年来，混凝土中矿物掺合料（SCM）急剧增加。因此目前市场上的大多数水泥均为复合胶凝材料。然而，对于此类材料的碳化程度较轻。与不含任何矿物掺合料的水泥相比，复合胶凝材料在酚酞指示剂的碳化测试下表明其具有更高的抗碳化性能。火山灰反应降低了胶凝材料

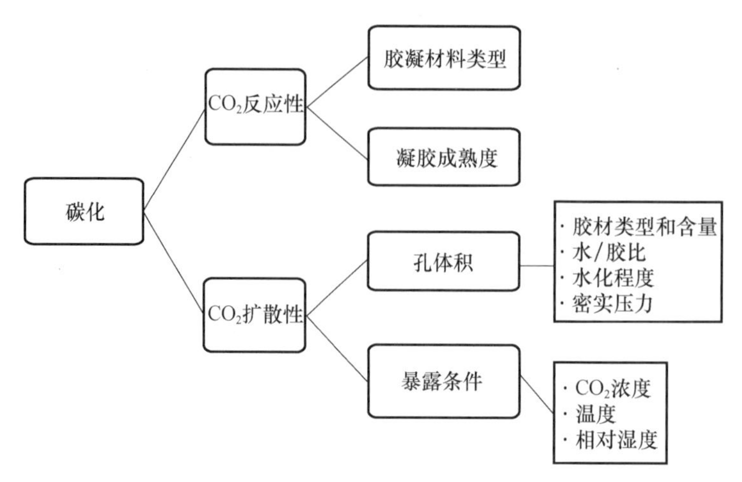

图 4.28　根据 Fernández-Bertos 等人的分类调节水泥材料碳化的因素

中 $Ca(OH)_2$的含量。

因此，矿物掺合料复合或用其他原料替代水泥用于硅酸盐水泥生产的混凝土时，因其很少生成 $Ca(OH)_2$，而不易侵蚀裂化。事实上，复合水泥的使用对混凝土耐久性具有显著的提升作用，对掺入炉渣或其他火山灰质掺合料的混凝土钢筋的腐蚀速率显著降低。因此酚酞指示剂测试方法作为碳化进程的唯一量度对于评价“现代”水泥的碳化性能有点过于简单，其化学组成和微观结构不同于通常使用的水泥在 20 年前的碳化性能。地质聚合物胶凝材料中 $Ca(OH)_2$ 不能被识别为反应产物和化学成分差异性对于理解地质聚合物中的碳化是至关重要的。

2. 碳化测试方法

大气中 CO_2 低的相对浓度（0.03% ~0.04%）和硬化胶凝材料（混凝土和砂浆）的低气体渗透性导致了现实生活下水泥或混凝土的碳化是缓慢的过程。这就是为什么用于评估水泥质材料中碳酸盐化的实验方法均是基于在受控条件下提高 CO_2浓度诱导样品加速碳化。

一种方法是在 100% CO_2 的气体环境下暴露试样，同时如标准程序 ASTME104-02 中所述通过使用饱和盐溶液控制相对湿度。这种方法相对流行，但是使用这样高的 CO_2 浓度的科学基础是不确定的。近年来，由于可以完全控制暴露条件（CO_2 浓度、相对湿度和温度），使用气候室诱导加速碳化作用增加。这促进了水泥材料碳化评估的三个国际标准的制定：

· EN13295：2004：用于混凝土结构保护和修复的产品和系统-测试方法-耐碳化的测定

该加速测试方法测量建筑产品或体系在加速测试条件下抗碳化的阻力。在这种情况下，将样品暴露于 1% CO_2，(21 ±2)℃的温度和（60 ±10)% 的相对湿度（RH）的气体环境中。该标准中的一个基本假设是在这些碳化条件下，形成暴露于大气碳化时在硅酸盐水泥中鉴定的相同反应产物。这在应用加速碳化试验中是必要的，但是仅在硅酸盐水泥的情况下才被验证。

样品根据欧洲标准 EN196-1 制备，用塑料膜覆盖 24h，然后脱模并再次用塑料膜密封 48h。此后，将样品老化并在用于碳化测试的相同温度和湿度条件下预处理 25d。样品需要预处理以确保均匀的水分含量。碳化深度在预处理期后和在该环境中储存 56d 后测量。还包括与几何效应和大聚合物的结合相关的考虑。

· BSISO/CD 草案 1920-12：混凝土潜在碳化阻力的确定-加速碳酸盐法

该标准目前正在开发中，尚未正式发布。2012 年草案中规定 4% CO_2，20℃和 55% RH 作为基准方法，在热气候地区可选择 27℃和 65% RH。样品规定为 100mm 立方体或 100mm × 100mm × 400mm 的直角棱状，在与所选测试温度匹配的温度下固化 28d，在 18 ~ 29℃和 50% ~ 70% RH 下干燥（调节）14d（或者如果优选可以使用和报告不同的条件），然后暴露于升高的 CO_2 条件下 56 ~ 70d。通过施用酚酞（1%，在 70/30 乙醇水混合溶剂中）在分裂（未锯割）样品上显示碳化深度。

· EN14630：2006：用于混凝土结构保护和修复的产品和体系-试验方法-通过酚酞法测定硬化混凝土中碳化深度

该方法用于在暴露于 CO_2 后分析样品，并且解释了将 1g 酚酞指示剂溶解在 70mL 乙醇中，用蒸馏水或去离子水稀释至 100mL 的过程。还包括碳化深度测量和报告描述的注意事项。

用于评估混凝土的加速碳化的其他方法如下：

· RILEM CPC-18 硬化混凝土碳化深度的测量

这种测试方法包括借助于由 1% 酚酞在 70% 乙醇中的溶液组成的指示剂来确定硬化混凝土表面上的碳化层的深度。对于加速碳化，该方法不建议任何特定的暴露条件，但是在测试时需要精确地指示存储的气候条件。对于存储在室内的样品的自然碳化研究，需定义温度和相对湿度（20℃和 65% RH）。当样品存放在室外时，需要防雨。空气必须能够在任何时候都不受阻碍地到达试样表面，试样周围的自由空间至少为 20mm。

· NORDTEST 方法：NT Build 357 混凝土，修补材料和保护涂层：耐碳化

该方法规定了加速试验程序，监测暴露于 3% CO_2 和 55% ~ 65% 相对湿度的气氛中的样品的碳化速率（使用酚酞指示剂）。严格规定样品制备：应当用水：胶凝材料比为 0.60 ± 0.01，坍落度（120 ± 20）mm 以及最大直径为 16mm 的集料制备混凝土。混凝土需要减水剂的情况下

可使用三聚氰胺类型。如果工作性不能达到规定的混合参数或三聚氰胺型增塑剂与胶凝材料不相容，则不适用于胶凝材料类型。试样在浇铸后1d脱模，在（20±2）℃的水中养护14d，然后在空气中在（50±5）% RH、（20±2）℃环境下养护28d后进行测试。重要的是，酚酞溶液通过将1g酚酞混合在500mL蒸馏/离子交换水和500mL乙醇的溶液中制备，所述乙醇是比EN14630：2006中使用的溶液稀得多的溶液。

·葡萄牙标准LNECE391。混凝土-碳化性的测定-稳定的

该方法用于CO_2浓度为（5±0.1）%、RH为55%~65%，温度为（23±3）℃的样品的加速碳化测试。样品需要在（20±2）℃下浸没在水中14d，然后在（50±5）% RH和（20±2）℃的封闭环境中储存直至达到28d的时间。碳化深度的测量根据如前所述的RILEMCPC-18中推荐的方法进行。酚酞指示剂是0.1%醇溶液。

·法国测试方法AFPC-AFREM。混凝土耐久性，用于测量相关的可持续性，建议的程序数量推荐的方法，加速碳化试验，测量混凝土碳酸盐的厚度

该加速碳化方法使用在20℃和65%相对湿度和50% CO的碳化室。在不同的暴露时间之后使用0.1%的酚酞指示剂的醇溶液测量碳化深度。对于自然碳酸盐化评估，将在常规固化（浸入水中）28d后的样品储存在50% RH和20℃的受控气候条件下直到测试结束。

一般来说，上述的测试方法的碳化面（通常是结构形状的变化而不是扩散进入）的侵入作为在特定环境条件下的暴露时间的函数来测量。质量、力学性能和渗透性的变化有时会在碳化过程中监测，但并不作为碳化测试结果的一部分。在本章节中，考虑到碱激发材料的特定性质可能影响测试的结果，所以特别关注酚酞方法和碳化收缩的问题。

3. 碳化深度-酚酞法

在最初的碱激发建筑材料中的碳化面通常通过观察作为CO_2暴露结果的pH指示剂的颜色变化来测量。酚酞（最常用的指示剂）的颜色转变在pH为10（从紫色/粉红色变为无色；过渡在pH8.3完成）时发生，pH值低于该值后硅酸盐水泥体系的钢筋钝化膜变得不太稳定，钝化膜就不能再防止钢筋锈蚀了。因此，普遍认为碳化深度大于钢筋钝化膜后钢筋表面就开始锈蚀了。该方法的主要问题是尽管特定结构处于均匀的CO_2浓度中，但其不同部分的碳化深度不同。结构的不同部分中的相对湿度、湿/干条件和阳光暴露的差异的结果，导致了混凝土的渗透性的变化。混凝土的孔隙溶液的细节也应该考虑，当氯化物和碳酸盐同时存在于钢筋混凝土元件中时具有复杂的效应。然而实际中，覆盖物深度和

在结构中的位置也有所不同。但这种方法的另一个缺点是具有破坏性的，不能重复测量，无法识别作为时间的函数的变化以及关键结构应用中的混凝土不能在使用时进行分析。酚酞指示剂方法以一种科学上令人满意的细节水平评价建筑材料的碳化是不可靠的。尽管如此，它仍被广泛使用和普遍接受。此外，如在上述不同测试方法的讨论中所确定的，酚酞指示剂可以在不同浓度和在不同溶液环境中制备，这将完全可能改变在地质聚合物中的碳化深度获得的结果。

4. 碳化收缩率

建筑材料中碳化收缩的评估较少关注研究，这与水泥浆中由于形成碳化产物而引起的应力有关。在高度碳化条件下最初在孔隙网络中然后在凝胶胶凝材料中。碳化收缩测量尚无明确的方法。但是在评估这种行为研究中，一般采用类似于 ASTM C596-09 或 ASTM C1090-10 中的方法。测量不同 CO_2暴露时间的收缩，碳化深度与样品所示的任何尺寸变化相关联。根据现有文献，地质聚合物中碳化收缩的程度是完全未知的。

5. 地质聚合物的碳化

尽管目前对地质聚合物的碳化反应还未能很好理解，但是显然地质聚合物的碳化反应与 OPC 混凝土有着很大的差别。两者主要的差别来源于两个方面：一是组成物相不同；另一个是它们有着不同的物理结构。水泥基材料的主要反应产物为 $Ca(OH)_2$ 和 C—S—H 凝胶，而地质聚合物的主要反应产物主要取决于其反应原料和激发剂，生成的主要产物为 N，K—A—S—H 或 N，K（C）—A—S—H 凝胶。在水泥基材料中，$Ca(OH)_2$起到缓冲碳化的作用，而在地质聚合物中一般很少存在，因此地质聚合物的碳化速率可能会更快。

地质聚合物中的碳化反应至少存在两种情形：一是 CO_2 与迁移性的碱金属离子的反应；二是 CO_2 吸附或者与铝硅酸盐网络结构中的氧原子反应。

低钙碱激发体系制备的地质聚合物通常需要在较高养护温度下养护才能获得良好的强度发展和性能，与此同时，在形成的凝胶基质中也会生成少量类沸石的晶体结构，这类晶体结构通常含有由铝氧六面体或四面体和硅氧四面体组成的六圆环状结构，相互联接的六圆环会形成一个大的 12 圆环孔道结构，ε-笼就存在于此结构附近，CO_3^{2-}、碱金属阳离子（K^+、Na^+和 Ca^{2+}）、阴离子（SO_4^{2-} 和 Cl^-）和水分子就位于 12 圆环和 ε-笼中，形成图 4.29 中的键合结构。这一结论在自然条件下养护 365d 的粉煤灰地质聚合物中得到了证实，如图 4.30 中位于波数为 876cm^{-1}附近的红外吸收峰便是这一结构中 CO_3^{2-} 官能团的非对称伸缩振动引起。

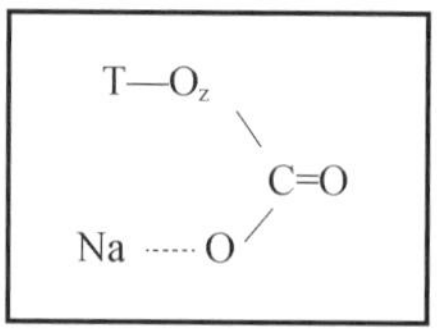

T—O$_z$

C=O

Na ······ O

T：tetrahedrally coordinated Si or Al

O$_z$：oxygen atom of the framework

图 4.29　CO_2与铝硅酸盐结构中的氧反应示意图

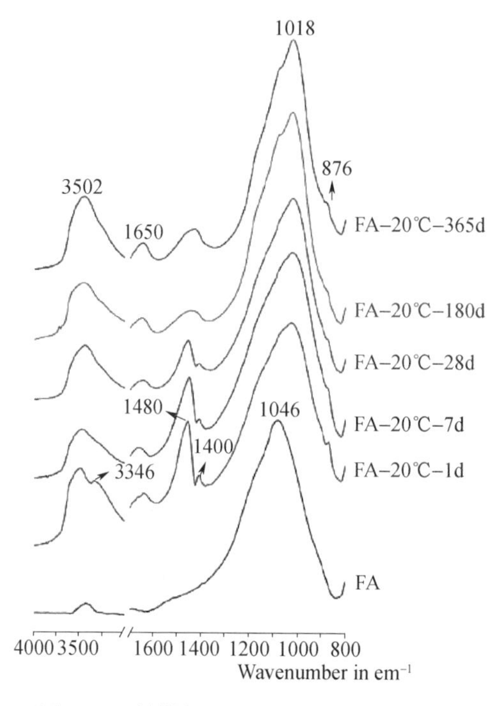

图 4.30　粉煤灰地质聚合物的 FT-IR 图谱

在图 4.30 中 1300 ~ 1550cm^{-1}范围内的 CO_3^{2-} 离子的非对称伸缩振动红外吸收峰则是由于 CO_2与地质聚合物中迁移性的碱金属阳离子反应引起，而这一产物往往与发生碳化反应的条件有关。Khan 等人在详细调查了粉煤灰地质聚合物在不同 CO_2浓度下的碳化反应后（23 ℃，55% RH），得出在自然条件下粉煤灰地质聚合物的碳化产物为十水碳酸钠（$Na_2CO_3 \cdot 10H_2O$），在 1% CO_2浓度加速碳化条件下养护 6 周后的碳化产物仍为十水碳酸钠，而在 3% CO_2浓度下加速碳化 2 周即可观察到碳酸氢钠的生成（图 4.31）（另外，Criado 等人的研究也表明在空气环境 85℃条件下养护的粉煤灰地质聚合物中也出现了碳酸氢钠，但这已不在正常碳化实验的范围，因此不再讨论）。由此也进一步得出，加速碳化实验中，CO_2的浓度不宜超过 1%，超过 1% 时，CO_2与孔溶液之间的作用在很大程度上已改变了地质聚合物的孔溶液组成，因此再通过加速碳化来模拟地质聚合物在自然条件下的碳化过程已失去意义。

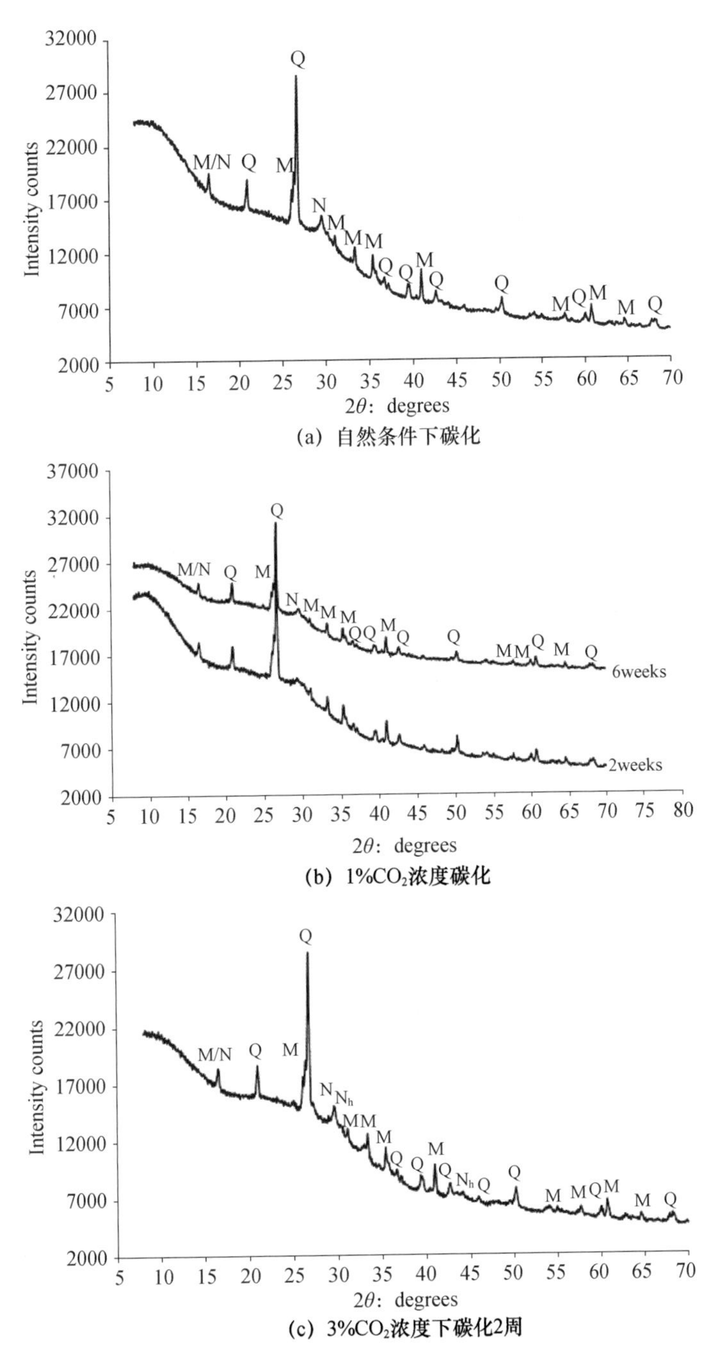

图 4.31　不同碳化条件下的粉煤灰地质聚合物 XRD 图谱

在自然条件下碳化 18 个月的粉煤灰地质聚合物碳化深度只有 3mm，在 1% CO_2 浓度加速碳化条件下 6 周的碳化深度也只有 2mm。CO_2 向混凝土的扩散过程被认为是遵循 Fick 第一定律，在自然条件下得到的粉煤灰地质聚合物的碳化速率 2.57mm/a$^{0.5}$，意味着自然条件下碳化到达钢筋表面的时间为 60 年（混凝土的覆盖深度最小为 20mm），因此，自然条件下低钙地质聚合物的碳化速率与硅酸盐水泥的碳化速率可相比拟（2.0～3.6mm/$a^{0.5}$）。

预应力混凝土中的钢筋锈蚀是一些基础设施面临的主要耐久性问题之一，并直接决定了它们的使用寿命。未破坏的混凝土中高 pH 值的碱性环境在钢筋表面提供了一层钝化膜，从而阻止了侵蚀性离子如 Cl^- 的浸入，在硅酸盐水泥基材料中，水化产物 $Ca(OH)_2$ 主要控制着孔溶液中的 pH 值，碳化过程中消耗的 $Ca(OH)_2$ 降低了孔溶液的 pH 值，破坏了钝化层并加速了随后的钢筋锈蚀。在地质聚合物中一般不存在 $Ca(OH)_2$，因此体系的 pH 值只取决于孔溶液。Miranda 等人调查了两种粉煤灰地质聚合物体系中埋覆钢筋电极的腐蚀点位（E_{corr}）和极化电阻（R_p），分别为纯 NaOH 激发体系和 NaOH + 水玻璃激发体系。发现无氯条件下，粉煤灰地质聚合物砂浆可以像硅酸盐水泥砂浆一样快速有效地钝化钢筋，因此不必担心腐蚀会影响这些新型粉煤灰地质聚合物建造的钢筋混凝土结构的耐久性。极化曲线和对短期阳极电流脉冲的响应（恒电流脉冲技术）进一步证实了粉煤灰地质聚合物混凝土对钢筋的稳定钝化（图 4.32 和图 4.33）。

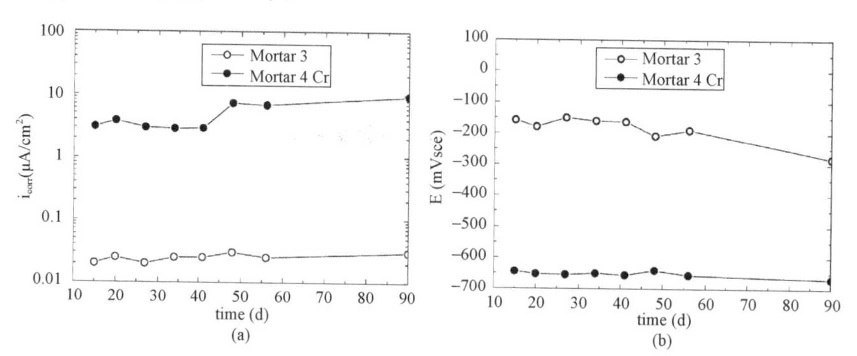

图 4.32　（a）i_{corr} 和（b）E_{corr} 随时间的变化（粉煤灰 +8 mol/L NaOH，空心圆为无 Cl^- 侵蚀，实心圆表示在 2% Cl^- 侵蚀条件下）

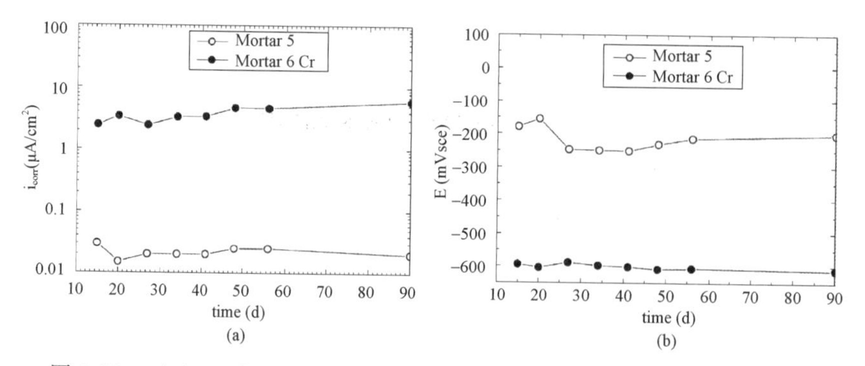

图 4.33　（a）i_{corr} 和（b）E_{corr} 随时间的变化［粉煤灰 + 15% 水玻璃 +85%（12.5 mol/L NaOH），空心圆为无 Cl^- 侵蚀，实心圆表示在 2% Cl^- 侵蚀条件下］

在自然碳化条件下（对照样品），所有样品［图4.34（a）］均显示出低腐蚀电位（E_{corr}），其腐蚀风险极低。图4.34（b）给出了加速碳化暴露期间的钢筋的E_{corr}的变化。在测试的前200h内，显然，样品的碳化暴露会影响钢筋中的钝化层，E_{corr}值非常不稳定。这可能是加速碳化后孔溶液pH值变化的结果，暴露在CO_2的过程中改变了体系的碱度，从而影响在钢筋上形成的新生钝化层的稳定性。在用低钙粉煤灰地质聚合物混凝土中，加速碳化导致OH-粉煤灰混凝土的E_{corr}从－220mV｜CSE显著降低到最低的－850mV｜CSE，在此测试期间，DH-粉煤灰地质聚合物混凝土的E_{corr}从－310mV｜CSE降低到－820mV｜CSE，对于MN-粉煤灰地质聚合物混凝土的E_{corr}从－130mV｜CSE降低到－620mV｜CSE。所有这些最小值都在与金属增强材料严重腐蚀可能性高相关的范围内，但是在每种情况下，经过200d至300d的测试，可以观察到E_{corr}强度的显著降低（负值减小）。在低腐蚀范围内的所有试样，表明最终在钢筋上形成并稳定了钝化层。经过300d的测试后，E_{corr}值开始下降，遵循与对照试样类似的趋势，埋入MN-粉煤灰地质聚合物中的钢筋E_{corr}较高。

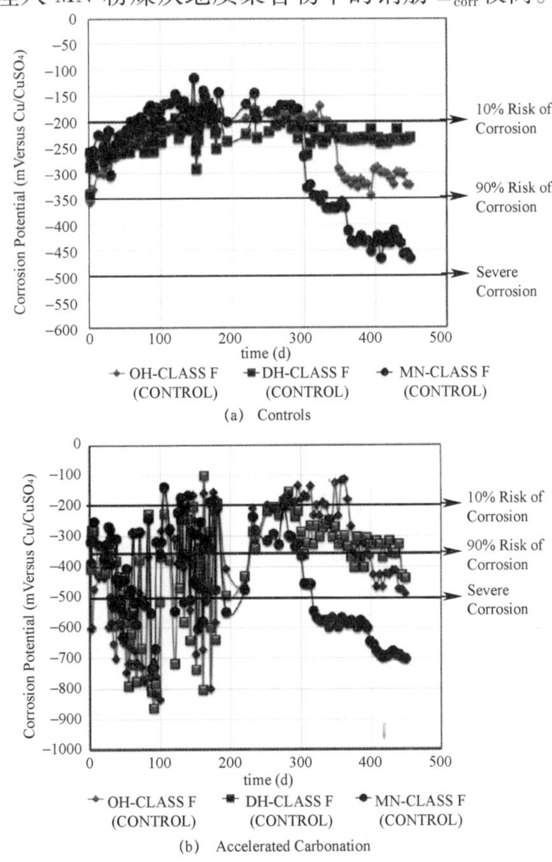

(a) Controls

(b) Accelerated Carbonation

图4.34 E_{corr}随时间的变化，（a）对照组地质聚合物混凝土，（b）加速碳化条件下［5% CO_2，(24±5)℃，RH＝(65±5)%］的粉煤灰地质聚合物混凝土

长期的电化学测试表明，在自然碳化条件下（对照样品），体系的高碱度会在浇筑后的前200d内促进钢筋的钝化。但是，在长时间里，观察到的E_{corr}减小，表明钢筋可能正在发生腐蚀过程。在加速碳酸化条件下，在二氧化碳暴露的前200d内观察到了E_{corr}的不稳定行为，这尚未得到充分的解释，但可能是在严重暴露条件下发生碳化反应的结果。

6. 地质聚合物试验方法的评价

传统水泥碳化性能试验方法的评价标准也就是最近这些年提出的，与天然碳化相比，当材料暴露在标准测试下时两者形成了相似的反应产物。这为假想提供了足够的证据，证明这些协议所提出的试验和条件准确地再现了在自然碳化情况下发生的情况。

没有任何标准或方法来评估地质聚合物的碳化性能。在某些情况下，学者需控制用于碳化评估的样品不良的测试条件。这就是为什么少数报告检查地质聚合物碳化的结果应解释这些材料在特定碳化条件下的性能指标。与天然碳化条件不同，这些指标不适用于所有地质聚合物。干燥和碳化同时测试可以科学地解释为侵蚀性干燥可能导致材料的开裂，但联合测试的标准尚未完全成熟。

地质聚合物可以抵抗时间的流逝，而存在碳化问题，这与文献中报告的加速碳化试验的结果相反。在加速碳化条件下分析样品时，自然条件下发生的碳化反应平衡的变化很可能发生。因为加速碳化试验之前样品中的渗透性低，机械强度较好，导致性能差。这说明，在该领域的进一步研究，不仅仅是要了解这些体系中劣化过程如何进行，而且还要明白测试条件如何影响所进行测试的结果，以便可以给出当暴露于CO_2时AAM的耐久性的“真实”证明。

材料加速碳酸盐化测试评估主要影响因素有多种。例如碳酸化收缩和孔隙溶液的化学性质以及酚酞指示剂的制备等因素可改变测试结果。这表明需要进一步研究开发用于测量地质聚合物中碳酸化前沿的进展的方法，可以解释酚酞指示剂获得的地质聚合物中的结果。

地质聚合物混凝土中碳化的进程与其加速试验期间使用的CO_2浓度有直接关系。高浓度的CO_2可诱导孔结构的差异。同时在较高的CO_2浓度和孔溶液中的碳酸盐/碳酸氢盐比率下，孔隙溶液碳酸盐化（由酚酞显示）和碳化引起的凝胶劣化（在孔结构中显而易见）的速率特别明显。

4.6.9 收缩和开裂

1. 收缩测试

有许多测试标准用于检测新拌和硬化水泥净浆、砂浆和混凝土尺寸的稳定性，在ASTM体系中就有10种测试方法。测试一般都具体到某一收缩性能（干缩或自收缩经常单独考虑），或者有时测量多种收缩的叠加引起在不同收缩方式和收缩速率下尺寸的变化。从相对基础的化学和热力学角度看，它预示着碱激发矿渣胶凝材料中C—A—S—H相比OPC的水化反应形成的低Al C—S—H相更容易收缩。然而，碱激发砂浆和混凝土选择适度的w/b比和良好级配的集料后，其收缩要低于OPC基混凝土，这表明在混凝土服役期间有其他的因素影响材料的性能。因此，了解一些用于评价收缩性能的具体测试模型至关重要，以便准确反映材料的服役性能。

用于检测硬化材料尺寸稳定性的基本测试方法是ASTM C157，检测使用长方体试样，长285mm，截面积25mm×25mm用于砂浆，截面积75mm×75mm用于25mm以下集料的混凝土，截面积100mm×100mm用于含有大于25mm集料的混凝土。横截面表面嵌入了测量螺柱。将样品湿养24h，测量其“初始”长度，然后在石灰水中浸泡至28d再次测量。此时，样品从石灰水中取出，干态下测试，或者把样品放在23℃、相对湿度50%环境中，湿态下测试尺寸稳定性，通常长度测量要持续64周。石灰水浸渍是为了提供Ca^{2+}饱和环境以防止通过软水侵蚀OPC胶凝材料脱钙，而碱激发胶凝材料有未结合入凝胶中的碱，希望早期将孔溶液中的碱脱除，如果使用石灰石水会有很大问题。

ASTM C596中砂浆干缩试验与C157类似，但样品只需要放置于相对湿度50% 3d，意味着C596样品比C157龄期更短。这个标准期望通过砂浆的收缩性能与相应混凝土的性能关联，但实际效果也被质疑。澳大利亚标准AS1012. 13，湿养护龄期比C596长一些（AS1012. 13是养护7d），对于大掺量矿渣胶凝材料也不太理想，因为这些材料在一定龄期会发生微膨胀（与传统相反）。如测试56d的收缩性能，膨胀会有效补偿实际的收缩。

在ASTM C1581中，在限制收缩条件下通过环形样品测试早期尺寸的稳定性。一种是在环中裂纹，或是在特定尺寸的模具（圆锥形或圆柱形）中测试凝结前后的尺寸变化（如ASTM C827或ASTM C1090）。将这些测试应用于AAM时，AAM浆体往往比OPC浆体更粘一些，试样和模具之间的黏附作用对测试效果会有影响。这些测试也通常用于研究抗裂性，这将在下文进一步讨论。

2. 地质聚合物的收缩

在发表的关于地质聚合物收缩性能的文献中众说纷纭，有些文献说收缩很小，有些文献说收缩很大。特别是，碱激发矿渣胶凝材料的收缩在一些环境下养护会有问题，特别是在没有充分养护后就直接放置于干燥环境中。碱激发偏高岭土地质聚合物收缩现象明显；碱激发粉煤灰地质聚合物在不同配合比设计条件下有时收缩非常小，有时收缩明显。一般来说，加过量水到地质聚合物中，或早期置于干燥条件下养护，都会出现干缩（和/或开裂）问题，因为水在地质聚合物凝胶结构中的化学结合程度比硅酸盐水泥基材料的小得多。

在碱激发粉煤灰地质聚合物和粉煤灰-矿渣砂浆中，Yong 研究了配合比设计和制备条件对砂浆收缩性能的影响，研究了这些砂浆的自缩和干缩性能。40% 矿渣/60% 粉煤灰的胶凝材料早期没有微膨胀现象，后期会有一定程度的收缩。用水量会特别影响早期的干燥收缩，但在养护后期，由于凝胶生成会产生更多孔隙，所以收缩性能与激发剂的特性（以及凝胶形成的程度，铝硅酸盐凝胶的组成）有关。60% 粉煤灰/40% 矿渣胶材使用低模数硅酸钠溶液（$SiO_2/Na_2O=0.5$）激发，7 个月的收缩应变约为 5×10^{-4}，偏硅酸钠溶液（$SiO_2/Na_2O=1.0$）激发的收缩应变为 6×10^{-3}。文献报道碱激发粉煤灰地质聚合物混凝土浇注的小路没有明显的收缩开裂，即使浇筑长度达到 12m，都没有收缩裂纹。

Yong 同样研究了密封养护时间对碱激发砂浆干缩的影响，如图 4.35所示。样品在测试开始之前养护较长时间，使凝胶生长充分，更能抵制尺寸变化。Rangan 研究发现，粉煤灰基地质聚合物在热养护条件下比室温养护的干缩程度低很多，这也可能与胶凝材料的凝胶成熟度有关。但对于强度和微观结构发展完全又放置于室温的体系，使用过高的养护温度或过度延长高温养护时间可能或多或少导致收缩。

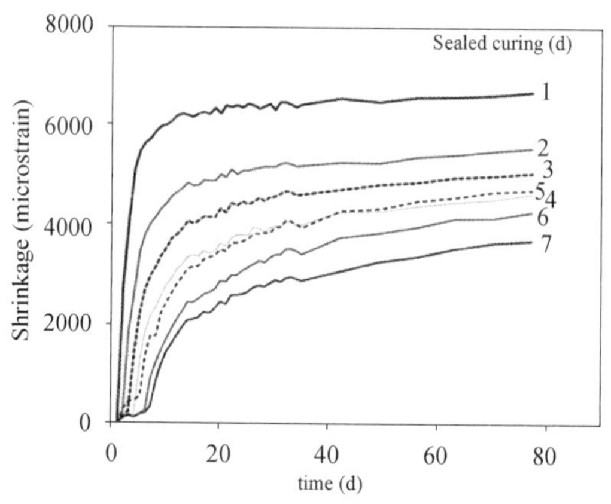

图 4.35　使用硅酸钠溶液（模数为 1.5）激发的 60% 粉煤灰/40% 矿渣砂浆不同龄期的收缩率（样品放置在密封袋中养护）

煅烧黏土基地质聚合物需水量较高，很容易收缩。N—A—S—H 凝胶的显微结构和化学性质本身具有以下特性：因为缺乏结合水和凝胶密度低，材料内部的微观结构可能会逐渐塌陷，转成沸石晶体。用20%方解石或白云石取代的黏土基铝硅酸盐前驱体的收缩程度更大，使用石灰石做集料也有同样现象。Elimbi等人也发现不同温度下煅烧黏土制备的样品，抗压强度与尺寸稳定性直接相关，表明反应活性越高的前驱体，反应过程中微结构演变越明显，因此会进一步形成稳定的凝胶。

鉴于地质聚合物在干燥过程中容易导致收缩和开裂，人们尝试了各种方法来减少这些问题。为了开发高品质的材料，除了使用有效的养护制度，也可使用减缩的化学外加剂。研究已经证明纤维增韧可以有效控制尺寸变化和荷载引起的开裂。

3. 开裂分析

人们普遍都不希望建筑材料出现开裂问题，因为它会导致力学性能的下降，加速潜在有害离子侵入结构内部。混凝土开裂一般是由机械化学（由于晶态变化、化学反应或放热引起的胶凝材料的尺寸或集料的变化）或机械物理（荷载或温升循环）过程引起的。混凝土中出现微裂纹的根本原因是硬化后部分抑制了凝胶相的化学收缩，这也是从热力学角度提出地质聚合物材料和相关（火山灰）体系固有的化学特性。几乎所有用于建材的胶凝材料都显示出收缩或膨胀，在硬化前后发生相变而产生强度，并逐渐发展。因此，在水泥和混凝土技术领域控制尺寸稳定是一项重要难题。

大概应用于评价混凝土开裂最常用的测试就是ASTM 1581的受限环试验，在较长龄期内监测由于抑制收缩引起的开裂。也有其他类似方法，如双同心环测试法，能够检测膨胀过程以及收缩，但这些方法尚未标准化。这些方法的缺点是具有较低收缩率或较高拉伸强度的双环样品需要花几个月去破裂，而对椭圆环（中国标准），埋有应力放大器的约束梁，或部分受限的板更实用。开裂可以通过视觉或通过声、电和超声方法观察，这些方法更适合于检测微裂纹。

在较小的（薄截面的混凝土、砂浆或净浆）试样中，同样可以使用荧光染色的光学显微镜或通过扫描电镜来分析微裂纹，而地质聚合物还没有文献公开使用这种方法。在裂纹中浸渍熔融金属如伍德合金，然后在室温下凝固，保留的裂纹模式可用作后续观察研究，但在地质聚合物中，似乎也没有以这种方式做裂纹研究。

4.6.10　冻融和湿干循环

冻—融和湿—干循环是所有室外使用时必须要求的（水泥、涂料和增强体）。

（1）冻—融。首先，样品在水中浸泡饱和；然后在 -18℃冻结 2 ~ 4h。在第二轮中，样品从冷冻箱取出直接放入水中（不消融）。这样循环直到样品破坏，或经过 50 个循环就停止（常规实验测试已足够；而标准测试需要 300 个循环）。初始水泥样品和固化 28d 的样品经历这样的循环后测试其抗压强度，进行比较（图 4. 36）。

（2）湿—干。首先，样品在水中浸泡饱和，然后在 60℃干燥 2 ~ 4h。在第二轮中，样品从烘箱取出直接放入水中（不冷却）。这样循环直到样品破坏，或经过 50 个循环就停止（常规实验测试已足够；而标准测试需要 300 个循环）。初始水泥样品和固化 28d 的样品经历这样的循环后测试其抗压强度，进行比较（图 4. 36）。

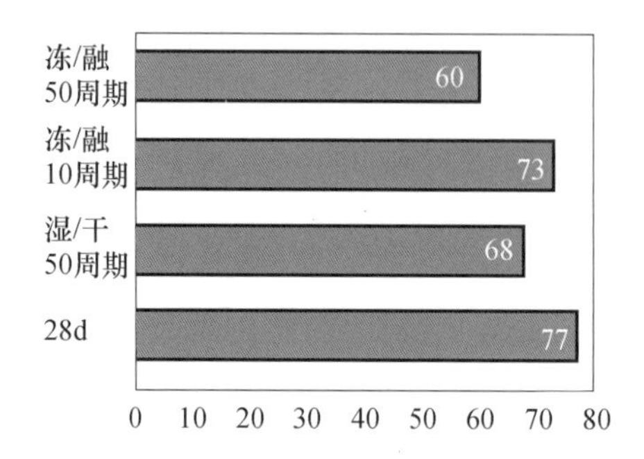

图 4. 36　MK-750 和钾—聚硅铝酸盐—硅氧体地质聚合物水泥经过冻—融循环和湿—干循环后初始水泥样品及固化 28d 样品抗压强度的比较

5 地质聚合物轻质保温材料的制备与性能

5.1 地质聚合物轻质保温材料的研究现状

随着科技社会的高速发展与人口的迅猛增长，能源与环境面临前所未有的危机，“节能减排”迅速成为全球关注的焦点。建筑节能是节能减排的重要组成部分，降低建筑材料的生产能耗以及提高其在房屋使用过程中的节能效率已成为重中之重。我国人口众多，加之缺少房屋建设方面的法律法规，使得我国的建筑节能水平远低于发达国家。据相关统计，我国建筑方面的能耗约占全社会能耗的30%，房屋单位面积能耗为发达国家的3倍以上，近400亿平方米的建筑面积中仅有1%达到低能耗标准。因此，提高我国建筑节能水平，加快建筑材料的改进与开发迫在眉睫！

提高建筑节能水平最直接最有效的方法是使用保温隔热材料。保温材料分为有机、无机，以及有机与无机的复合三大类。目前，我国绝大多数的建筑所用的保温材料仍然以传统的有机保温材料和无机保温材料为主，主要有：聚氨酯泡沫、聚苯乙烯挤塑板（XPS）、聚苯乙烯泡沫板（EPS）、酚醛树脂板、三棉（岩棉、矿棉、玻璃棉）、加气混凝土、膨胀珍珠岩类材料等。这其中，又以有机类的保温材料为主，约占90%，而传统的无机保温材料仅占10%左右。然而，近几年由于传统有机保温材料而造成的高层建筑火灾事故对该种材料敲响了警钟，引起了人们的反思。“先防火后保温”的观念深入人心，使用A级不燃保温材料成为人们的共识。因此，传统有机保温材料的防火改性，新型无机保温材料以及有机与无机的复合保温材料成为近两年的研究热点和市场竞逐的目标。尽管以酚醛树脂为代表的有机保温材料经过改性后其耐火等级可以达到A级，但由于材料本身的有机属性，耐热性差，受热易分解而且容易产生有毒烟气等成为其致命缺陷，极大地限制了有机保温材料的应用和发展。因此，从长远来看，经过阻燃处理的有机保温材料或者复合保温材料将逐渐退出保温材料市场，不燃的无机保温材料势必成为最有应用前景的保温材料。

本书所提出的地质聚合物发泡材料，是在地质聚合物胶凝材料的基础上，通过向胶凝材料体系中引入气泡而制备的无机轻质泡沫材料。发泡材料往往用于建筑隔热、防火、隔声等领域，所要求的性能主要包括高孔隙率、低表观密度、高强度、低导热系数等。本节的文献调研也主要从保温隔热材料的上述性能进行对比研究。

综上可知，无机材料用作保温隔热领域的首要挑战就是要求材料具有良好的保温隔热效果，也就是要求无机保温材料要具有低的导热系数。相比于有机保温材料，传统无机保温材料的保温隔热效果较差，极大地限制了无机保温材料的应用。表 5.1 给出了我国目前主流的保温材料的主要特性。由表 5.1 可以看出，有机保温材料密度低、绝热性能好，但是耐火性能差，不防火或者受热易分解；而绝大多数的无机保温材料虽然耐火性能较好，但是隔热效果差或者生产能耗高等。相比于传统的水泥基发泡材料，发泡地质聚合物材料往往导热系数更低，强度更高。

表 5.1　我国目前主流保温材料的主要特性

种类	表观密度（kg/m^3）	导热系数[W/(m·K)]	最高应用温度（℃）	耐火等级	抗压强度（MPa）
XPS	20～80	0.025～0.035	75	B_2	>0.25
EPS	18～50	0.029～0.041	80	B_2	>0.10
聚氨酯泡沫	30～80	0.02～0.027	120	B_2	>0.21
酚醛树脂板	30～100	0.023～0.03	200	B_1～A	>0.20
玻璃棉	13～100	0.03～0.045	500	A	>0.70
岩棉	30～80	0.033～0.045	750	A	>0.17
发泡水泥	200～700	0.08～0.25	1000	A	>0.10
发泡地质聚合物	200～800	0.08～0.2	1000	A	>0.20

地质聚合物材料的热导主要受该材料的材质、元素组成、内部微观结构、含水量等因素的影响。研究表明，热导随着 Si/Al 摩尔比的增加而变大，随着地聚物体系中水分含量的增大而降低。因此，做好地聚物体系保温材料的防水处理工作以及保持材料本身的干燥性对于其保温效果至关重要。另外，通过向地聚物体系中掺入导热系数更低的轻质集料，可以制备出导热系数更低的保温材料。Vaou 等人以珍珠岩为原料，H_2O_2 为发泡剂，通过碱激发的方法制备出了表观密度为 290kg/m^3、导热系数低至 0.03 W/(m·K) 的纯无机泡沫珍珠岩地聚物保温材料，其热导可以与有机保温材料相媲美。

无机材料用于保温隔热领域的另一个大的挑战就是实现材料的轻质与高强。然而，材料的强度往往与其表观密度成正比，轻质无机材料很难实现高强的突破。尽管如此，近些年在轻质高强的无机非金属材料方面的研究还是让人们看到了希望。图 5.1 总结了近些年国内外有关轻质高强的无机非金属材料（表观密度 <1000kg/m^3）的研究情况。

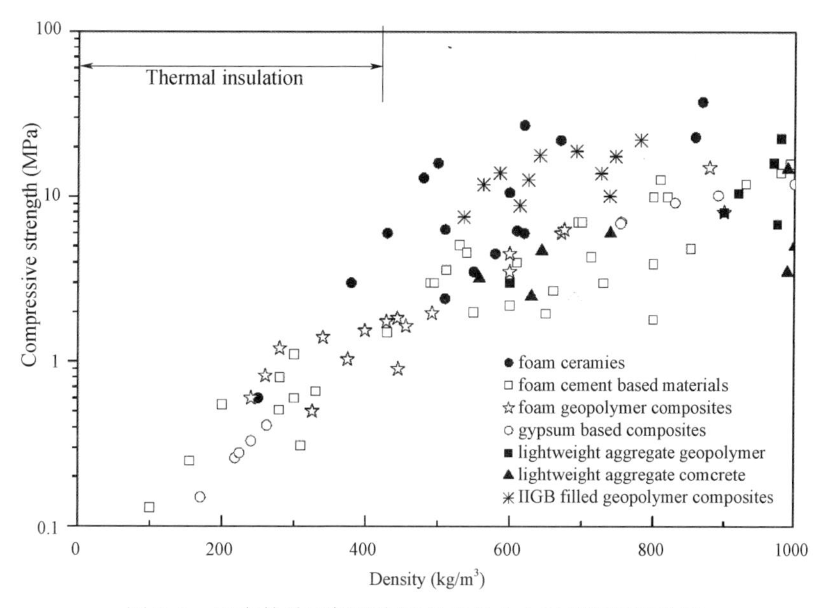

图 5.1 国内外关于轻质高强的无机非金属材料研究总结

从图 5.1 中可以看出，目前国内外研究比较多的轻质高强的无机非金属材料主要有泡沫陶瓷、泡沫水泥基材料、泡沫地质聚合物材料、轻集料混凝土、轻集料地质聚合物等。这其中，以泡沫陶瓷性能最优，但是该种材料需要高温煅烧，生产成本高，不适用于大规模推广。在墙体保温材料应用领域，一般要求保温材料的表观密度小于 $400kg/m^3$，表观密度介于 $300 \sim 400kg/m^3$ 之间的材料多用于外墙保温，而表观密度小于 $300kg/m^3$ 的材料则多用于内墙保温。然而，从图 5.1 可以看出，目前满足表观密度要求的无机非金属材料的强度往往较低。表观密度小于 $400kg/m^3$ 的材料的抗压强度基本上都低于 2MPa，而小于 $200kg/m^3$ 的无机非金属材料的研究很少，而且抗压强度也非常低（<0.3MPa）。因此，制备出轻质高强的无机非金属保温材料是一种挑战，也是目前存在的问题。

通过向材料基体中引入气泡的方式可以实现轻质的目的，高温烧结可以进一步实现材料的高强度。Chen 等人以粉煤灰和赤泥为原料，通过硅酸钠在高温条件下分解而引入气泡，在 800 ~ 1100℃ 条件下烧结的方法制备出了最低表观密度为 $510kg/m^3$，对应抗压强度为 6.3MPa 的轻质高强泡沫陶瓷。龚伦伦以莫来石粉和粉煤灰等为原料，通过发泡剂引入气泡并进一步成型，最后在 1100℃ 温度下烧结而制备出了超轻泡沫陶瓷。其最低表观密度仅为 $250kg/m^3$，对应抗压强度约为 0.6MPa。同样的方法，Yin 等人制备出了表观密度为 $380 \sim 480kg/m^3$、抗压强度为 3 ~ 13MPa 的 Si_3N_7 泡沫陶瓷。虽然先引气后高温烧结制备出的泡沫陶瓷可以同时实现低表观密度和高强度，但高温烧结工艺消耗大量的能源，制作成本高，不适合用于生产制备建筑保温材料。硅酸盐水泥是一种在常温常压下与水混合即可自硬的胶凝材料，而且水泥基材料往往具备高强的特性。以硅酸盐水泥为胶凝原料，通过引气发泡或掺入轻集料等方法制备的水泥基泡沫混凝土或水泥基轻集料混凝土是另外一种轻质高强的无机材料。Chen 等人以不同粒级的循环流化床粉煤灰和普通硅酸盐水泥为原料，通过掺入少量的外加剂（三乙醇胺和 Na_2SO_4）和引入气泡的方法，成功制备了表观密度为 510 ~ 530kg/m^3、抗压强度为 2.2 ~ 3.6MPa 的轻质高强泡沫混凝土，其粉煤灰掺量在 70% 以上。同样，Huang 等人以普通硅酸盐水泥为原料，通过掺入适量的粉煤灰和纤维，制备出了超轻的泡沫混凝土材料。结果表明，该材料的表观密度为 100 ~ 300kg/m^3，对应的抗压强度为 0.13 ~ 1.1MPa。Zaetang 等人以浮石和回收再利用的加气混凝土等为轻质集料，制备出了表观密度在 558 ~ 775kg/m^3、抗压强度在 2.47 ~ 6MPa 的轻质高强混凝土材料。虽然水泥基泡沫混凝土和水泥基轻集料混凝土的制备不需要高温烧结的工艺，但其本身很脆、极易破碎，且轻质后，水泥基材料很容易掉渣。因此，综上所述，泡沫陶瓷和水泥基轻质高强混凝土的这两种材料都不适合用于生产墙体保温材料。

然而，由于特殊的微观结构和优异的力学性能，碱激发地质聚合物是制备轻质高强材料的一种好的选择。通过向地质聚合物体系中引入气泡的方式可以制备轻质高强的泡沫地质聚合物。Yang 等人通过化学激发高炉矿渣和物理发泡的方式，并在室温条件下养护制备了表观密度介于 300 ~ 450kg/m^3、抗压强度在 0.5 ~ 1.9MPa 的泡沫地质聚合物材料。Feng 等人以粉煤灰为主体原料，在 55℃ 温度条件下制备了超轻并有一定强度的粉煤灰基泡沫地聚物保温材料。结果表明，其材料的表观密度在 240 ~ 340kg/m^3，抗压强度在 0.6 ~ 1.4MPa。另外，Temuujin 和Kumar 等人的研究表明，机械粉磨细化后的粉煤灰比未被粉磨的粉煤灰原灰活性更高，同等条件下制备的地质聚合物强度更高。

到 2020 年，我国的建筑节能要达到 65%，北京则需要执行更高水平的节能标准（达到 75%），新建建筑节能水平达到或接近同等气候条件发达国家水平。对于首都北京这种高层建筑密集的城市，迫切需要一种高效、节能、环保、A 级防火的建筑外墙保温材料。本节所讨论的碱激发发泡粉煤灰基胶凝材料，制备简单、低能耗，环保利废，可对京津冀地区大量的粉煤灰废弃物进行变废为宝、高效综合利用；同时，相对于其他聚苯乙烯、聚氨酯、酚醛树脂等外墙保温材料，降低建筑成本。泡沫粉煤灰基地质聚合物是一类科技含量高、附加值高、应用前景非常广阔的节能材料。

5.2　粉煤灰基地质聚合物发泡材料的制备方法

按照预先设计好的配比，首先称取一定质量的粉煤灰于水泥净浆搅拌机中。在低速搅拌的作用下，依次加入碱性激发剂、水和稳泡剂，然后快速搅拌5min，得到均匀混合的浆体。最后加入发泡剂双氧水，快速搅拌30s后迅速将匀质浆体浇入试模中（浇模高度为模深的1/3～1/2），表面覆盖聚乙烯塑料薄膜以防止水分的散失和进入，随后放入标准养护箱中进行养护24h，养护温度为60℃。待养护结束，从养护箱中取出试模，通过拆模得到标准样品。放在室温环境下，使样品自然脱水和强度进一步提高，等待进一步的测试和表征。

根据不同的需求，使用不同规格的模具。导热系数的测定主要使用300mm×300mm×30mm钢模，其他性能的测定则主要使用40mm×40mm×160mm和100mm×100mm×100mm的模具。

5.3　粉煤灰基地质聚合物发泡材料的制备工艺研究

5.3.1　激发剂体系组成

众所周知，激发剂是制备碱激发胶凝材料的关键，激发剂的组成和参数是影响碱激发胶凝材料性能的主要原因。以氢氧化钠（或氢氧化钾）与水玻璃的复合碱性激发剂制备出的胶凝材料，其性能是最优的。因此，本研究选取了氢氧化钠和水玻璃复合的形式作为粉煤灰材料的激发剂，研究了激发剂体系中氢氧化钠浓度和水玻璃掺量对于其碱激发胶凝材料的性能的影响，从而得到最优化的激发剂体系配比。

氢氧化钠和水玻璃在碱激发体系中扮演着不同的角色和作用，氢氧化钠主要是控制Si、Al等主要元素浸出的决定性因素，后者则主要是用来调节整个胶凝体系的硅铝比（SiO_2/Al_2O_3）以达到最佳的凝胶组成。在实际的操作中，则往往通过调节氢氧化钠的浓度（或胶凝体系中Na_2O的含量）和水玻璃与氢氧化钠的比例进行控制。

1. 氢氧化钠浓度

氢氧化钠（NH）是控制粉煤灰中的Si、Al等主要元素浸出的决定性因素。如果其浓度过低，则会导致粉煤灰中的硅、铝等元素浸出程度不完全，浸出速率太慢等，从而导致材料的性能差和养护周期变长等问题；如果氢氧化钠浓度过高，则会导致过量的氢氧化钠无法参与反应而

"泛碱"等问题。因此，确定激发剂体系中合适的氢氧化钠的浓度，不仅可以使材料的性能最优化，而且可以节约碱激发胶凝材料的成本。

由于影响碱激发胶凝材料性能的因数较多，我们在研究氢氧化钠的浓度对材料性能的影响时，将其他影响参数固定在一个"合理的数值"，而这个"合理的数值"是基于我们前期对于实验条件的摸索结果而大致确定的。本实验固定的影响参数主要有：水玻璃掺量（WG/CFA = 0.93），水胶比（W/B = 0.85），发泡剂选用 H_2O_2，掺量为 4wt.%，养护温度为 60℃，养护时间为 24h，养护方式为密封养护等；另外，本次研究所选用的稳泡剂为阴离子表面活性剂——十二烷基苯磺酸钠（SDBS）与三乙醇胺（TEA）的混合溶液（1wt.% SDBS + 0.8wt.% TEA + 98.2wt.% H_2O），其掺量与发泡剂掺量一致（1∶1）。具体的实验方案配比设计如表 5.2。

表 5.2　激发剂体系中的氢氧化钠浓度对碱激发胶凝材料性能的影响实验方案设计

Mark	CFA（g）	AA（g）	F. S.（g）	H_2O_2（g）	总含水量（g）	C_{NaOH}/M	W/B
A	300	339	12	12	255.00	0	0.85
B	300	358.6	12	12	255.00	2	0.85
C	300	379.1	12	12	255.00	4	0.85
D	300	400	12	12	255.00	6	0.85
E	300	420	12	12	255.00	8	0.85
F	300	440.2	12	12	255.00	10	0.85

注：1. AA：本实验中不同组采用的激发剂配比均不一样，具体可见表 5.3；
2. F. S.：稳泡剂（foam stabilizer）；
3. 总含水量：包括 3 部分：水玻璃中的水，稳泡剂中的水，以及发泡剂中的水；
4. C_{NaOH}：氢氧化钠在整个反应体系中的真实浓度，由激发剂中的氢氧化钠物质的量除以总含水量体积而得；
5. W/B：水胶比（water binder ratio），总的含水量除以粉煤灰质量而得。

经过计算，相应的激发剂配比如表 5.3 所示。

表 5.3　激发剂配比设计

Mark	WG（%，质量分数）	NH（s）（%，质量分数）	H_2O（%，质量分数）	Total（%，质量分数）
AA-A	82.9	0.0	17.1	100
AA-B	78.2	5.7	16.1	100
AA-C	74.0	10.8	15.2	100
AA-D	70.2	15.4	14.4	100
AA-E	66.8	19.5	13.7	100
AA-F	63.7	23.2	13.1	100

本次实验配比是经过严谨的科学计算而设计出的，按照表 5.3 分别

配制出的激发剂和表 5.2 的实验配比进行实验，最终可以保持方案设计中的不同对比组的水玻璃用量、水胶比、发泡剂和稳泡剂掺量等参数一致，变化的只有氢氧化钠的浓度，便于我们对实验结果进行分析和讨论。

2. 水玻璃掺量（SiO_2/Al_2O_3）

水玻璃在激发剂体系中主要作用为：提高碱激发反应体系中的 SiO_2 含量，调节整个反应体系的 SiO_2/Al_2O_3 摩尔比。虽然改变水玻璃的掺量，也会导致反应体系中 SiO_2/Na_2O 比的改变，但 Na 元素的含量是过量的，本研究认为 SiO_2/Na_2O 比的大小对 C，N—A—S—H 凝胶产物的影响是很小的，前面研究的氢氧化钠浓度和 SiO_2/Al_2O_3 比才是主要的影响因素。因此，水玻璃掺量的改变对碱激发胶凝材料性能的影响，本质意义上是反应体系中的 SiO_2/Al_2O_3（或 Si/Al）摩尔比对材料性能的影响。

按照同样的方法，本实验也采用了控制变量的方法进行研究。根据上述氢氧化钠浓度对碱激发胶凝材料性能的影响实验结果，可以确定氢氧化钠最优化浓度大约在 4M。因此，本研究固定了氢氧化钠的浓度在 4M，水玻璃掺量变化范围控制在 0% ~128.7%（以 CFA 质量的百分含量计算），其他参数保持不变，具体实验方案配比见表 5.4。

表 5.4　水玻璃掺量对于碱激发胶凝材料性能的影响实验配比方案

Mark	FA（g）	AA（g）	F. S.（g）	H_2O_2（g）	总含水量（g）	C_{NaOH}/M	W/B	SiO_2/Al_2O_3
G	300	427.4	12	12	255	4	0.85	4.07
H	300	401.6	12	12	255	4	0.85	3.70
I	300	375.8	12	12	255	4	0.85	3.33
J	300	350.1	12	12	255	4	0.85	2.97
K	300	324.3	12	12	255	4	0.85	2.60
L	300	296.0	12	12	255	4	0.85	2.20

对应的激发剂配比组成如表 5.5 所示。

表 5.5　激发剂配比组成

Mark	WG（wt. %）	NH（s）（wt. %）	H_2O（wt. %）	Total（wt. %）
AA-G	90.4	9.6	0	100
AA-F	77.3	10.2	12.5	100
AA-I	62.5	10.9	26.6	100
AA-J	45.4	11.7	42.8	100
AA-K	25.7	12.6	61.7	100
AA-L	0	13.9	86.1	100

同理，按照表 5.5 所给出的激发剂配方配制激发剂，以及按照表5.4中的碱激发胶凝材料的配比设计，可以使得最终反应体系的 NaOH 浓度保持在 4mol/L，水胶比保持为 0.85 不变，只有水玻璃掺量一个变量变化。

3. 小结

首先需要指出的是，表 5.2 中设计的对比组 A 和 F，以及表 5.4 中设计的 K 和 L 组，按照其相应的配比进行试样制备与成型的过程中，浆体逐渐变得黏稠，最后逐渐变干而失去流动性，无法成型；而且，F 组和 L 组还会出现明显的泛碱现象，表明配比不适合；另外，对比组 B 和 J 的配比虽然可以最终成型，但是拆模后得到的试块开裂现象严重，无法测出其强度。

5.3.2 养护温度与养护时间

与水泥基胶凝材料相似，碱激发胶凝体系在其最优的养护温度和养护时间下得到的材料性能最佳。已有研究表明，碱激发胶凝材料体系的最佳养护温度在 50 ~ 70℃，最佳的养护时间为 12 ~ 24h。然而，针对不同的原料，其最佳养护条件可能会有所差异，故本实验就养护温度与养护时间对碱激发胶凝材料性能的影响进行了研究。

1. 实验方案设计

基于前面实验的研究结果，本次实验确定的 AA 组成（质量分数）为 74.0% WG + 10.8% NH（s） + 15.2% 去离子水，AA 依然提前配制，静置 24h 后再使用；AA 用量确定为 CFA/AA = 0.79；确定发泡剂 H_2O_2 用量为 CFA 质量的 5%，稳泡剂掺量与发泡剂质量比为 1 : 1；确定养护方式为密封养护。然后，分别设置养护温度和养护时间为单一变量进行研究：1）固定养护时间为 24h，分别设置养护温度为 50、60、70、80、90℃为对比组进行养护温度的影响研究；2）固定养护温度为 60℃，分别设置养护 5 个养护时间：4h、8h、12h、18h、24h 为对比实验组进行养护时间的影响研究。待养护时间完成后，立即对样品进行拆模，放于室温环境中进行风干和进一步的养护。最后，进行实验测试和表征。

2. 结果与讨论

CFA 基碱激发泡沫材料的表观密度随养护温度和养护时间的变化如图 5.2 所示。首先从整体上看，养护温度对碱激发泡沫材料的表观密度有明显的影响，而养护时间对材料的表观密度则基本没有影响。单看养护温度对表观密度的影响，可以看出：随着养护温度的提高（50 ~ 90℃），材料的表观密度是逐渐下降的，50℃对应的表观密度最高，约为 375kg/m^3，90℃对应的表观密度最低，在 335kg/m^3 左右。这种现象可能是出于两个方面的原因：一方面，较高的养护温度会加快碱激发反应速率，加快胶凝产物的产生，加快材料的胶凝，缩短凝结时间，从而有利于防止泡沫的坍塌；另一方面，较高的养护温度会加快 H_2O_2 的分解，有利于提高发泡效率和发泡体积，从而降低材料的表观密度。从养护时间可以看出，其对应材料的密度波动较小，属于正常的误差波动范围，养护时间对材料的表观密度无影响。

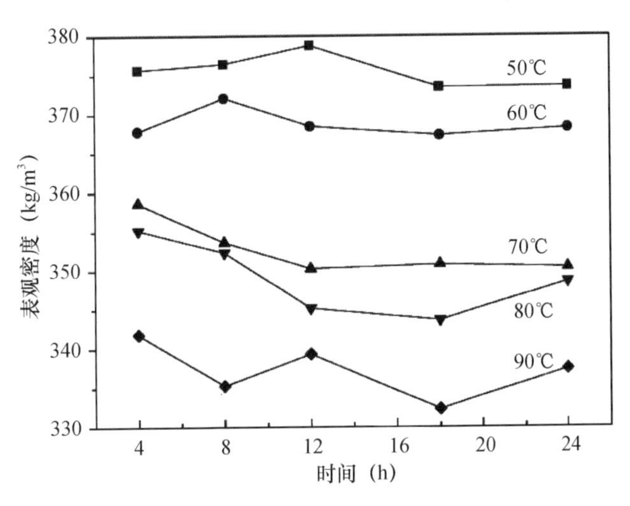

图 5.2　不同养护温度和养护时间下获得的地聚物产品的表观密度（28d 气干）变化曲线图

图 5.3 展示了材料的抗压强度与抗折强度随热养护温度和养护时间的变化曲线图。从图 5.3 的（a）、（b）两图可以看出，抗压强度与抗折强度的变化趋势基本上是一致的。当养护温度为 50℃时，可以看出材料的强度是随养护时间的延长而单调递增的，24 h 时的强度最高（抗压强度：~0.9MPa，抗折强度：~0.7MPa）；当养护温度为 60℃时，碱激发泡沫材料的强度随着养护时间的延长而不断提高，但是强度的提升主要发生在前 12h，热养护 12h 之后，强度的提高变得很缓慢；当养护温度为 70℃时，材料的强度随着热养护时间的延长而先提高后又略有降低，养护时间在 12 ~ 18 h 时强度达到最高（抗压强度和抗折强度分别为 0.82MPa 和 0.63MPa）；当养护温度为 80℃和 90℃时，材料的强度都较低，而且基本上在热养护 4 ~ 8h 时就可以达到强度的峰值（抗压强度：0.4 ~ 0.5MPa，抗折强度：0.35 ~ 0.45MPa），此后强度随着热养护时间的延长而基本无变化。整体上看，最佳的热养护温度为 60℃左右，热养护时间为 24h，对应的抗压强度和抗折强度分别为 ~ 0.95MPa 和 ~0.7MPa。

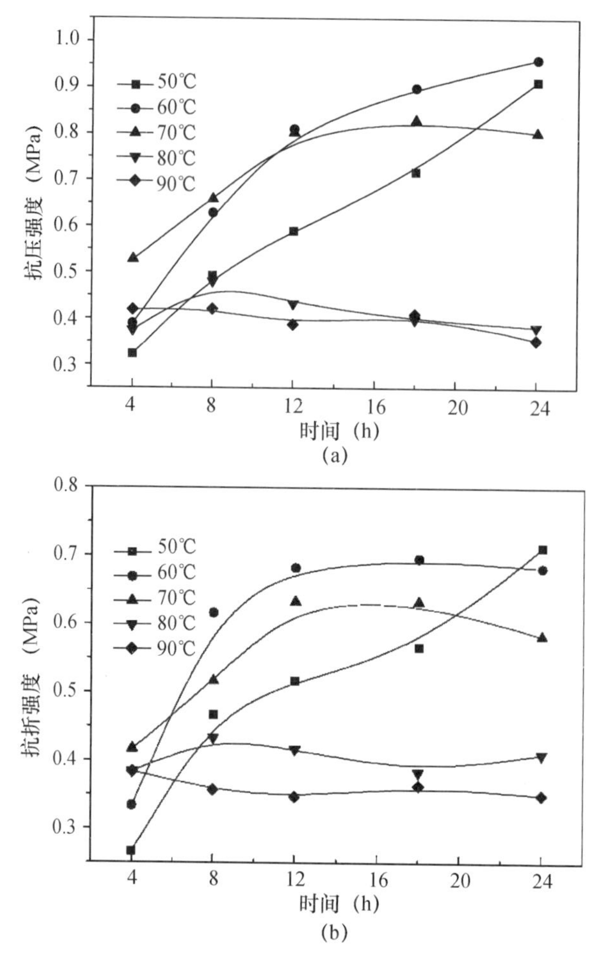

图 5.3　发泡地质聚合物材料的抗压强度与抗折强度随着热养护温度与养护时间的变化图

图 5.4 展示了不同热养护温度和热养护时间下的碱激发胶凝材料的红外光谱图。为方便研究和对比更加直观，（a）图中养护温度只选取了 50、70、90℃三个等阶的温度进行红外表征，也包括了原始粉煤灰的红外光谱图。从图中可以看出，本研究中得到的粉煤灰基碱激发胶凝材料的主要红外吸收峰发生在波数为 3432、1645、1394、1021cm^{-1}的位置，以及在 570～820cm^{-1}的位置出现的一些小的吸收峰。已有研究指出，发生在波数为 1036cm^{-1}左右和 1400cm^{-1}左右的吸收峰是 Si—O 键或 Al—O 键的不对称伸缩振动峰，是碱激发胶凝材料中凝胶产物的主要标志性的红外吸收峰；另外，在 570～820cm^{-1}位置出现的较为宽广的小峰则主要为 Si—O—T(T＝Si 或 Al）的弯曲振动产生的红外吸收峰，也是碱激发凝胶的产物的特征峰。3432cm^{-1}左右出现的高而尖的吸收峰以及 1645cm^{-1}位置出现的尖锐的峰则为—OH 或 H—O—H 基团的伸缩振动峰和形变产生的振动峰，这主要归结于产物体系中微孔中留有的水分或结合水的存在。

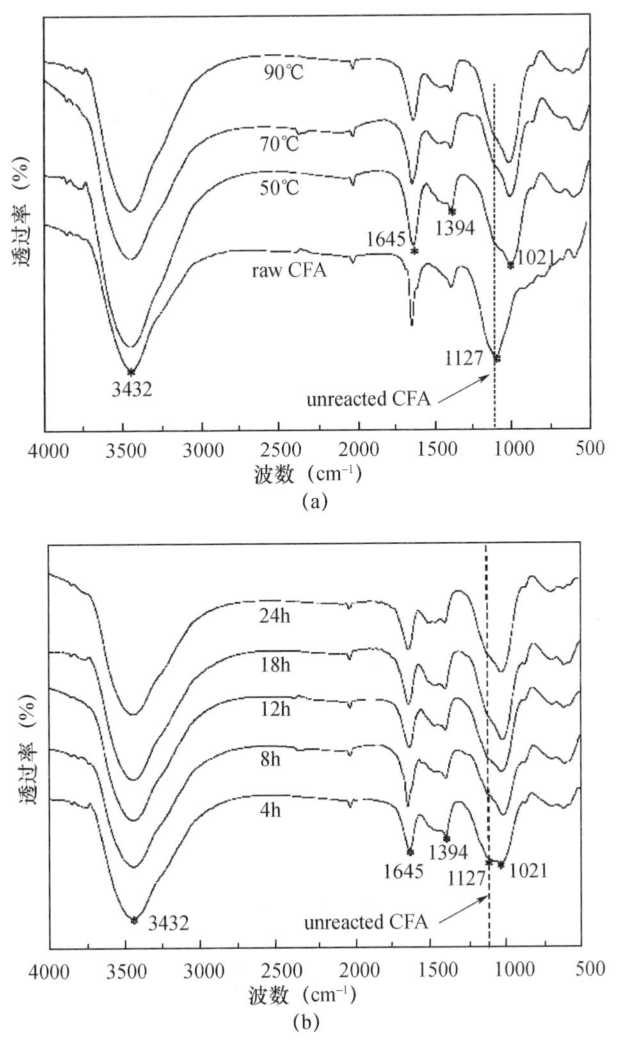

图 5.4 不同养护条件下的碱激发胶凝材料的红外光谱图：（a）固定的 24h 养护时间但不同热养护温度；（b）固定 60℃的养护温度但不同的养护时间

通过对比 CFA 与其碱激发胶凝材料的红外光谱图可以看出，主要区别在于：CFA 在 1127cm^{-1}位置出现的特征峰经过激发剂之后，逐渐向 1021cm^{-1}转变，这种现象可以用来表征 CFA 参加碱激发反应的程度或深度。从图 5-4（a）可以看出，随着养护温度的提高，碱激发胶凝材料产物在 1127cm^{-1}位置的峰逐渐减弱，而 1021cm^{-1}位置的峰则逐渐变得高而尖锐，表明提高温度可加快反应进度和反应深度，更多的粉煤灰颗粒发生溶浸而后进一步形成碱激发凝胶体系。同理，通过图 5-4（b）可以明显看出，不同的热养护时间同样可以影响粉煤灰参与碱激发反应的程度。热养护 4h 时，1127cm^{-1}位置的峰很明显，表明体系中有很大一部分粉煤灰没有参与反应；随着热养护时间的延长，1127cm^{-1}位置的吸收峰逐渐减弱，基本上可以看出，18h 以后就不会有太大的变化，此时对应的碱激发反应应该比较完全。因此，从红外光谱的分析结果来看，当养护温度为 60℃时，热养护时间至少应该在 18h 才能达到最高强度，这与前述强度测试结果是一致的。

图 5.5 为 CFA 及其在不同养护温度和养护时间下获得的碱激发胶凝材料的 XRD 图谱。通过对比 CFA 原料的 XRD 图谱与胶凝材料产物的 XRD 图谱可知，CFA 中的 $CaSO_4$晶体和大部分的游离 CaO 可以参与反应而生成其他物相，石英晶体（SiO_2）不会参与到碱激发反应中。对比同一养护温度（60℃），不同养护时间得到的产物的 XRD 图谱［（b）图］可以看出，主要有两个明显变化：1）随着热养护时间的延长，20～40°（2θ）范围内的“鼓包峰”面积逐渐增大，12h 以后增长缓慢。这表明，在 60℃ 的养护温度下，热养护时间至少要达到 12h 才能使胶凝产物达到主体含量，才能使材料性能达到主体值；2）热养护时间的延长会造成少量沸石晶体（ZSM-5）和水化硅酸钙（C—S—H）的出现。这点变化可以反映出，热养护时间的延长会使得胶凝材料体系向沸石晶体相转变，这点对胶凝材料体系的性能是不利的。因此，在特定的养护温度下，热养护时间对碱激发胶凝材料体系的物相组成有重要的影响，应该确定一个合适的热养护时间，本研究的合适热养护时间为 12～24h。另一方面，对比（c）图中的热养护温度对胶凝材料体系的影响，可以看出，在固定热养护时间为 24h 时，提高养护温度会造成沸石等晶体相产物的增多，这对胶凝材料体系是不利的。

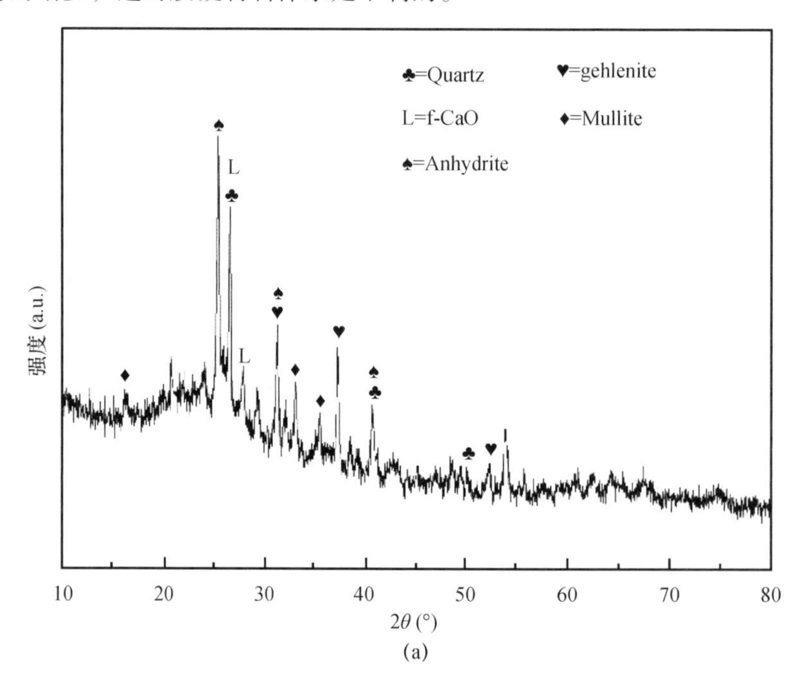

(a)

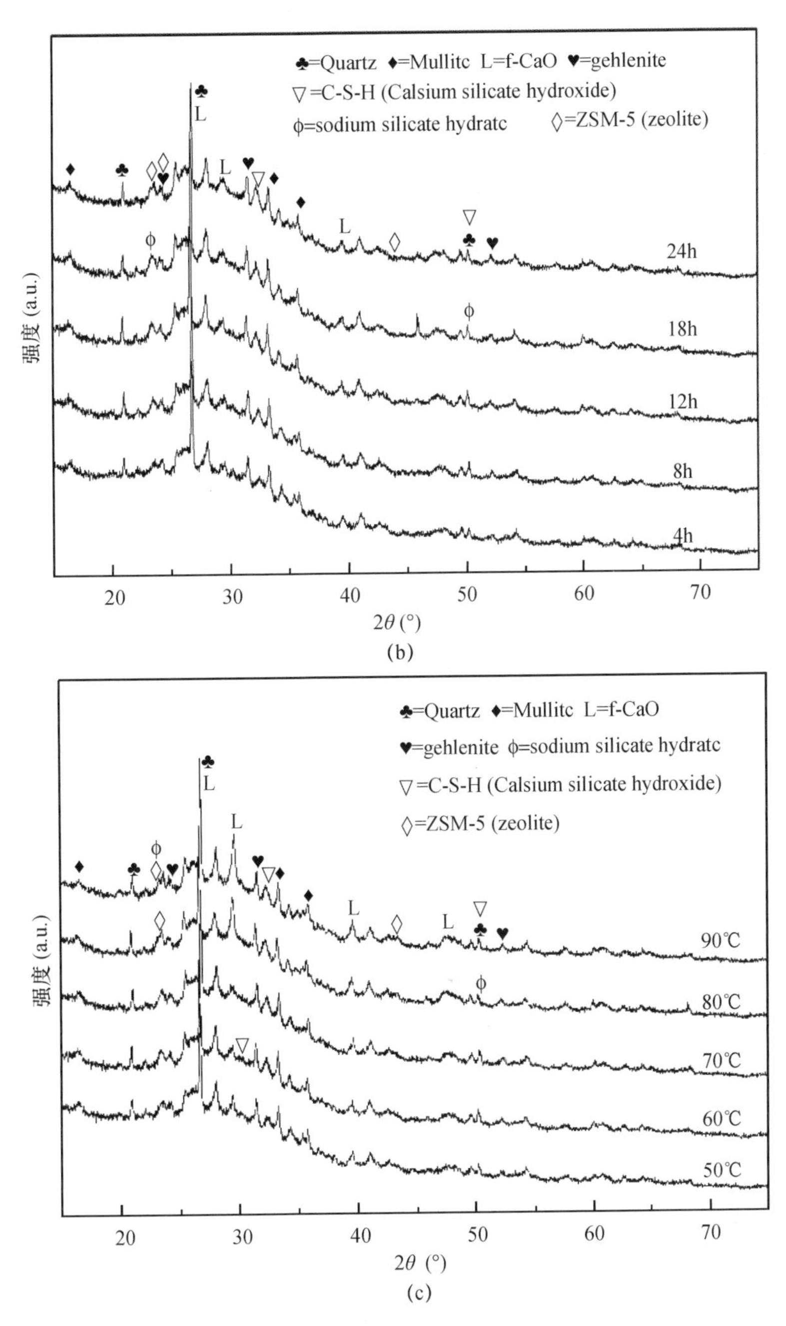

图 5.5 XRD 图谱：（a）CFA；（b）60℃的养护温度下养护不同时间的样品；（c）在不同的热养护温度下养护 24 h 得到的样品

图 5.6 展示了在不同的养护温度（50、60、70、80、90℃）下养护 24h 后得到的碱激发泡沫材料的 SEM 图。材料的泡孔结构可分为连通孔和封闭孔两类。在材料组成一样的情况下，孔结构是发泡材料性能的最大影响因素。毫无疑问，封闭孔越多，则材料的机械强度、导热系数等性能就会越好；反之，连通孔越多，则发泡材料的性能就越差。通过对

比图5.6中的（a）～（e）图可以发现，随着热养护温度的提高，对应的泡沫材料的连通孔越来越多，封闭孔越来越少。50和60℃［（a）和（b）图］的热养护温度条件对应的材料的孔结构组成最优（即封闭孔含量最多）；70℃对应的材料［（c）图］，其泡孔较前两者孔径变大，连通孔变多；当热养护温度升高至80℃时［（d）图］，很明显可以看出，其泡孔孔径变得更大，孔壁变得更薄；90℃时，可以观察到，泡孔的不断变大造成了周围泡孔融为一体，最终造成了局部坍塌的一种现象［（e）图］。从上述分析来看，提高热养护温度会造成泡孔尺寸的变大和连通孔的增多，从而会造成泡沫材料机械强度的降低，这与图5.3强度测试结果是一致的。

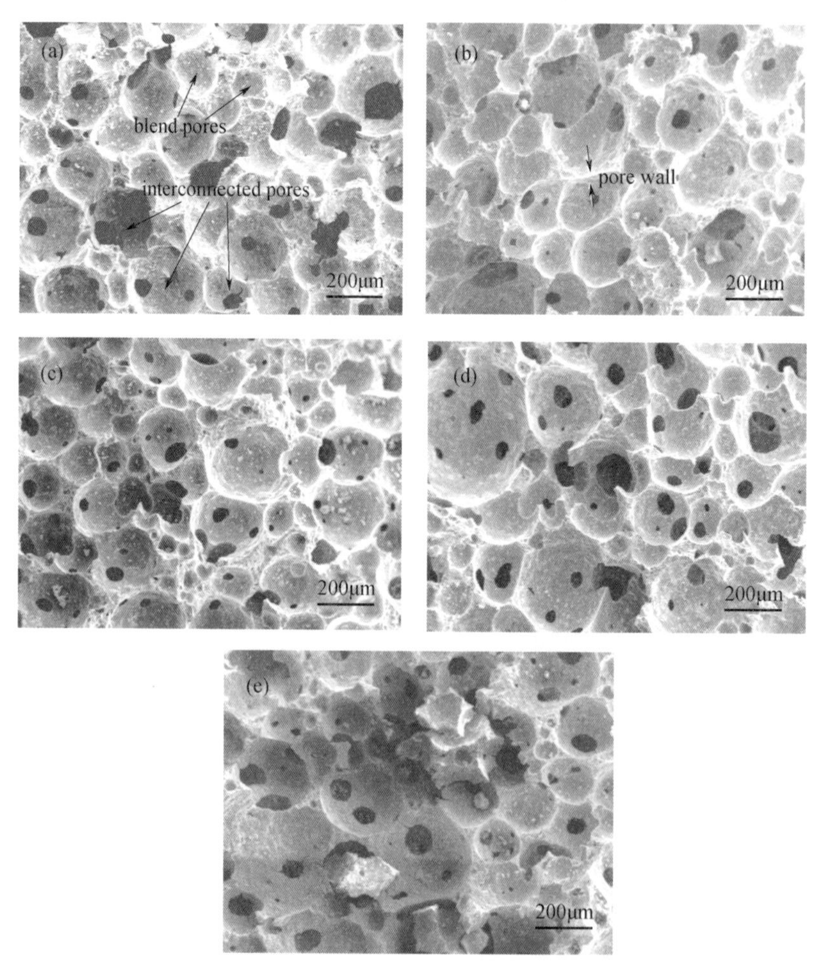

图5.6　不同养护温度下养护24h后得到的碱激发泡沫材料的SEM图
（a）50℃；（b）60℃；（c）70℃；（d）80℃；（e）90℃

综上所述，热养护温度和热养护时间对碱激发泡沫材料的性能有很大的影响，确定合适的养护温度和时间是非常必要的。本次研究认为，针对本课题选用的循环流化床粉煤灰，以及在本课题确定的最优配比下，最佳的养护温度为60℃，最佳的养护时间为18~24h。

5.3.3 发泡剂掺量的影响

本课题选用的发泡剂为双氧水（H_2O_2），H_2O_2 在一定温度下分解产生 O_2 的过程即可使材料发泡膨胀，从而使材料变得轻质多孔。因此，发泡剂掺量的多少对材料的表观密度、孔隙率、孔结构等具有重要影响，从而影响材料的机械强度、热导等性能。本节主要研究了发泡剂掺量对碱激发粉煤灰泡沫材料性能的影响，试图总结出发泡剂掺量对材料表观密度、机械强度等性能的影响规律，从而对以后的实验设计有一定的指导意义。

1. 实验方案设计

同样的道理，根据前面的实验结果，本次研究只改变发泡剂的掺量，稳泡剂与发泡剂掺量同样保持1：1，通过外加水的调节使总的水灰比保持一致，激发剂的组成（质量分数）依然为74.0% WG+10.8% NH（s）+15.2%去离子水，提前配制，静置24h后再使用。具体的实验配比见表5.6。

表5.6 碱激发CFA发泡材料实验配比

强度等级	CFA (g)	CFA (AA)	F. S. (g)	add. water (g)	H_2O_2 (g)	add. water (g)	总含水量 (g)	H_2O_2 content (%)
A	600	0.86	0	50	0	35	454.0	0
B	600	0.86	5	45	5	31.5	454.0	0.83
C	600	0.86	10	40	10	28	454.0	1.67
D	600	0.86	20	30	20	21	454.0	3.33
E	600	0.86	30	20	30	14	454.0	5
F	600	0.86	40	10	40	7	454.0	6.67

注：表格中CFA（AA）为质量比；add. water：表示外加水（additional water）；H_2O_2 content：表示发泡剂 H_2O_2 占CFA的质量百分比。

值得注意的是，本实验方案中有两次外加水（add. water）的加入：第一次外加水是为了保证不同掺量的稳泡剂加入后各组反应体系中的氢氧化钠浓度仍然保持相同；第二次外加水的加入是保证不同掺量的发泡剂掺入后，各组的总含水量以及NH浓度保持相同。总之，两次外加水的加入都是为了及时弥补因稳泡剂和发泡剂的掺入造成的反应体系中总的水含量的不同，从而可以使得不同对比组具有可比性，更加具有科学的意义。

本研究的实验流程示意图如图5.7所示。

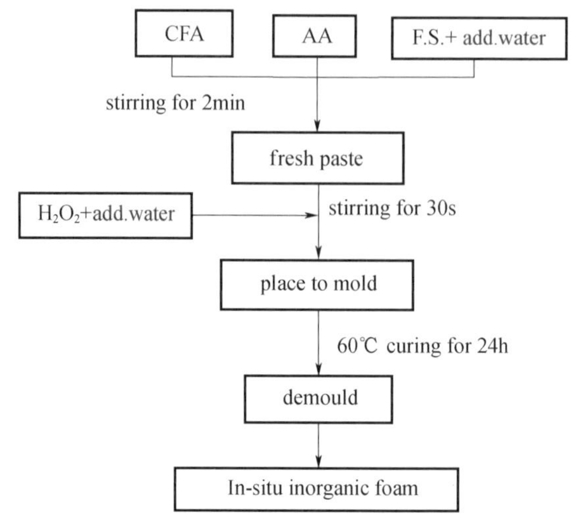

图 5.7　实验流程示意图

2. 结果与讨论

首先需要指出的是，当 H_2O_2 的掺量提高至 6.67% 时，试样在发泡膨胀的过程中出现了塌模的现象，无法成型。因此，本研究所设计的 F 组是不可行的，下文中都没有介绍到 F 组，H_2O_2 的最高掺量为 5%。

图 5.8 展示了不同发泡剂掺量下，材料的表观密度和孔隙率随之变化的折线图。毫无疑问，随着发泡剂掺量的增多，材料的表观密度单调递减，而孔隙率则呈现单调递增的趋势，对应的变化范围分别为 1594 ~ 277kg/m^3 和 11.2% ~63.0%。值得注意的是，H_2O_2 的掺量为 0 时，孔隙率为 11.2%。这主要是由于在浆体搅拌过程中引入了一定量的空气，从而产生了一定的空气空隙。另外，可以看出，当 H_2O_2 的掺量大于 3.33% 时，表观密度随着发泡剂掺量的增加而递减的速率变慢，当 H_2O_2 的掺量为 5% 时，材料密度基本趋于最低值的"饱和点"。

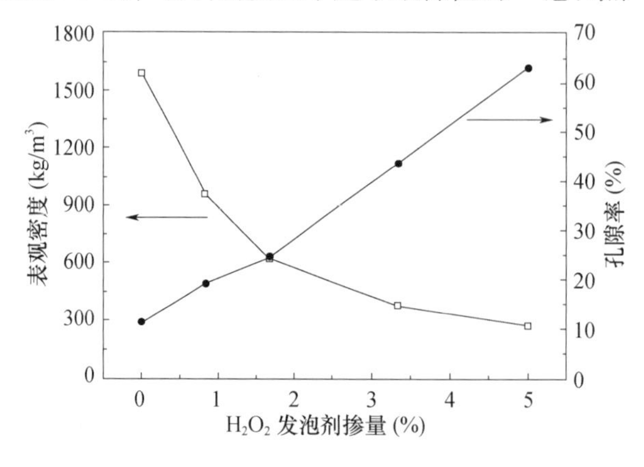

图 5.8　粉煤灰基碱激发泡沫材料的表观密度和孔隙率随发泡剂掺量的变化曲线

如图5.9所示，展示了材料的机械强度［（a）抗压强度；（b）抗折强度］随着H_2O_2的掺量的变化曲线图。从（a）图可以看出，材料的抗压强度随发泡剂掺量的增加而单调递减，只不过H_2O_2的掺量从0～1.67%时，抗压强度递减的速率较快，此后抗压强度的衰减速率变慢。当H_2O_2的掺量为0时，所得最高抗压强度为30.3MPa；H_2O_2的掺量为5%时，对应的最低抗压强度为0.65MPa。不同龄期的材料的抗压强度也展现出了不同的强度变化：不掺H_2O_2时，1～28d的强度基本无变化，而当掺入H_2O_2时，则不同龄期的强度高低顺序为：28d > 7d > 3d > 1d。另一方面，从（b）图可以看出，材料的抗折强度也是随着H_2O_2的掺量的增加而递减的。然而，当不掺H_2O_2时，材料在不同龄期的抗折强度表现出较大的变化，这与抗压强度的结果是不一致的。在抗折强度方面，依然是龄期越长，强度越高。28d时，最高抗折强度为2.3MPa，最低则为0.46MPa。

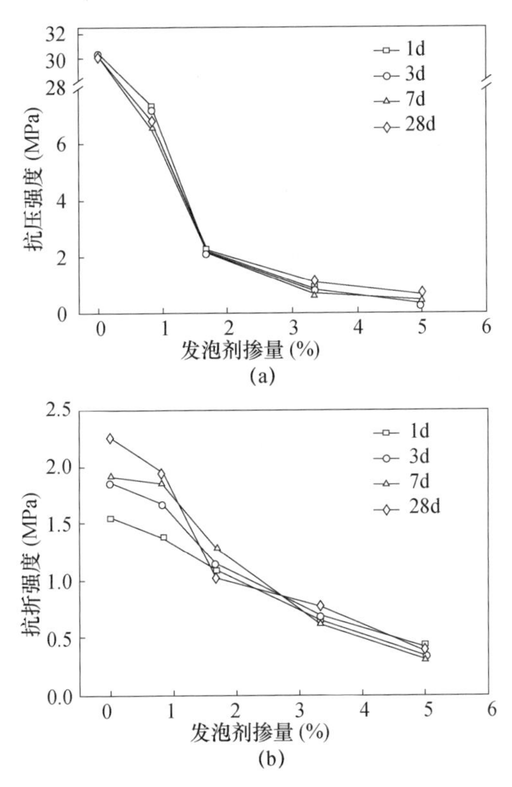

图5.9　材料的抗压强度和抗折强度随发泡剂掺量的变化曲线图

碱激发粉煤灰基泡沫材料的泡孔结构SEM图如图5.10所示。当不掺H_2O_2时，如（a）图所示，可以看出材料基质比较致密，但可以看到有少量的泡孔，这是在浆体搅拌的过程中引入空气造成的，这些空气孔对材料的强度是不利的；然而，当掺入H_2O_2时，可以看出材料的大多数泡孔孔径在100~600μm范围内，可根据其孔径大小将泡孔大致分为较大的孔和小孔两类。随着发泡剂掺量的增多，小孔的数量逐渐减少，取而代之的是大孔的数量逐渐变多；在H_2O_2的掺量小于等于1.67%时，材料的泡孔结构以封闭孔为主［图（a）~（c）］；而当H_2O_2掺量大于等于3.33%时，连通孔占据多数［图（d）（e）］；H_2O_2掺量为5%时，所得材料的泡孔结构基本都为联通的破孔，而且孔壁极薄，这对材料的综合性能是不利的。

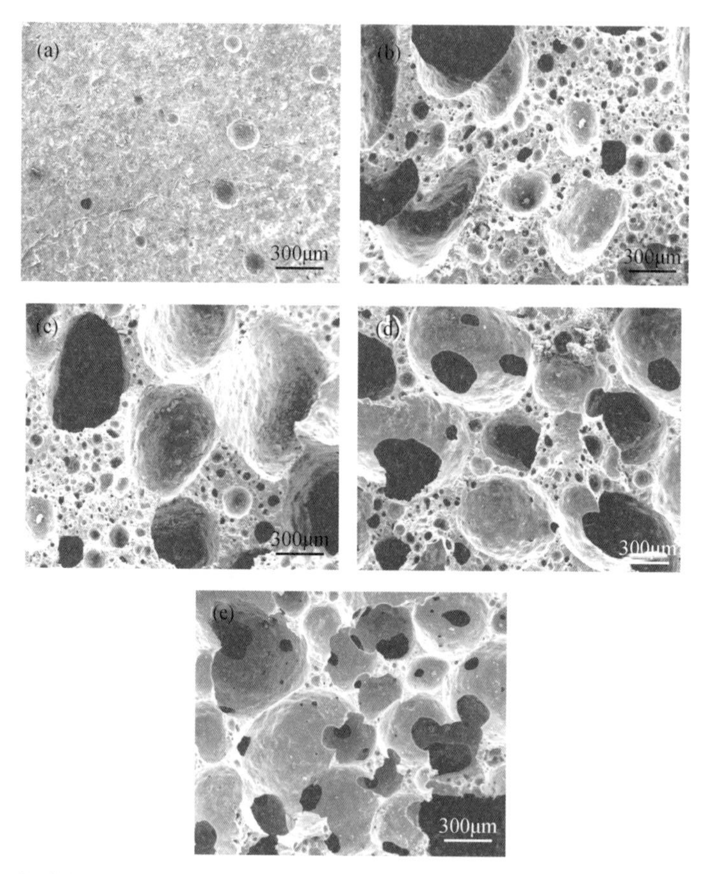

图5.10 粉煤灰基碱激发剂泡沫材料的泡孔结果在不同H_2O_2的掺量下的SEM形貌图：(a) 0；(b) 0.83%；(c) 1.67%；(d) 3.33%；(e) 5%

5.3.4 增韧纤维的影响

类似于大多数的无机非金属材料的强度高、韧性差的特点，碱激发胶凝材料体系也具有这种韧性缺陷。因此，有必要对碱激发胶凝材料的韧性进行改良和提高。众所周知，绝大多数有机物具有与无机材料相反的特点——强度低、韧性好，通过有机材料对无机材料进行改性可以提高无机材料的韧性。因此，本实验选用了三种有机纤维（PP、PET、

PAN）对碱激发粉煤灰基泡沫材料进行改性，主要研究了这三种有机纤维的长度和掺量对碱激发泡沫材料的性能的影响。

1. 实验方案与流程

基于前面对碱激发 CFA 泡沫材料的工艺研究，本实验所用激发剂（AA）质量配比依然为 74.0% WG + 10.8% NH（s） + 15.2% 去离子水，提前配制，静置 24h 后再使用。激发剂掺量控制在 CFA/AA = 0.86，从而使整个碱激发反应体系的 $SiO_2/Al_2O_3 = 3.4$，氢氧化钠浓度为 4mol/L。然而，纤维的掺入使得浆体的流动性变差，不利于发泡，故本实验经过尝试之后，将发泡剂（H_2O_2）掺量提高到 6.67%（以 CFA 的质量百分数计），稳泡剂掺量与之相同。

本实验选取了三种建材领域常见的有机纤维，分别为聚丙烯（PP）纤维、聚酯（PET）纤维、聚丙烯腈（PAN）纤维，三种纤维的具体性质见表 5.7。

表 5.7 实验中三种纤维的典型性质

Fiber	Density (g/cm^3)	Diameter (μm)	Modulus of elastic (GPa)	Tensile strength (MPa)	Elongation at break (%)
PP	0.91	8 ~ 12	4 ~ 10	400 ~ 700	8 ~ 12
PET	1.36 ~ 1.41	12 ~ 16	8 ~ 12	750 ~ 950	13 ~ 18
PAN	1.18	10 ~ 15	15 ~ 19	700 ~ 1000	16 ~ 24

实验主要研究三种纤维的掺量和纤维长度对碱激发粉煤灰基泡沫材料性能的影响，具体的实验方案见表 5.8。

表 5.8 纤维增韧碱激发泡沫材料的实验方案

Samples[a]	CFA (g)	Fiber incorporation		W/C[b]
		Length (mm)	Dosage (%)	
Blank	300	—	0	0.86
PP-L6-D1	300	6	0.1	0.86
PP-L6-D4	300	6	0.4	0.86
PP-L6-D7	300	6	0.7	0.86
PP-L12-D1	300	12	0.1	0.86
PP-L12-D4	300	12	0.4	0.86
PP-L12-D7	300	12	0.7	0.86
PP-L19-D1	300	19	0.1	0.86
PP-L19-D4	300	19	0.4	0.86
PP-L19-D7	300	19	0.7	0.86

续表

Samples[a]	CFA (g)	Fiber incorporation		W/C[b]
		Length (mm)	Dosage (%)	
PET-L6-D1	300	6	0.1	0.86
PET-L6-D4	300	6	0.4	0.86
PET-L6-D7	300	6	0.7	0.86
PET-L12-D1	300	12	0.1	0.86
PET-L12-D4	300	12	0.4	0.86
PET-L12-D7	300	12	0.7	0.86
PET-L19-D1	300	19	0.1	0.86
PET-L19-D4	300	19	0.4	0.86
PET-L19-D7	300	19	0.7	0.86
PAN-L6-D1	300	6	0.1	0.86
PAN-L6-D4	300	6	0.4	0.86
PAN-L6-D7	300	6	0.7	0.86
PAN-L12-D1	300	12	0.1	0.86
PAN-L12-D4	300	12	0.4	0.86
PAN-L12-D7	300	12	0.7	0.86
PAN-L19-D1	300	19	0.1	0.86
PAN-L19-D4	300	19	0.4	0.86
PAN-L19-D7	300	19	0.7	0.86

注：a）samples 标记规则：L-length（长度），D-dosage（掺量）（例：PP-L6-D1：表示 PP 纤维长度为 6mm，掺量为千分之一）；
b）W/C：水胶比，水的质量比 CFA 质量。

2. 结果与讨论

图 5.11 所示为不同纤维长度和掺量条件下碱激发泡沫胶凝材料的表观密度与孔隙率情况。总体上看，实验制备的纤维增韧泡沫胶凝材料的表观密度较低，介于 380 ~ 435kg/m^{3}之间，孔隙率介于 62% ~ 72%之间，可以说纤维对产品的表观密度影响不是很大。这三种纤维中，PET 纤维和 PAN 纤维对表观密度和孔隙率的影响趋势类似，均表现出：(1) 对于同一种纤维长度，随着纤维掺量的增加，地聚物的表观密度基本上呈现上升趋势；(2) 同一纤维掺量下，表现出纤维越长，表观密度越高。其中，19mm 的纤维在掺量为 0.1%时表现较为反常，其地聚物表观密度陡然增高，其后表观密度变化平缓；而对于 PP 纤维，表观密度也是随纤维掺量的提高而先下降后增高，只不过其掺量为 0.4%时，其对应的材料表观密度最低，孔隙率最大。综合分析来看，

对于 PET 纤维和 PAN 纤维而言，当纤维掺量为 0.1%，长度为 12mm 时，其对应材料的表观密度最低（390 ~ 400kg/m³），孔隙率最大（68% ~ 72%）；对 PP 纤维而言，纤维掺量为 0.4%，长度为 12mm 时，表观密度最低（~385kg/m³），孔隙率最大（~72%）。

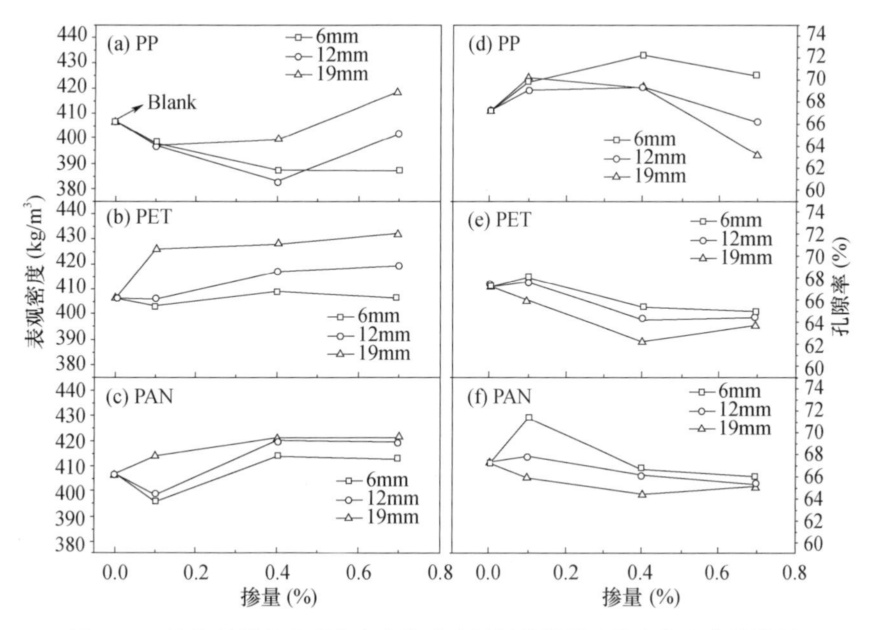

图 5.11　泡沫材料的表观密度和孔隙率随纤维掺量和长度的变化曲线图

图 5.12 为纤维增韧的碱激发泡沫材料的抗折与抗压强度随着纤维长度和纤维掺量的变化图。整体可以看出，三种纤维对于碱激发泡沫材料的影响趋势是一致的，随着纤维长度和纤维掺量的变化，抗折与抗压强度基本上保持了一致的变化趋势。除 19mm 的纤维外，对于同一长度的纤维，随着其掺量的增加，其对应的泡沫材料的抗折和抗压强度先增高后降低，最后又出现反弹的趋势。其中，纤维掺量为 0.1% 时，抗折和抗压强度均达到最高，纤维掺量为 0.3% ~0.5%（因纤维长度而异）时达到最低。对于 19mm 长度的纤维而言，随着纤维掺量的增加，其对应的材料强度先降低后增高。三种纤维中，PAN 纤维对机械强度的提高最大，故可认为 PAN 纤维是三种纤维中最佳的增韧材料。综合图 5.15 和图 5.16 可以得出，当纤维掺量为 0.1%，纤维长度为 12mm 时，发泡材料的抗折与抗压强度均达到最高，分别为 0.87MPa 和 2.19MPa，而且对应表观密度最低，约为 405kg/m³。因此，在该表观密度范围内，纤维长度和掺量分别为 12mm 和 0.1% 时对应的材料性能最优，即 PAN-L12-D1 为最优配合比。

根据以往对于纤维增韧的碱激发胶凝材料的研究，其最优的纤维掺

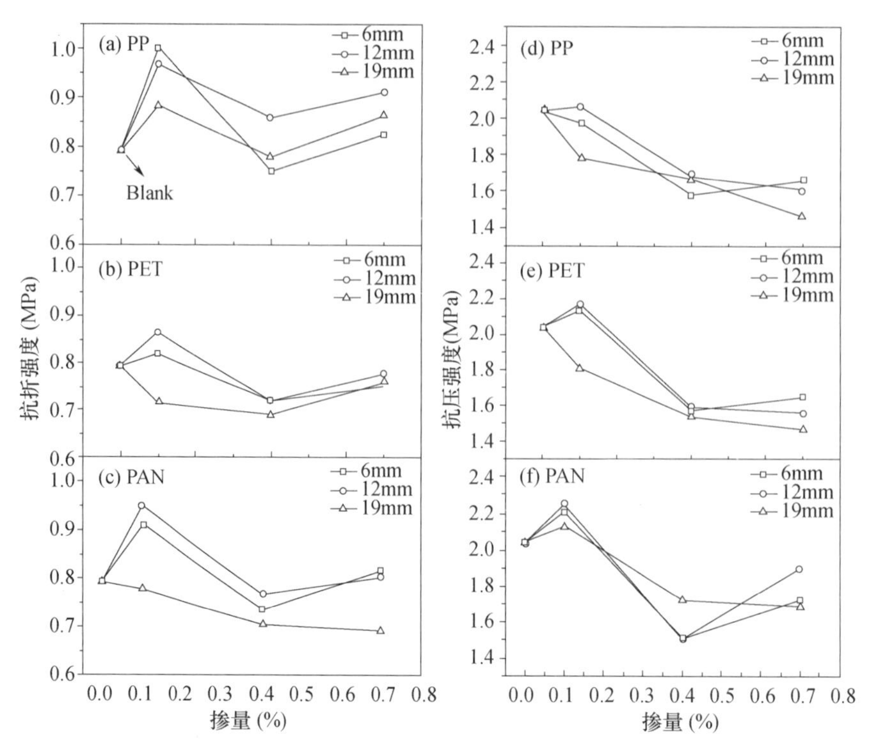

图 5.12　抗折强度和抗压强度随纤维掺量和长度的变化曲线图

量基本上都远高于本研究的最优掺量（0.1%）。Zhang 等人研究了玄武岩纤维增韧的地质聚合物，其研究发现当玄武岩纤维体积掺量为 15% 时，抗折与抗拉强度达到最高。Alomayri 等人则认为聚丙烯纤维增韧地质聚合物的最优聚丙烯纤维掺量为 2.1%。然而，这些数据都是出自纤维增韧的密实型碱激发泡沫材料。考虑到本研究制备的是低表观密度发泡碱激发材料，我们也便能理解其中的原因。由于发泡的原因，多孔隙结构使得碱激发泡沫材料体系发生膨胀，导致碱激发泡沫材料基质之间相互结合的部分大大减少，从而基质之间的结合力相比密实材料也大大降低。另外，再引入纤维后，纤维与泡沫材料基体本身的接触面积也因为高度发达的孔隙而显著降低，这样纤维与基体之间的相互作用力也会受到明显影响。因此，对于低表观密度的发泡地质聚合物而言，最优的纤维掺量相比于密实的材料来说是非常低的（例如：本研究的最优掺量为 0.1%）。当纤维掺量再增加时，由于纤维对碱激发泡沫材料基质的隔断作用，使得强度会因此而下降。当纤维掺量继续增加（例如：本研究中的 0.7%），此时可能会因为纤维之间的相互缠绕作用使材料的强度略有上升。

基于上述结果，我们得出结论：PAN 纤维是三种纤维中的增韧碱激发泡沫材料的最佳纤维。因此，我们对 PAN 纤维增韧的碱激发泡沫材料进行了抗折弹性模量的测试，结果如图 5.13 所示。可以看出，不掺纤维的空白组，其抗折弹性模量只有 ~0.043GPa。当掺入 PAN 纤维为 12mm 时，如（a）图所示，对应材料的抗折弹性模量随着纤维掺量的增多呈现出：先增高后降低最后又增高的趋势，与机械强度的变化趋势是一致的；当固定纤维的掺量为 0.1% 时，对应材料的弹性模量先增加后降低，也与强度测试结果保持一致。当纤维掺量为 0.1%，纤维长度为 12mm 时，碱激发泡沫材料的抗折弹性模量达到最高，约为 0.074GPa，较不掺纤维的空白组提高约 172%。由此可见，纤维的掺入既可以提高碱激发泡沫材料的机械强度，又可以明显提高其抗折弹性模量，提高其韧性，而且强度与韧性的变化保持一致。

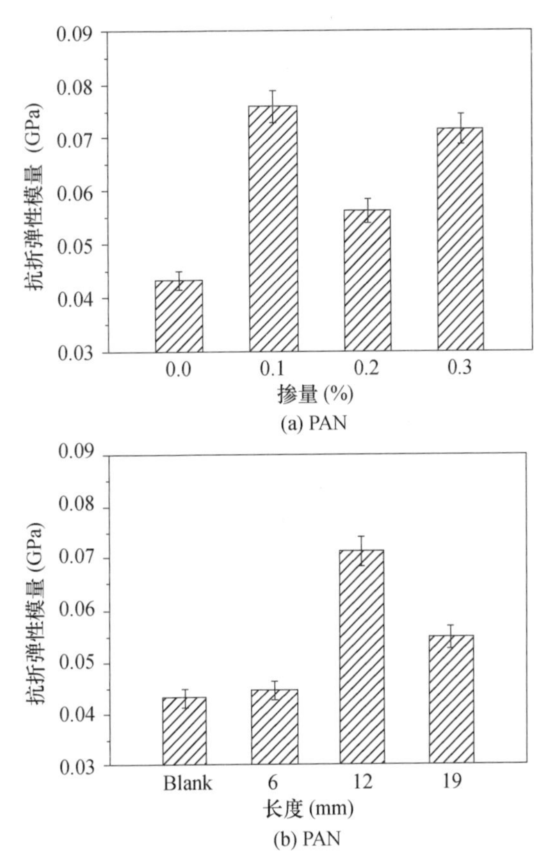

图 5.13 PAN 纤维的掺量与长度对其泡沫材料的抗折弹性模量的影响
（a）12mm 长度但不同纤维掺量；（b）掺量为 0.1% 但不同的纤维长度

同理，我们又对不同纤维在同一掺量（0.1%）和同一纤维长度（12mm）的情况下进行材料的抗折弹性模量测试，结果如图 5.14 所示。可以看出，无论哪一种纤维的掺入，都可以明显提高材料的抗折弹性模量，提高材料韧性。三种纤维对碱激发泡沫材料抗折弹性模量的提高大小顺序为：PAN > PET > PP。分析其中的原因，我们认为这主要在于纤维自身的性质。由表 5.7 可知，三种纤维的弹性模量和断裂伸长率大小顺序为：PAN > PET > PP。可见，增韧纤维的性质决定了被增韧材料的韧性性能。

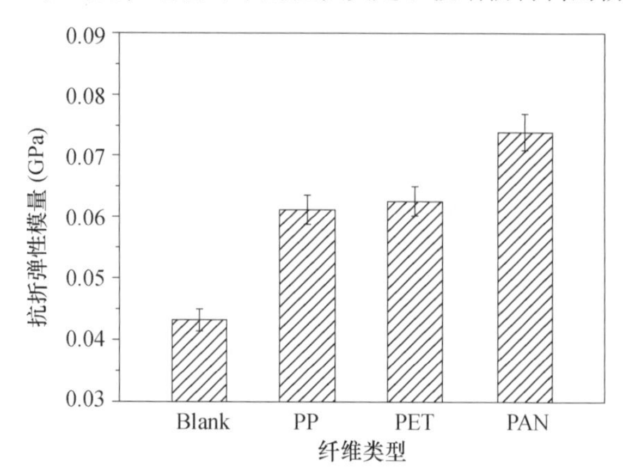

图 5.14　不同纤维增韧的碱激发泡沫材料的抗折弹性模量（0.1%&12mm）

图 5.15 为不同掺量下的 12mm 的 PAN 纤维增韧的碱激发泡沫材料的 SEM 断面图。整体上看，PAN 纤维对泡沫材料的形貌有很大的影响。对比图（a）和（b）可以看出，当纤维的掺量为 0.1% 时，其对应材料的泡孔结构保持完整，与不掺纤维的空白对照组的泡孔结构相似。这表明，0.1% 的纤维掺量不会对发泡材料的微观结构造成影响。另外，可以看见此掺量下的纤维基本上都埋藏在基质体之中，没有裸露在泡孔之中。如此一来，纤维与基质材料可以充分接触，对材料强度的提高有正作用。然而，当纤维掺量提高至 0.4% 或更高时［图（c）（d）］，此时纤维对材料泡孔结构产生了破坏作用，对材料的机械强度变为负作用。然而，从图（d）也可以看到，纤维掺量达到 0.7% 时，纤维之间产生了相互缠绕交联的作用，这可能是造成材料强度随着纤维掺量的提高而后期又提升的一个原因。

图 5.16 展示了 PAN 纤维增韧的碱激发泡沫材料的一些典型形貌图。从（a）和（b）两图可以看出，纤维可能会造成其所在分布区域的基质体产生裂痕，从而不利于强度的提高。然而，纤维掺量的提高又可以造成纤维之间的缠绕和交联［图（c）］，这样就会对材料的强度起提高的作用。从图（c）可以看出，选用的 PAN 纤维直径大约为 10μm，从其 EDX 能谱扫描结果可以看出，“裸露”的纤维并非完全裸露，而是表面包裹了一层碱激发反应体系的产物。如此一来，纤维被包裹了一层碱激发反应产物之后，可以使得纤维与基体之间充分接触，从而有利于被增韧材料机械性能的提高。

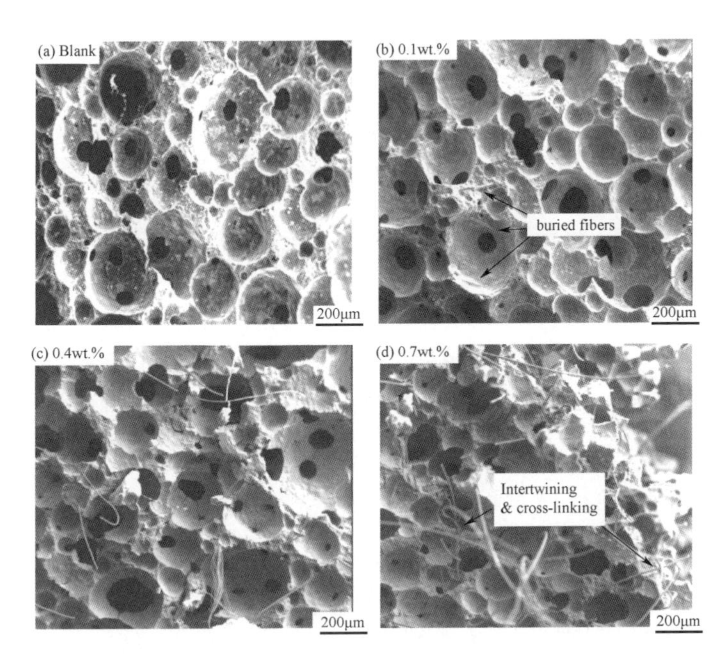

图 5.15 不同掺量下的 PAN 纤维（12mm）在碱激发泡沫材料中的分布形貌图
（a）0%（Blank）；（b）0.1%；（c）0.4%；（d）0.7%

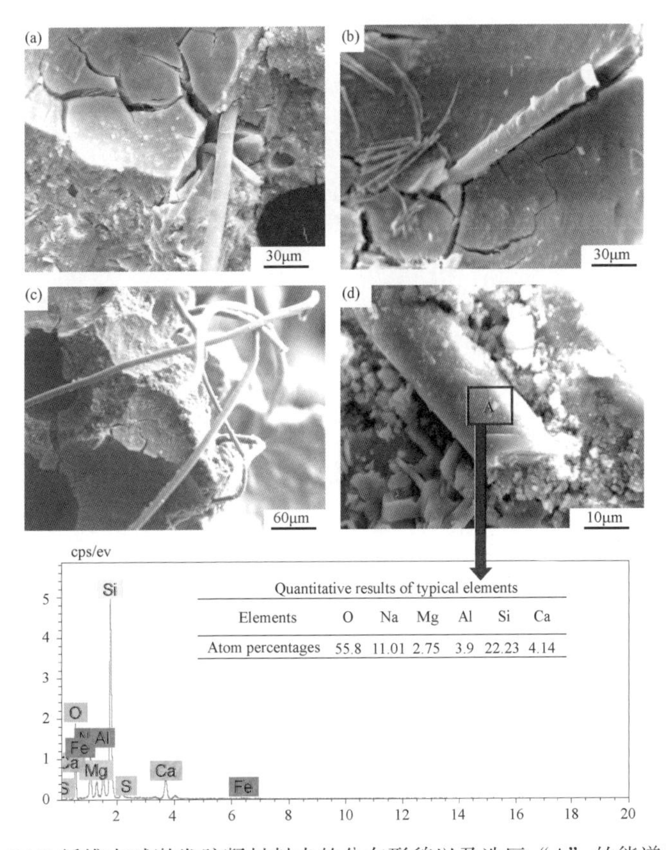

图 5.16 PAN 纤维在碱激发胶凝材料中的分布形貌以及选区“A”的能谱扫描结果

总之，纤维的掺入对碱激发泡沫材料的性能既有正作用，又有负作用，需要把握合适的工艺参数才能使得正作用大于负作用，从而提高材料的机械性能，提高材料的韧性。研究表明，当纤维长度为12mm，掺量为0.1%时，对碱激发泡沫材料的增韧和补强效果最佳。

5.3.5 碱激发粉煤灰基发泡材料的热性能

在前述对碱激发粉煤灰基泡沫材料的制备工艺研究结果的基础上，本节重点研究了优化工艺后的材料的耐热性能，主要包括材料的受热所发生的表观密度变化、强度变化、热收缩、热相变、微观形貌变化等。

1. 实验方案与流程

首先，激发剂质量配比依然为74.0% WG + 10.8% NH（s） + 15.2wt.%去离子水，提前配制，静置24h后使用。然后，按照实验方案配比进行浇模成型，60℃密封养护24h后拆模。分别取三块最优配比的样品试块放于200℃、400℃、600℃、800℃和1000℃的温度下热处理1h，所得样品分别为S-200、S-400、S-600、S-800、S-1000，未做热处理的试块为S-W。待试块自然冷却后，用游标卡尺量取轴向与横向的尺寸，称其质量，然后进行抗折与抗压强度测试。最后，再对产品进行其他表征。

具体实验方案设计见表5.9。

表5.9 实验配比方案设计

Specimen	Heat exposure（℃）	CFA（g）	AA（g）	Foam stabilizer（g）	H_2O_2（g）
S-W	—	300	390	5	20
S-200	200	300	390	5	20
S-400	400	300	390	5	20
S-600	600	300	390	5	20
S-800	800	300	390	5	20
S-1000	1000	300	390	5	20

2. 结果与讨论

如图5.17所示，对于试验制备的泡沫地质聚合物，随着热处理温度的升高，样品表观密度均先降低后增高。当焙烧温度达到1000℃时，样品表观密度达到600kg/m^{3}左右，相比原始的S-W表观密度（402kg/m^3），试样有着大幅提升（提高约150%）。试样在200℃和400℃条件下热处理时，其表观密度降低的原因主要在于内部自由水和部分结合水的散失。而后表观密度增高，其主要原因在于地聚物在600℃之后发生了强烈的收缩，造成体积的减小（图5.20）。

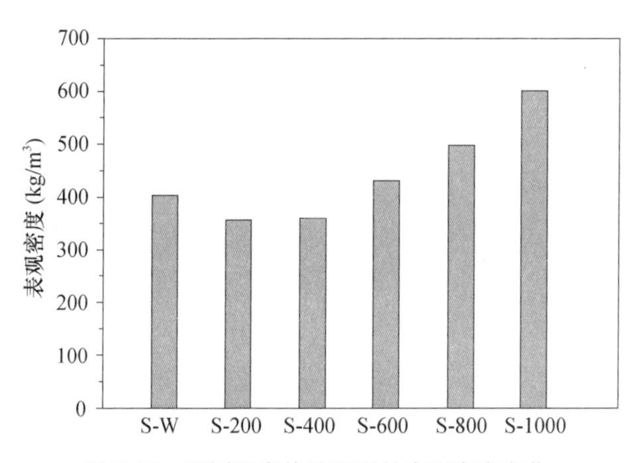

图 5.17　不同温度热处理后的表观密度变化

热处理后的强度结果见图 5.18。随着热处理温度的提高，抗折强度与抗压强度的变化保持了相当好的一致性：200℃时的强度最低，随后都增高。最低抗折和抗压强度分别约为 0.7MPa 和 1.9MPa，最高分别为 1.45MPa 和 3.4MPa，相比于未经烧结时的强度均有明显提高。在较低温度下（低于 400℃）处理，强度下降的原因在于地聚物内部的自由水和结合水散失后造成基质的收缩，进而发生一定的开裂现象，从而强度有所下降。而当温度升高到 600℃以上时，地聚物基质在热的作用下开始发生“熔融”等行为，地聚物体系结合力得到了增强，从而强度得到了提高。尤其是当温度达到 800℃以上时，地聚物体系状态开始由无定形态向晶态转变［图 5.21（c）（d）］，强度因此而变得更高。

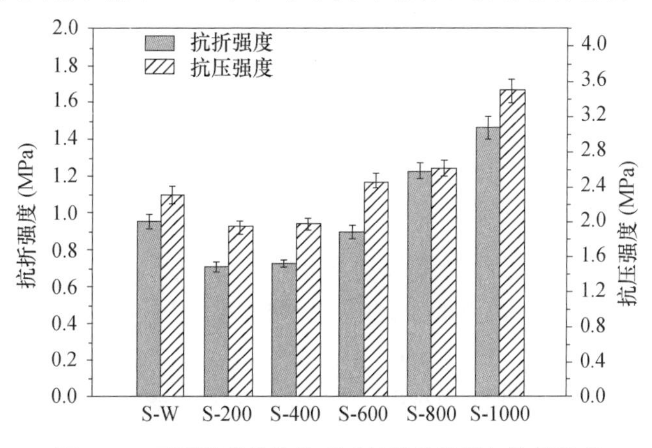

图 5.18　不同温度焙烧处理后的样品抗折与抗压强度

图 5.19 为泡沫地质聚合物经过不同温度处理后的 XRD 图。从图中可以看出，在 S-W 的 XRD 图谱中，20°～40°（2θ）处存在的“鼓包”是地质聚合物主要产物——无定形 N-S-A-H 等凝胶的标志，表明本研究成功制备了地质聚合物。经过热处理之后，低于 60℃时，地聚物

(S-200，S-400）的 XRD 图谱相比于未经热处理的试样（S-W）基本对应，表明其物相基本没有变化，即 600℃以下的温度对于地质聚合物体系没有太大的影响，仍然以无定形态的地聚物 N-S-A-H 凝胶为主。当温度达到 600℃时，物相开始发生变化，20°~40°（2θ）处的“鼓包”峰开始消失，但此时的变化还不明显。而当焙烧温度达到 800℃及以上时，物相发生了明显的变化。地质聚合物体系的无定形态逐渐消失，取而代之的是更加稳定的结晶态，出现的主要晶体有霞石、天青石、方钠石，以及少量的沸石。XRD 的检测结果与 SEM 所呈现的图像变化是一致的。在 1000℃以上的高温焙烧地质聚合物出现了大量的晶体，可表明由粉煤灰地聚物制备陶瓷材料的可能性。

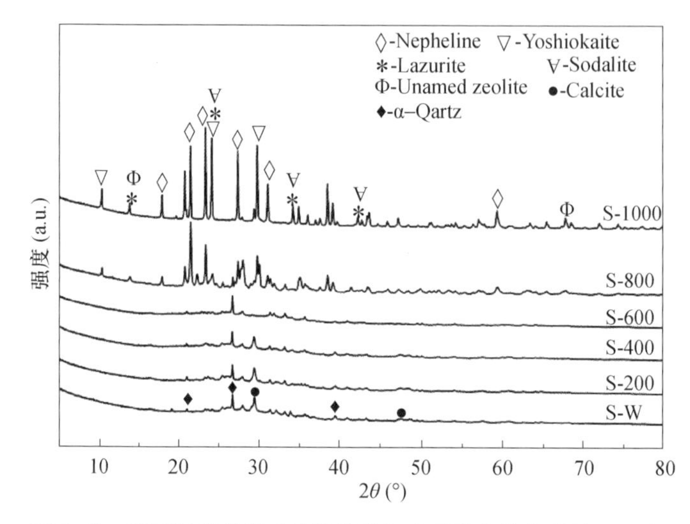

图 5.19　不同温度处理后的纤维增韧地质聚合物样品的 XRD 图

图 5.20（a）所示为粉煤灰泡沫地聚物的热重与差示扫描量热曲线图。由地质聚合物的 DSC 曲线可以看出，其在受热过程中主要体现出了一个吸热峰（室温~270℃，峰值出现在约 120℃处）和一个宽广的放热峰（300~950℃，峰值出现在 600℃左右），相似的结果也出现在 Candamano 和 Škvára 等人的研究中。吸热峰处的质量损失主要是由于表面吸附水和内部微孔中驻留的自由水的散失，宽广的放热峰区间则对应地聚物凝胶受热所发生的复杂化学反应。由此可以看出，虽然经过 28d 的自然干燥，但地质聚合物内部仍然存在大量的自由水分（约 12%），这与 200℃热处理后表观密度显著下降的结果是吻合的。

图 5.20（b）为 PET-FRG 试样在不同的温度处理下的热收缩情况。很显然，纤维增韧地聚物在不同温度条件下表现出了强烈的收缩现象，温度高于 400℃之后收缩尤其严重。换而言之，发泡地聚物在 400℃之后的收缩是最明显的，这与 XRD、SEM，以及表观密度的测定结果是一

致的。由图5.20可以看出，试样在轴向方向上的收缩略低于径向方向上的收缩，经过1000℃的温度处理后，两者最大收缩分别约为14%和18%。从体积收缩来看，1000℃热处理后，体积收缩达到最大，可高达44%，这也从另一方面验证了较高温度（800℃和1000℃）处理后的地聚物表观密度会明显升高（图5.17）。

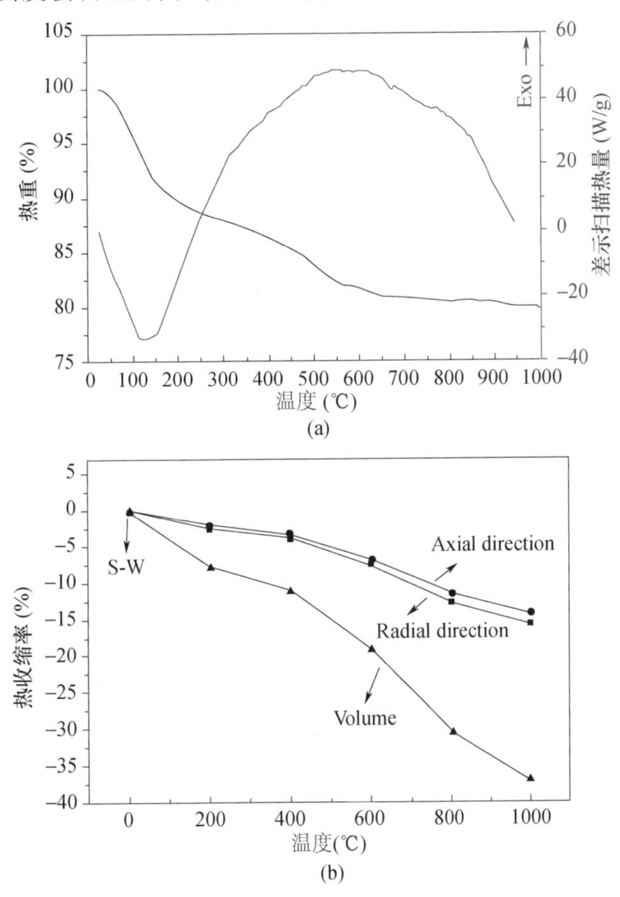

图5.20　热性能：（a）热重与差示扫描量热曲线图；（b）地聚物样品轴向和径向的热收缩变化图

为了能够更为科学地了解粉煤灰地质聚合物在不同温度下热处理后的形貌演变，对热处理后的系列样品进行粉磨处理，然后进行SEM扫描得到其颗粒形貌图，如图5.21所示。由图（a）和（b）对比可以看出，经过碱激发地质聚合反应，粉煤灰原始的颗粒被激发而参与反应，形成了图（b）所示的由无数纳米尺寸的小颗粒组成的地聚物凝胶——N-A-S-H凝胶。S-200和S-400的样品颗粒与未经热处理的S-W的颗粒具有很相似的形貌，表明地质聚合物体系在400℃的温度及以下是稳定的，这与XRD分析的结果是一致的。然而，当温度超过600℃之后，其样品的颗粒形貌发生较大变化，原来存在的纳米尺寸的凝胶产物逐渐消失，颗粒变得密实，这表明当地聚物的无定形态在600℃开始消失，而结晶态开始形成。温度越高，则结晶相产物越多。因此，可以断定，地质聚合物主要产物（即N-A-S-H凝胶）在温度高于600℃时开始分解而逐渐形成各种晶形状态，产物逐渐由无定形态向晶态方向转变。这与XRD图谱显示的结果是一致的。

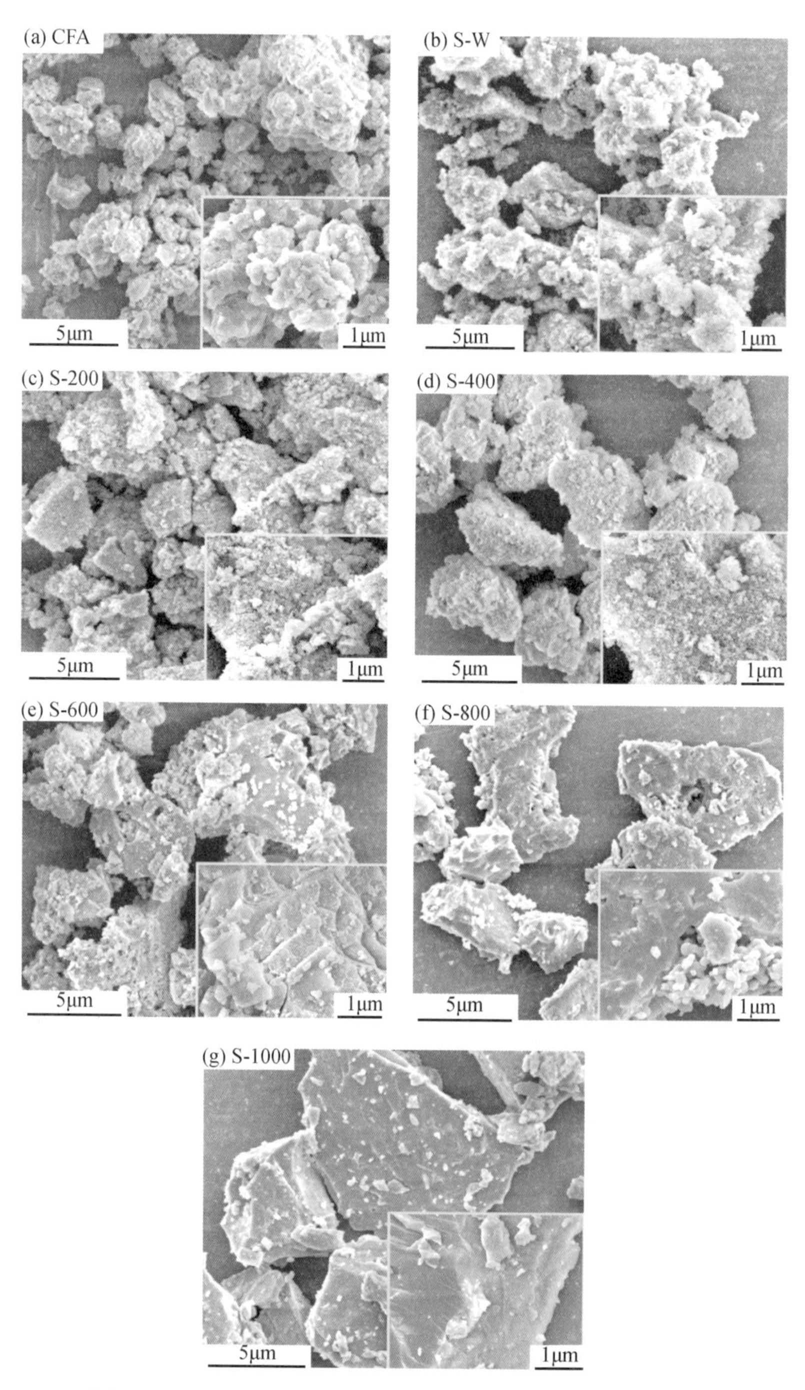

图5.21　不同温度热处理的粉煤灰泡沫地聚物颗粒的SEM图

5.3.6　小结

本节主要为粉煤灰基泡沫材料的基础工艺研究，主要内容和结论如下：

（1）针对本课题选用的 CFA，当碱激发反应体系的 NaOH 浓度为 4mol/L，SiO_2/Al_2O_3物质的量之比为 3.4 左右时，对应碱激发泡沫材料性能最佳。NaOH 浓度主要的影响机制在于其浓度高低可以控制粉煤灰中元素的浸出速率和程度，进而影响碱激发胶凝材料的性能；而 SiO_2/Al_2O_3物质的量之比则主要影响产物体系的化学组成和聚合程度，从而影响材料的性能。

（2）养护时间和养护温度对碱激发泡沫材料的性能也具有很大的影响。研究结果表明，养护时间主要影响产物的物相组成，养护时间过低，则无定形态的 C，N-A-S-H 凝胶物相产量少，产品强度不高；养护温度则主要影响泡沫材料的泡孔结构，从而对材料性能产生影响，过高的养护温度会破坏泡孔结构，对材料的性能产生负作用。

（3）发泡剂是碱激发胶凝材料形成轻质多孔材料的关键。发泡剂掺量的多少直接决定了碱激发泡沫材料的孔隙率和表观密度，从而对其机械强度和导热性能产生影响。

（4）碱激发泡沫材料具有韧性差的缺陷，通过有机纤维的增韧，可以明显提高材料的韧性。研究结果表明，三种纤维对碱激发泡沫材料的强度和抗折弹性模量的提高规律是一致的，提高大小顺序为：PAN > PET > PP；当纤维掺量为 0.1%，纤维长度为 12mm 时，碱激发泡沫材料的抗折弹性模量达到最高，约为 0.074GPa，较不掺纤维的空白组提高约 172%。

（5）对碱激发粉煤灰基泡沫材料进行热处理，强度和表观密度均显示出了先降低后增高的态势。XRD、TG、热收缩，以及 SEM 等结果均表明，地质聚合物体系在低于 600℃ 的温度环境中是稳定的，高于 600℃的温度会使地聚物体系发生熔融，并从无定形态向晶态转变。当温度高于 800℃时，无定形态凝胶逐渐消失，体系中的晶相明显增多，这揭示了由碱激发胶凝材料体系制备陶瓷的可能性，但温度过高会引起体系的严重收缩现象。

5.4　地质聚合物发泡材料的高性能化研究

基于前述对碱激发粉煤灰基发泡材料研究，本节在其最佳制备工艺参数的基础上进一步进行工艺的优化，以实现材料的高性能化。立足于本课题的泡沫保温材料的研究初衷，本节所提的高性能化主要着重于实现材料的轻质高强和低热导。本节的主要内容包括：（1）通过向碱激发体系中引入硬脂酸盐，实现对孔结构的优化与调整，从而提高机械强度和降低导热系数；（2）通过引入惰性的中空玻璃微珠作为轻质集料，实现发泡材料表观密度的超低化、机械强度的提高，以及导热系数的进一步降低；（3）通过大量的对比实验，研究了孔结构和惰性集料对于碱激发粉煤灰基泡沫材料的性能影响机制，建立了“孔结构—强度—导热系数”三者之间的影响机制模型。

5.4.1 图像模拟分析法介绍

由于实验所制备的泡沫材料多为孔径大于 1mm 的宏观大孔，通过 BET 氮吸附和 MIT 压汞法的测量方式很难进行孔隙率和闭孔率的测量，故本次实验对孔结构和孔隙率的分析都是基于图像模拟分析法的方式进行测量。本章首先对实验所采用的图像模拟分析法进行介绍。

1. 孔隙率和通孔率的界定

以图 5.22 所示泡沫材料样品为例，孔隙率就是指发泡材料的泡孔体积占整个发泡材料体积的百分数，我们以符号“η_P”（porosity 的简写）进行表示。本节所定义的通孔率是指所有通孔孔口的面积大小占总的泡孔表面积的百分数，通孔率是在二维图像层面上进行模拟和估计测量所得，并非精确测量。通孔率以字母“η_{OP}”（open porosity）进行表示，图中箭头所指即为通孔（或连通孔）。

图 5.22　泡沫材料样品数码照片

2. 图像模拟分析法测量流程

所谓图像模拟分析法，实际上是基于图像的统计测量对三维材料进行模拟分析的方法，本节所进行的模拟分析只是对泡孔的形状、孔径以及面积进行简单的转化和测量。由于所制备的材料为三维泡孔结构材料，而所采用的图像模拟分析法是二维层面上的测量和分析，因此，为了减少测量误差，更加精确地反映三维材料的孔隙率和孔结构特征，图像处理之前需要对样品进行一定的处理。具体的实验流程如下：

（1）样品材料的处理。首先，按照次序分别采用1200目和2500目的砂纸对发泡材料样品进行打磨处理，使图像采集表面基本处于一个平面上；然后，通过空气压缩机产生的高压气流对样品表面进行清洁，以清除表面残留的粉体。

（2）图像的采集。使用高清数码相机（微距镜头）对处理过的样品表面进行图像采集。

（3）图像的处理和模拟。根据样品图像中的泡孔和通孔区域的形状和大小，使用Photoshop软件分别以不同颜色和不同大小的椭圆进行贴合覆盖，孔壁区域以另一种颜色覆盖。

（4）图像分析。运用Image-Pro Plus软件中的“measurement”和“count/size”功能对处理过的图像进行测量和计算，主要包括孔隙率、通孔率、孔径尺寸等。

图5.23所示为样品模拟前后的图片。

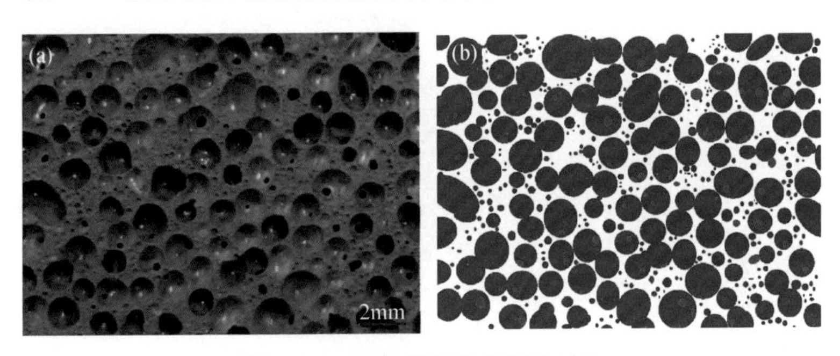

图5.23　样品模拟前后图片对比

图中深色区域代表泡孔区域（不包含通孔部分），浅色区域代表通孔区域，白色背地区域代表孔壁区域。由此图像就可以估算三维泡孔材料的孔隙率（η_P）、通孔率（η_{OP}）以及孔径的尺寸分布等。计算公式如下：

$$\eta_P = \frac{深色区域面积 + 浅色区域面积}{图像总面积} \times 100\%$$

$$\eta_{OP} = \frac{浅色区域面积}{深色区域面积 + 浅色区域面积} \times 100\%$$

5.4.2 十二烷基苯磺酸钠稳泡剂对孔结构的优化

1. 实验方案与流程

如前所述，十二烷基苯磺酸钠（SDBS）稳泡剂按照质量比 SDBS：TEA：去离子水 = 1%：0.8%：98.2% 的配比进行配制。激发剂的配比依旧选择 74.0% WG + 10.8% NH（s）+ 15.2% 去离子水。需要注意的是，由于 SDBS 稳泡剂为溶液，其对泡孔的调控效果理论上应该与其浓度有关，故 SDBS 稳泡剂的掺量以激发剂的质量百分数进行计算。然而，发泡剂对胶凝材料起发泡膨胀的作用，所以 H_2O_2 的掺量是以 CFA 的质量百分数进行换算的。

实验设计了 3 个不同表观密度等级的系列产品（SA 系列、SB 系列和 SC 系列），每个系列产品又通过改变稳泡剂的掺量来实现其孔径结构的改变和对比，具体配比方案如表 5.10 所示。

表 5.10 实验方案设计

Lable	CFA（g）	SDBS-F. S.（%）	AA/CFA	H_2O_2（%）
SA-1	100	1.5	1.16	4.4
SA-2	100	2	1.16	4.4
SA-3	100	2.5	1.16	4.4
SB-1	100	1.5	1.16	3.7
SB-2	100	2	1.16	3.7
SB-3	100	2.5	1.16	3.7
SC-1	100	1.5	1.16	2.5
SC-2	100	2	1.16	2.5
SC-3	100	2.5	1.16	2.5

注：SDBS-F. S.：十二烷基苯磺酸钠基稳泡剂，其掺量以激发剂质量百分数计；
H_2O_2：其掺量以 CFA 的质量百分数进行换算。

2. 结果与讨论

（1）孔隙率与孔结构分析结果

图 5.24 展示了不同稳泡剂和发泡剂掺量下的样品泡孔宏观形貌。当发泡剂掺量相同时（横向对比），可以看出，随着 SDBS 掺量的增加，所制备出的泡沫材料的泡孔尺寸逐渐递减：SA-1 > SA-2 > SA-3，SB-1 > SB-2 > SB-3，SC-1 > SC-2 > SC-3；当稳泡剂掺量一致时（竖向对比），随着发泡剂掺量的减少，所得材料的泡孔尺寸则逐渐减小：SA-1 > SB-1 > SC-1，SA-2 > SB-2 > SC-2，SA-3 > SB-3 > SC-3。由此可见，稳泡剂和发泡剂的掺量对碱激发泡沫材料的泡孔尺寸均有重要影响，同一制备条件和配比下，SDBS 稳泡剂掺量越多，泡孔尺寸越小；发泡剂掺量越多，则泡孔尺寸越大。

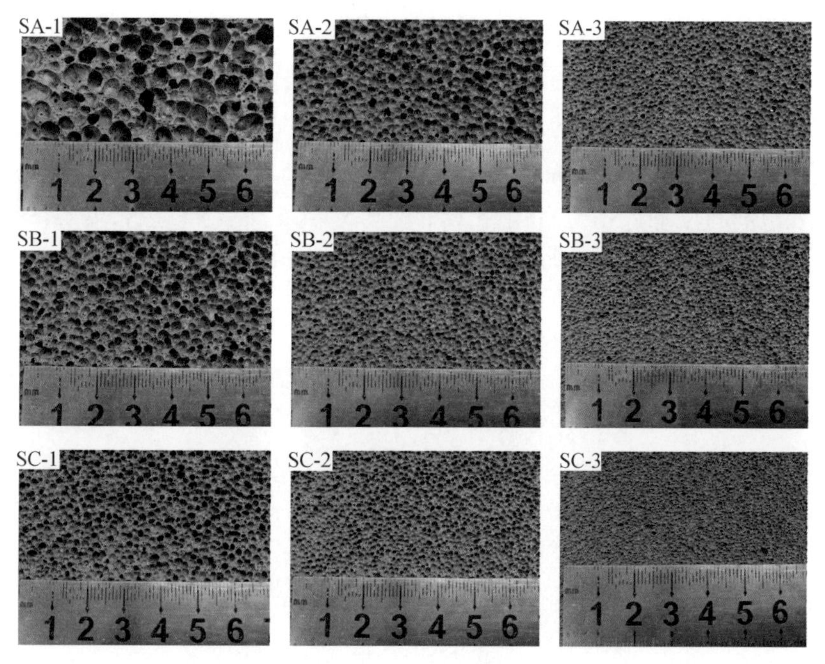

图 5.24　不同对比组泡沫材料的宏观形貌图

上述材料的泡孔尺寸大小和孔径分布情况，通过本章的图像模拟分析法进行拟合和统计计算，具体可见下文。

图 5.25 展示了不同实验对比组样品对应的孔隙率、通孔率以及平均孔径的变化曲线图。实验设计的三个不同系列的样品：SA 系列、SB 系列和 SC 系列，其分别对应三个表观密度级别。从图 5.25（a）可以看出，三种系列的样品，其整体表现出的孔隙率大小关系为：SA > SB > SC，表明碱激发泡沫材料的孔隙率随着发泡剂掺量的增多而逐渐增大，这是毋庸置疑的。只不过，当发泡剂掺量高到一定程度时，其掺量的增多对孔隙率的提高变得很微弱（如 SB 系列到 SA 系列，孔隙率提高很小）。另外，对比同一系列的不同对比组，可以看出：随着 SDBS 稳泡剂掺量的增多，对应材料的通孔变多，通孔率逐渐变大（SX-3 > SX-2 > SX-1，X = A/B/C）。SA 系列孔隙率最大，可达 70% ~75%，通孔率最大为 7.2%（SA-3）。

另一方面，如（b）图所示，可以看出，当发泡剂掺量相同时（同一系列样品），随着 SDBS 稳泡剂掺量的增多，通孔率逐渐升高，而孔径尺寸逐渐变小，通孔率与孔径尺寸存在明显的反比例关系。分析其原因，我们认为在于稳泡剂的掺量对于泡孔的控制作用：稳泡剂掺量的增多导致了碱激发体系溶液表面张力的下降，从而使得发起的泡沫在液泡表面张力临界值时破裂，即使得泡孔尺寸变小；孔径尺寸的变小，使得发起的泡沫容易破裂，从而使得通孔率升高。因此，从理论上进行分析，SDBS 稳泡剂的掺量增多导致泡沫孔径尺寸的下降，而孔径尺寸的下降则导致了通孔率的提高，这是逐渐深入的因果关系。对比同一稳泡剂掺量而不同发泡剂掺量的对比组，可以看出，发泡剂掺量越多，则孔径逐渐变大，通孔率也逐渐提高。另外，可以从图 5.25 中读出：通过稳泡剂和发泡剂的合理配比，可将泡孔尺寸在 0.5 ~4.5mm 之间进行调控，SA-1 孔径尺寸最大，可高达 ~4.5mm，SC-3 孔径尺寸最小， ~0.7mm。

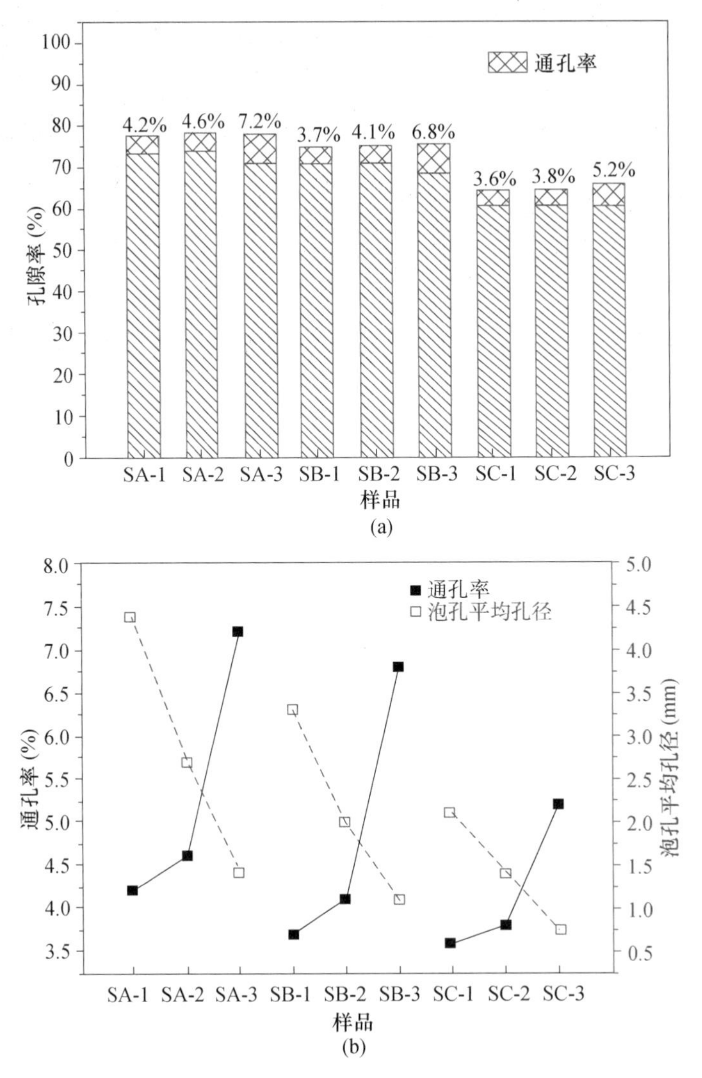

图 5.25　不同实验对比组样品的（a）孔隙率与通孔率对应关系图；（b）通孔率与泡孔平均孔径的对应关系图

（2）孔隙率与孔结构对材料性能的影响

本章主要研究了泡沫材料的三个基础性能：表观密度、机械强度、导热系数。为了便于分析其中的影响机制，我们先从理论上进行分析。在本实验的对比条件下，可以认为主要是孔隙率、孔径大小分布、孔的连通性（通孔率）以及孔的形状这四个参数对上述性能造成影响。其中，通过本实验对样品的图像分析和SEM分析可知，材料的孔结构都是接近于圆球形的泡孔，故本实验认为孔的形状对材料的性能影响可以忽略，不作考虑。另外，在同一配比条件下，也可以很容易从理论上分析得出：（1）材料的表观密度只取决于材料的孔隙率；（2）机械强度与孔隙率、孔径大小以及通孔率都相关；（3）材料的导热系数与孔隙率、孔的大小以及通孔率相关。因此，以下主要从这三个性能的影响机制进行探讨。

图5.26所示为碱激发粉煤灰泡沫材料的表观密度与孔隙率之间的对应关系。本次实验所设置的对比组均为同一配比，只改变了发泡剂与SDBS稳泡剂的掺量，所以理论上材料的表观密度与孔隙率呈线性关系。经过拟合，材料的表观密度确实与孔隙率呈现一次函数的线性关系，拟合方程为：$y = 1525.96 - 15.7x$，方差为0.9606，线性相关性很强。这表明，本研究所采用的图像拟合处理法对于孔隙率的拟合数据较为准确，该方法可行。另外，在本实验的材料配比条件下，通过该拟合得到的方程，可以：①根据材料表观密度数值，推算出该种材料的孔隙率数值；②根据对材料孔隙率数值的测量，可以反推出材料的表观密度；③也可以根据实测孔隙率与表观密度的数值，检验拟合方程的正确性。毫无疑问，根据该拟合方程，我们可以推算出孔隙率为零，即不发泡的密实材料（理论上）的表观密度约为1526kg/m^3，这与碱激发密实胶凝材料的实测密度1594kg/m^{3}非常接近，证实本研究所用图像拟合处理法的科学性与较高的准确性。

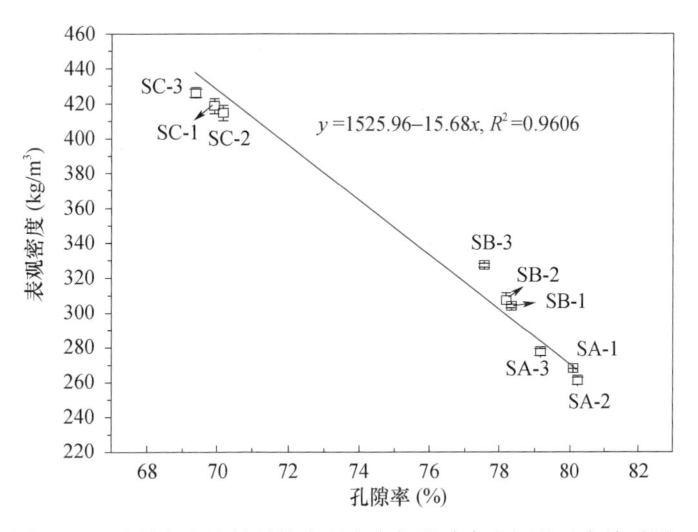

图5.26 碱激发泡沫材料的表观密度与孔隙率之间的对应关系图

然而，需要指出的是，由于本研究所采用的图像拟合处理法很难对微观孔和毛细孔进行拟合处理，只是对宏观可见的泡孔进行拟合和近似代替，因此，理论上存在一定的误差，并非十分准确，只可用于参考。

图 5.27 展示了碱激发泡沫材料样品的抗压与抗折强度变化趋势图。首先，对比不同系列的样品（SA 系列、SB 系列、SC 系列）可以看出，从 SA 系列到 SB 系列，再到 SC 系列样品，材料的抗压强度与抗折强度逐渐提高。我们知道，三个系列的样品代表了三个表观密度级别的样品，即三个孔隙率级别（图 5.26）的样品。因此，可以得出：材料的强度随着材料孔隙率的升高而逐渐降低，这是毋庸置疑的。对比同一系列的不同样品可以看出，其强度也发生了较为明显的变化，尤其是抗压强度。根据前述分析，同一系列的样品，其孔隙率相差不大，主要差别在于材料的通孔率和孔径尺寸，而通孔率与孔径尺寸又存在着一定的因果关系。因此，通过对比可以得知，在孔隙率相同的情况下，材料的通孔率越高，则强度越低；反之，强度越高。由此可以看出，发泡材料的机械强度既与孔隙率相关，又与通孔率和孔径分布有关，其中孔隙率又是主要的影响因素。

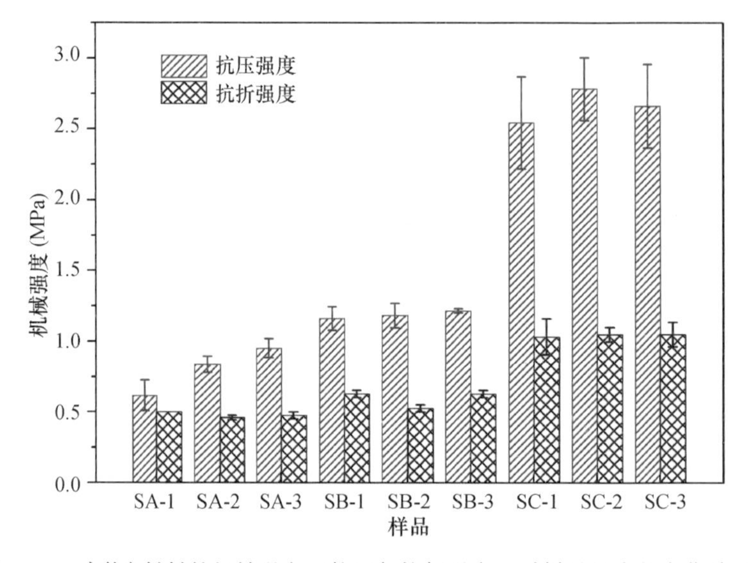

图 5.27　碱激发材料的机械强度（抗压与抗折强度）随样品批次的变化关系图

图 5.28 为材料的导热系数与对应的样品批次的关系柱状图。根据前述分析，材料的导热系数应该与材料的孔隙率、孔径分布以及通孔率都有关系。从理论上分析，材料的孔隙率越大，通孔率越低，则导热系数越低；反之，孔隙率越小，通孔率越高，则导热系数越高。由图 5.28 可以看出，SA 系列样品导热系数最低，在 0.08 ~ 0.085W/(m·K) 之间，保温性能最好；SC 系列样品导热系数最高，在 0.105 ~ 0.118W/(m·K) 之间，其保温性能最差。由此可以看出，孔隙率可以明显影响材料的导热系数，孔隙率越高，则导热系数越低。

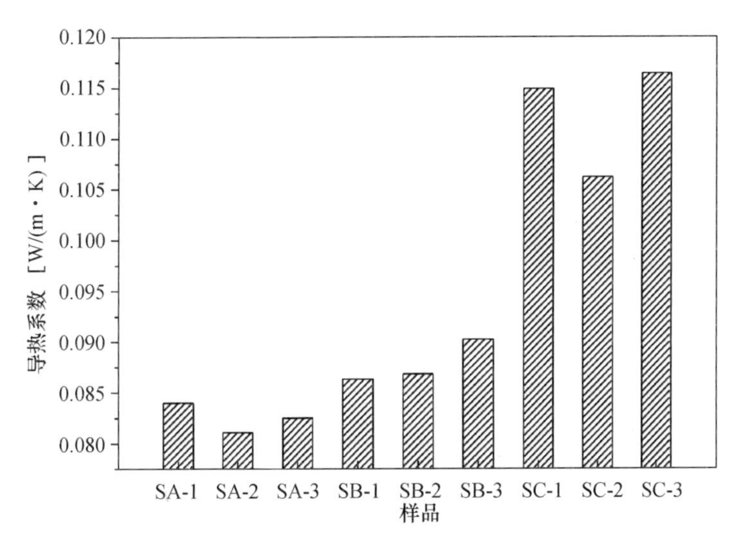

图 5.28 样品的导热系数变化趋势图

然而，对比同一系列的不同组可以看出，SA-2、SB-2、SC-2 分别在其系列样品中导热系数最低。分析其原因，我们认为可以从两个方面给予合理解释：(1) 孔径越大，则热量在泡沫材料中传递的过程需要穿过的屏障越少，则导热系数就会越高；反之，孔径越小，则热分子穿越的屏障就会越多，导热系数则越低；(2) 通孔率越高，则热分子就会直接通过破孔而传导给下一个泡孔中的分子，引起其热振动，而无须穿越泡孔壁的屏障，从而导热系数越高；反之，导热系数越低。基于此两方面的原因考虑，我们认为（以 SA 系列为例）：虽然 SA-1 通孔率较小，但其孔径较大，孔径尺寸的影响使得其导热系数变高；而 SA-3 虽然孔隙率较小，但通孔率却明显很高，通孔率的作用使得其导热系数变高。综合两个方面的原因，SA-2 的导热系数最低。同理，SB-2、SC-2 在其相应的系列样品中表现的导热系数最低。

综合本实验的研究结果，可以看出，SDBS 稳泡剂可以实现泡孔结构的有效调控。从材料的机械强度与导热系数可以分析，当 SDBS 稳泡剂掺量为 2% 时，材料的性能最优。然而，SDBS 稳泡剂对孔结构的封闭性和强度的提高没有明显作用，所得材料通孔率较高，强度较低。因此，稳泡剂尚需进行改进。

5.4.3 硬脂酸钙稳泡剂对孔结构的优化

根据前面对碱激发泡沫材料的研究可以看出，虽然以十二烷基苯磺酸钠为主的稳泡剂获得的碱激发泡沫材料具有良好的孔径分布，但是其泡孔多为连通孔，且孔径较大［图 5.24（a）］，不适合实现材料的轻质与高强。经过反复尝试，我们发现，将硬脂酸钙作为一种外加剂掺入到碱激发胶凝材料中，也可以实现材料泡孔结构的优化，使泡孔的分布更加均匀，材料也多为封闭孔。因此，本节以硬脂酸钙作为稳泡剂，研究其掺量对于碱激发材料泡孔结构的影响。

1. 实验方案与流程

本次实验以硬脂酸钙为稳泡剂，研究了两种稳泡剂对于不同表观密度（或孔隙率）的碱激发泡沫材料的孔结构的影响，以及对应材料的性能变化。激发剂的质量配比依旧选择 74.0% WG + 10.8% NH（s）+ 15.2% 去离子水。

同理，本实验依然设计了 3 个不同表观密度等级的系列产品（CA 系列、CB 系列和 CC 系列），通过改变硬脂酸钙的掺量对相应产品的孔结构进行调控，具体配比方案见表 5.11。

表 5.11　实验方案设计

Lable	CFA（g）	Calcium stearate（%）	AA/CFA	H_2O_2（%）
CA-1	100	0.25	1.16	6.3
CA-2	100	0.5	1.16	6.3
CA-3	100	1	1.16	6.3
CB-1	100	0.25	1.16	5
CB-2	100	0.5	1.16	5
CB-3	100	1	1.16	5
CC-1	100	0.25	1.16	3.2
CC-2	100	0.5	1.16	3.2
CC-3	100	1	1.16	3.2

注：表格中硬脂酸钙（calcium stearate）和 H_2O_2 的掺量均以 CFA 的质量百分数计。

值得注意的是，由于硬脂酸钙具有憎水的性能，随着硬脂酸钙掺量的增多，会造成新拌浆体流动性变差的现象。因此，我们在实验过程中需要及时进行调整，往往是需要额外加入少量的水进行浆体工作性的调节。

2. 结果与讨论

（1）孔隙率与孔结构分析结果

图 5.29 展示了本次实验所设计的对比组产品的孔隙率、通孔率以及孔径尺寸的变化趋势图。首先，从整体上对比不同系列的样品，即从整体上对比 CA 系列、CB 系列与 CC 系列的样品参数。根据之前的实验设计（表 5.11），我们知道：三个系列对比，其区别在于发泡剂掺量的不同，从 CA 系列到 CB 系列，再到 CC 系列产品，发泡剂掺量逐渐降

低。因此，根据图5.29可知，随着发泡剂掺量的减少，对应的孔隙率、通孔率以及孔径大小也是逐级降低的。从另一方面，对比同一系列的不同产品，可以看出：（1）孔隙率基本保持不变，这表明孔隙率与硬脂酸钙的掺量无关，只与发泡剂掺量相关；（2）通孔率随着硬脂酸钙掺量的增加而逐渐升高，但是变化幅度较小（以CA系列为例：CA-1、CA-2、CA-3产品的通孔率分别为~3.1%、~3.3%、~3.6%）；（3）孔径尺寸随硬脂酸钙掺量的增多而逐渐降低，且下降幅度较大。根据5.4.2节对SDBS稳泡剂的研究结果分析，我们同样可认为，硬脂酸钙掺量的增多导致孔径尺寸的下降，泡孔尺寸的降低进一步造成了通孔率的升高。

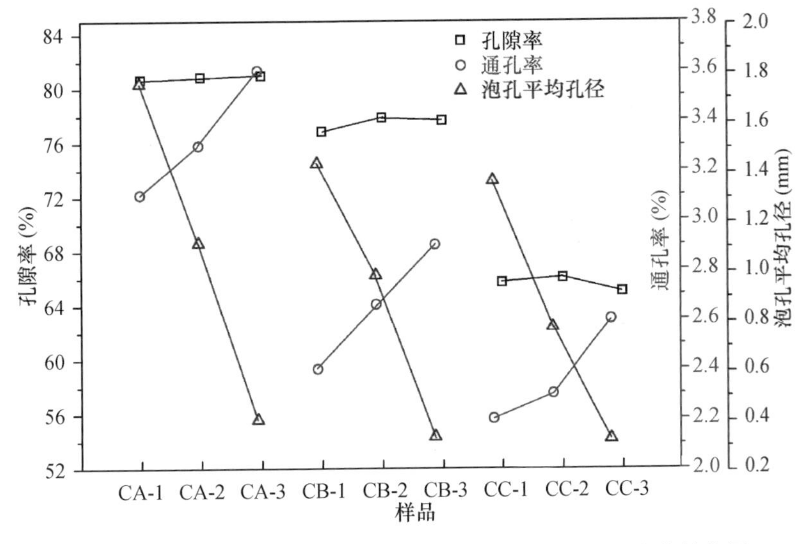

图5.29 不同系列样品的孔隙率、通孔率和孔径尺寸的变化趋势图

根据图5.29，可以知道本次实验制备的泡沫材料中，孔隙率最大约为81%（CA系列），孔径尺寸范围为0.2~1.8mm之间，通孔率变化范围为2.0%~3.6%。对比以SDBS为稳泡剂的研究结果可以看出，在同等材料的配比条件下，以硬质酸钙作为碱激发粉煤灰材料的稳泡剂，在实现孔隙率增大的同时，既可以降低泡孔尺寸，又可以明显降低通孔率，这对发泡材料的性能是非常有益的。

（2）孔隙率与孔结构对材料性能的影响

图5.30展示了碱激发粉煤灰泡沫材料的表观密度与孔隙率之间的对应关系。本次实验所设置的对比组均为同一配比，只改变了发泡剂与硬脂酸钙稳泡剂的掺量，所以理论上材料的表观密度与孔隙率呈线性关系。经过拟合，材料的表观密度确实与孔隙率呈现一次函数的线性关系，拟合方程为：$y=1487.65-14.87x$，方差为0.9966，线性相关性非常强。这表明，本次实验所采用的图像拟合处理法对于孔隙率的拟合数

据较为准确。另外，在本实验的材料配比条件下，通过该拟合得到的方程，可以推算出当孔隙率为零，即不发泡的密实材料（理论上）的表观密度约为1488kg/m³，这与5.4.2节得到的1526kg/m³在误差允许的范围内，表明本次实验数据是可靠的。所以，通过两次的拟合计算以及与实测数据的对比，可以认为5.4.2节与本节实验得到的拟合方程是合理的，可以通过得到的方程对孔隙率和表观密度进行推测和计算。然而，不容忽略的是，此数值也是在忽略了肉眼不可见的微观空隙的前提下得到的。

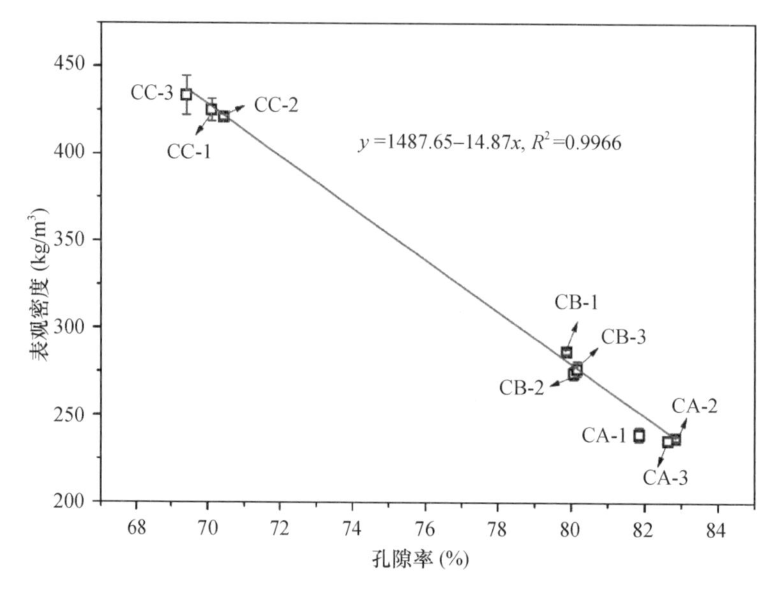

图5.30　碱激发泡沫材料的表观密度与孔隙率之间的对应关系图

图5.31展示了本实验所制备样品的抗压与抗折强度的变化趋势。从整体上可以看出，材料的抗压强度与抗折强度基本上保持了一致的变化趋势。首先，通过对比不同系列但同一型号的产品可以看出，材料的机械强度随着孔隙率的增大而不断降低：CA-x < CB-x < CC-x（x = 1，2，3），这是很容易理解的。另一方面，通过对比同一系列的不同型号产品可以看出，同一系列的产品中，机械强度高低的规律为CX-1 < CX-2 > CX-3（X = A，B，C），这与5.4.2节的结果是一致的。根据5.4.2节分析：泡孔尺寸越小，强度越高；通孔率越高，强度越低。两者的相互竞争作用导致了强度的变化趋势，CA-2、CB-2以及CC-2在各自的系列中表现出的强度最高。结合图5.30与图5.31，我们可以得出：在表观密度等级为230kg/m³左右时，最高抗压强度可达到～1.3MPa；在表观密度等级为270kg/m³左右时，最高抗压强度可达～1.5MPa；在表观密度等级为420kg/m³左右时，最高抗压强度可达2.75MPa。另外，对比5.4.2节中的孔隙率和强度结果（图5.25和图5.27）与本节中的孔隙

率和强度结果（图5.29和图5.31），可以看出，在相似或甚至更高的孔隙率条件下，以硬脂酸钙作为添加剂得到的产品，要比掺SDBS得到的产品的强度要高。其中的原因，我们认为主要在于，硬脂酸钙对于泡孔结构的调控效果要优于SDBS稳泡剂，可以明显降低通孔率，使泡孔分布更加均匀。

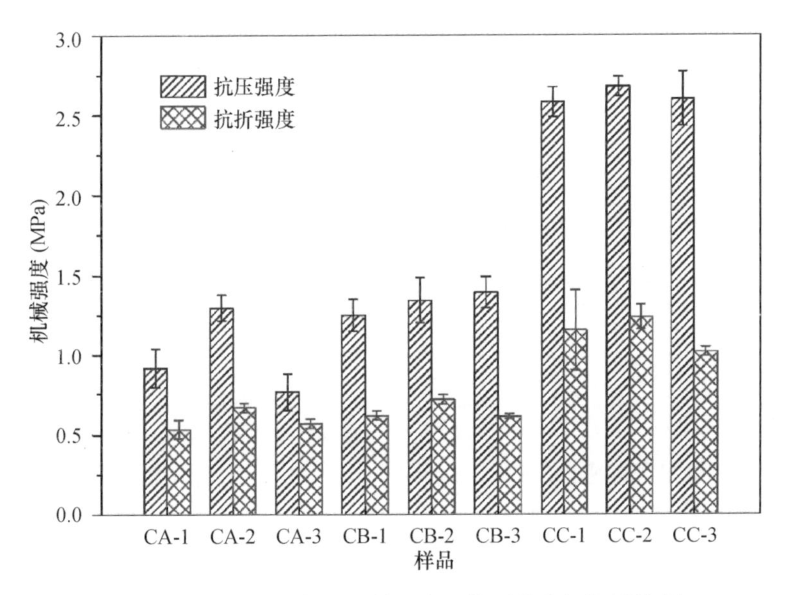

图5.31 碱激发材料的机械强度（抗压强度与抗折强度）随样品批次的变化关系图

如5.4.2节所分析，在材料配比相同的前提下，发泡材料的导热系数主要取决于材料的孔隙率、通孔率以及泡孔分布。图5.32展示了本实验所制备的不同系列、不同型号的样品的导热系数变化趋势。从整体上可以看出，各种产品的导热系数介于0.055～0.08W/(m·K)之间。随着孔隙率的升高，对应材料的导热系数则随之降低。通过对比图5.28同一系列SA、SB、SC系列样品，可以看出，CA系列样品的导热系数最小，保温性能最好，其性能优劣变化趋势与强度性能优劣变化趋势是相同的。因此，我们同样认为：材料的泡孔尺寸越小，导热系数越低；通孔率越小，则导热系数越低。故，以CA系列产品为例，CA-1产品的大孔是导致其导热系数较高的主要因素，而CA-3虽然孔径小，但通孔率较高，导致其导热系数也比CA-2略大。然而，由于本研究所采用的硬脂酸钙对泡孔的通孔率可以降低到很低的水平，同一系列不同型号的产品也相差不大，故CA-2与CA-3产品的导热性能也相差不大。

（3）孔结构形貌分析

图5.33展示了分别使用SDBS基稳泡剂和硬脂酸钙得到的泡沫材料

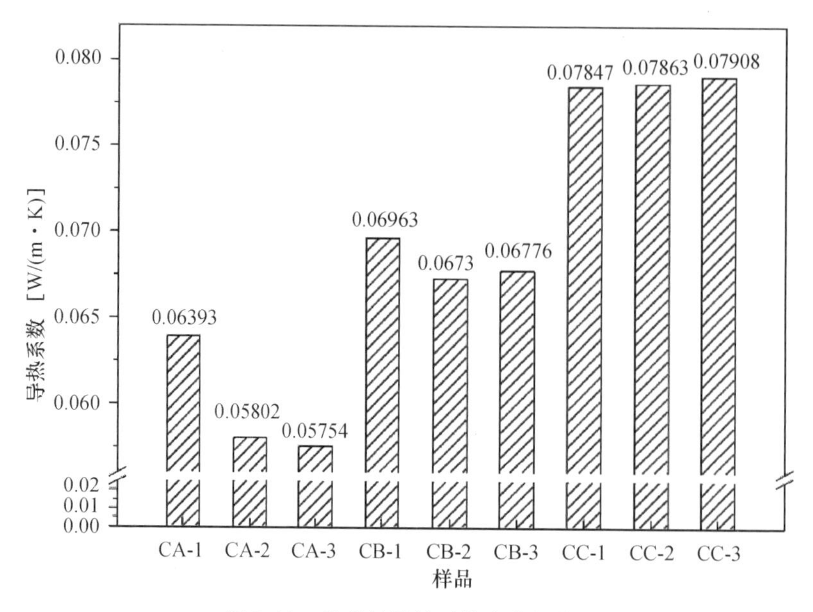

图 5.32　样品的导热系数变化趋势图

的孔结构 SEM 图。通过对比可以看出，以 SDBS 基稳泡剂制备的碱激发泡沫胶凝材料，其孔径分布不均匀，通孔较多，即通孔率较大，这可能是其对应产品性能较差的主要原因。反观以硬脂酸钙为稳泡剂得到的产品，其泡孔孔径较为均一，几乎无可见连通孔的存在，即通孔率很低。由此，我们可以看出，硬脂酸钙对于碱激发泡沫材料的泡孔的调节效果要优于 SDBS 基稳泡剂，是一种良好的稳泡剂。除此之外，硬脂酸钙还是一种优良的防水剂，掺入碱激发胶凝材料中还可以使得材料的防水性能得到提升，具有两全其美的效果。

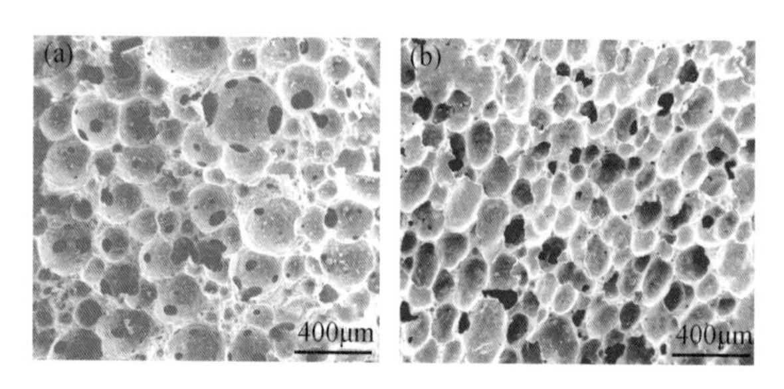

图 5.33　通过使用不同稳泡剂获得的相同表观密度等级（~380kg/m^3）的泡沫材料的孔结构的 SE 图：(a) SDBS 基稳泡剂；(b) 硬脂酸钙

5.4.4　HGB 掺杂的碱激发密实胶凝材料的制备与性能

类似于水泥混凝土材料，若要实现材料的轻质与高强，则所掺入的集料也应该为轻质的高强集料。中空玻璃微珠（hollow glass bubbles,

HGB）是一种内部中空、壳层很薄的“蛋壳”结构球形材料，其具有轻质高强的特性。将 HGB 作为集料掺入材料中，可以实现在强度损失很小的情况下，大大降低材料的表观密度，从而实现材料的轻质与高强。

1. 实验方案与流程

本次实验所采用的中空玻璃微珠为美国 3M 公司所产的 S38HS 型中空玻璃微珠，具体性能指标见表 5.12，SEM 形貌可见图 5.34。

表 5.12 S38HS 玻璃微珠的性能参数

项目	粒径	表观密度	压缩比	吸水率	导热系数	灼失率
单位	μm	kg/m^3		%	W/（m·K）	%
性能指标	5 ~ 20	100 ~ 180	<0.55	<84.50	0.035 ~ 0.054	≤0.5

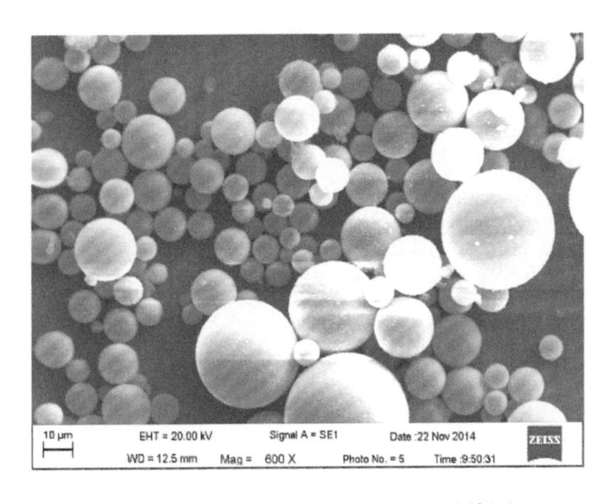

图 5.34 中空玻璃微珠 SEM 形貌图

为研究 HGB 作为集料对于碱激发胶凝材料的性能影响，本次实验以 HGB 作为轻质集料，制备出不发泡的 HGB 掺杂的碱激发密实胶凝材料，以单独研究 HGB 对于材料机械强度的影响。

值得注意的是，由于 HGB 颗粒较细，密度很低，单位质量的体积很大。当 HGB 作为轻质集料掺入碱激发反应体系中时，HGB 的掺入使得浆体的流动性很差。如果多加水，则会造成氢氧化钠浓度不够；如果一味地多加激发剂，则会造成激发剂的浪费以及整体 SiO_2/Al_2O_3 的提高。针对这一系列的问题，我们采取了如下的解决方案：

（1）水玻璃与氢氧化钠分开加入，不再事先混合与配制；

（2）单独配制不同浓度（4、6、8、10mol/L）的氢氧化钠溶液，后期再根据所添加的原料的总的含水量计算反应体系中氢氧化钠的实际浓度；

（3）水玻璃的掺量根据反应体系的 $SiO_2/Al_2O_3=3.4$ 进行计算。

表 5.13 为具体的实验方案。

表 5.13　HGB 掺杂的碱激发密实胶凝材料实验设计方案

Lable	CFA (g)	HGB (g)	HGB dosage (wt. %)	NH (aq) (g)	C_{NH}	WG (g)	W/B
C4-D30	280	120	30	120	4	261	0.96
C6-D30	280	120	30	128	6	261	0.96
C8-D30	280	120	30	136.5	8	261	0.96
C10-D30	280	120	30	145	10	261	0.96
C4-D40	240	160	40	180	4	230	1.25
C6-D40	240	160	40	192.4	6	230	1.25
C8-D40	240	160	40	205	8	230	1.25
C10-D40	240	160	40	217.4	10	230	1.25
C4-D50	150	150	50	170	4	140	1.57
C6-D50	150	150	50	182	6	140	1.57
C8-D50	150	150	50	194	8	140	1.57
C10-D50	150	150	50	206	10	140	1.57

注：1. HGB dosage：HGB 占 CFA 和 HGB 总质量的百分数；
　　2. C_{NH}：这里是指所配制氢氧化钠溶液的浓度（mol/L）。

2. 结果与讨论

（1）表观密度与强度

众所周知，材料的强度一般与其表观密度成正比，即：表观密度越高，强度越高；反之，强度越低。因此，材料的轻质性与高强性很难同时得到满足，轻质与高强材料也成为科学家们竞相追逐的目标。图 5.35（a）总结了国内外关于轻质高强（>5MPa，<1000kg/m^3）的无机非金属材料的已有研究成果，本实验研究成果也在其中。从（a）图可以看出，目前已有的研究报道中，能实现轻质高强特性的无机非金属材料主要分为：泡沫陶瓷、水泥基泡沫材料、泡沫地质聚合物材料、轻集料混凝土、轻集料地质聚合物等。其中，在同等的表观密度级别上，泡沫陶瓷材料的强度远高于其他类别的无机非金属材料。然而，本次试验制备的 HGB 掺杂的碱激发胶凝材料［（a）图中的五角星］，在同等的表观密度级别上，其强度与泡沫陶瓷材料的强度非常接近，具体情况可见图 5.35（b）。

图 5.35（b）展示了不同激发剂碱度条件和不同的 HGB 掺量下，所制备样品材料的抗压强度与抗折强度情况。结合表 5.13 与图 5.35（b），可以看出，不同的 HGB 掺量对应不同的表观密度级别，相同的 HGB 掺量对应相似的表观密度级别。当 HGB 掺量为 30% 时，对应的表观密度级别

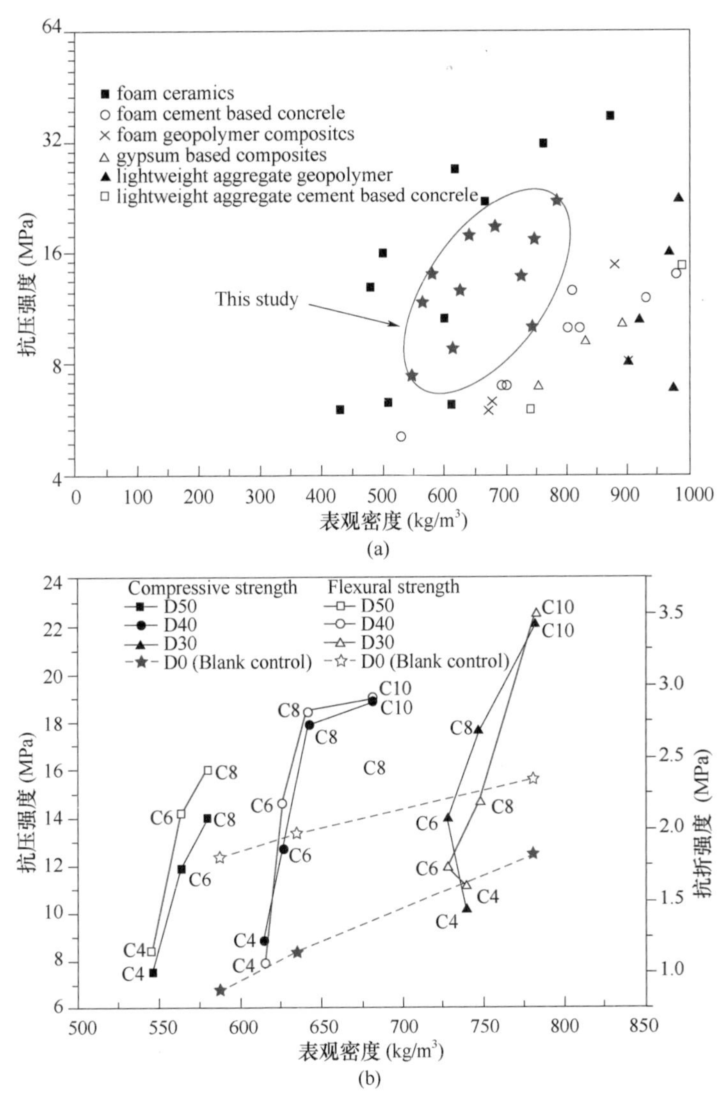

图 5.35 (a) 国内外有关轻质高强（>5MPa，<1000kg/m³）的无机非金属材料研究总结；(b) 本实验的不同对比组的强度-表观密度测试结果

在 725~775kg/m³；HGB 掺量在 40% 时，对应的表观密度级别在 610~650kg/m³左右；当 HGB 掺量在 50% 时，表观密度级别在 550~580kg/m³。毫无疑问，从整体上看出，材料的强度随着 HGB 掺量的上升而逐渐下降，即，随着表观密度的下降而逐渐下降。另一方面，通过对比同一 HGB 掺量下的产品可见，材料的强度随着激发剂体系所用碱液的浓度的升高而逐渐增高。然而，高浓度的氢氧化钠溶液对新拌浆体的工作性是不利的，尤其是当 HGB 掺量提高到 40% 以上时，材料变得黏稠而不容易浇模成型。因此，综合比较可以看出，三个表观密度级别的材料中，最优性能的分别为 C8-D50、C8-D40、C10-D30，对应的（抗压强度-抗折强度-表观密度）关系分别为：（14MPa，2.43MPa，580kg/m³），（17.9MPa，2.83MPa，

641kg/m^3）和（22.1MPa，3.5MPa，782kg/m^3）。另外，根据以上三个材料的配比，本试验还制备了相同表观密度级别的碱激发发泡材料作为空白对照组（HGB掺量为零），可见图5.35（b）中的五角星，空白组的强度远低于HGB掺杂的碱激发胶凝材料。这表明，在相同表观密度级别上，掺杂HGB是实现碱激发胶凝材料的有效手段。

（2）组成分析

图5.36展示了不同碱浓度的激发剂所制备材料的红外光谱图和XRD衍射图。在碱激发胶凝材料的红外光谱图中，1020～1060cm^{-1}的波数范围所对应的吸收峰为Si-O-T（T＝Si或Al）的不对称伸缩振动峰，这是碱激发胶凝材料的主要特征红外吸收峰。由图可见，随着碱浓度的提升，该特征吸收峰先增强后减弱，8mol/L和10mol/L的浓度对应的特征峰最强，表明此浓度下激发制备的材料中碱激发凝胶体系（C，N-A-S-H）含量最多。因而，此两种浓度下激发得到的材料性能最优，这与强度测试结果是一致的。另外，还可以看到，随着碱浓度的升高，对应的Si-O-T的特征峰逐渐向低波数位置偏转，这表明N-A-S-H凝胶产物逐渐增多。除此之外，可见波数为1430cm^{-1}的峰（O-C-O的伸缩振动峰）随着碱浓度的升高变得越来越明显，表明碱度的过高导致了碳化的加剧。

再来分析图5.36（b）中的XRD光谱图，可以看出，对于不同碱浓度激发得到的材料，其XRD衍射图的主要区别在于20°～40°（2θ）范围内对应的“鼓包峰”的大小。从前述分析我们知道，20°～40°对应的“鼓包峰”为碱激发胶凝体系中C，N-A-S-H凝胶产物的特征峰。因此可以看出，随着激发剂碱浓度的升高，对应无定形态凝胶产物相先增多后减少，8mol/L和10mol/L对应的峰面积最大，表明碱激发凝胶产物最多，这与强度检测结果以及红外测试结果也是一致的。另外，经过计算，本次研究掺入浓度为8mol/L和10mol/L的氢氧化钠溶液的实验组所对应的碱激发体系中的实际氢氧化钠浓度分别为～3.3mol/L和～3.9mol/L，这与前面章节中得到的最佳氢氧化钠浓度（4mol/L左右）的实验结果是一致的。

（3）微观结构分析

图5.37展示的是HGB掺杂的碱激发胶凝材料（选取C8-D40进行表征）的SEM图。从图5.37（a）可以看出，尽管HGB属于超轻质集料，在碱激发胶凝材料基质中可以实现均匀分布。再看图5.3（b）～（e），可以看出，HGB材料与碱激发胶凝材料基质可以完美紧紧地贴合在一起，且HGB在强碱性环境中没有受到碱性的侵蚀和破坏［图（c）～（e）］，

表明 HGB 完全可胜任做碱激发胶凝材料的集料。对于碱激发胶凝材料的基质，我们可以看出，其为无数纳米尺寸的颗粒所组成［图（c）～（e）］。如第 3 章所述，这些纳米颗粒即为碱激发体系中的无定形凝胶产物。对于 HGB，如图（d）所示，其泡壁非常薄，只有 0.2mm 左右，这种类似于“鸡蛋壳”的薄壁封腔结构，一方面可以极大地降低自身表观密度，另一方面又可以使其具有高强度特性，这也是 HGB 作为轻质集料而实现所制备材料轻质高强特性的重要原因。

综上分析，可以得出，以 HGB 作为轻质集料掺入碱激发胶凝材料体系中，可以实现该种材料的轻质与高强特性，且材料性能相比于以往关于轻质高强的无机非金属材料而言，可以媲美泡沫陶瓷材料，是一种非常好的集料。

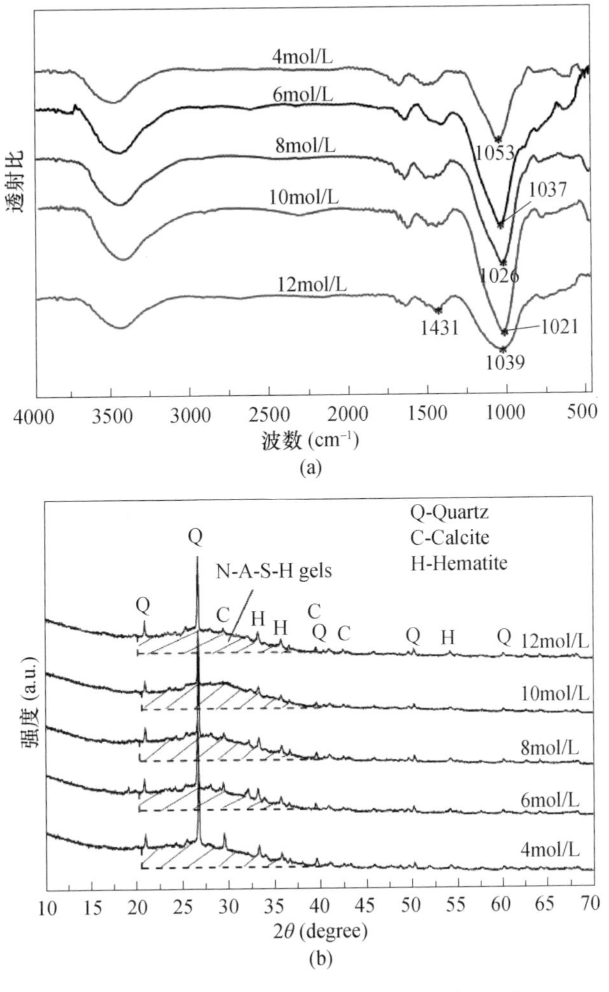

图 5.36　不同氢氧化钠浓度激发的对比组的

（a）红外光谱图；（b）XRD 谱图

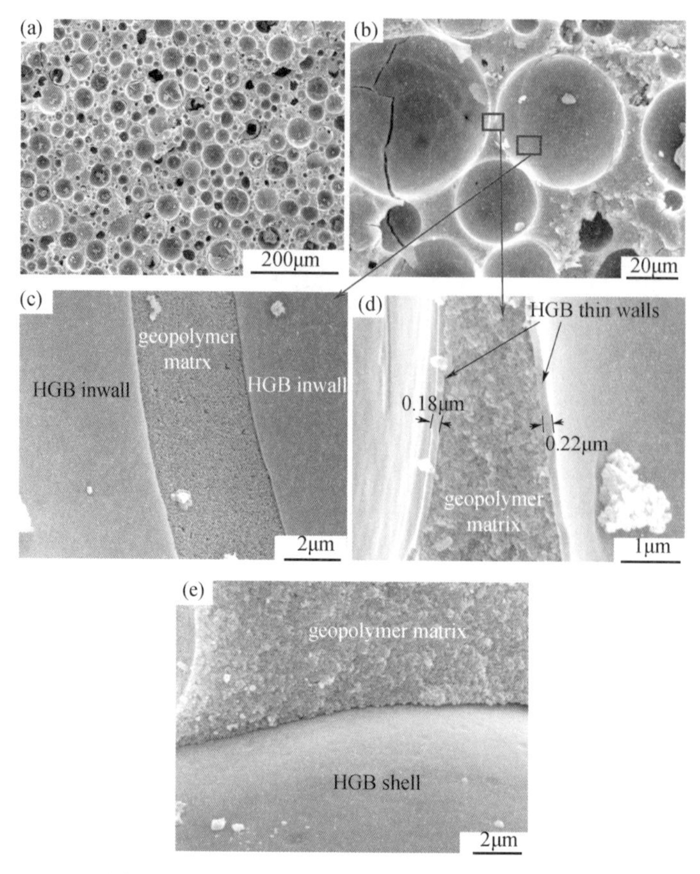

图 5.37　HGB 掺杂的碱激发胶凝材料的 SEM 图

5.4.5　HGB 掺杂的地质聚合物发泡材料的制备与性能

1. 实验方案与流程

根据以上实验结果可知，相比于纯发泡的碱激发胶凝材料，掺杂 HGB 可以实现该种材料的高强化。本实验通过 HGB 掺杂与 H_2O_2 发泡两种方法并行的方式，制备出 HGB 掺杂的碱激发发泡胶凝材料，以实现碱激发粉煤灰基材料的超轻化、高强化以及低热导化的目的。

实验设计固定 HGB 掺量为 30%，通过双氧水掺量的改变设计了 2 个不同表观密度等级的系列产品（HA 系列和 HB 系列），然后调控硬脂酸钙的掺量以改变材料的孔结构，具体实验方案如表 5.14。

表 5.14 HGB 掺杂的碱激发泡沫胶凝材料实验方案

Lable	CFA (g)	HGB (g)	HGB dosage (wt. %)	Calcium stearate (%)	NH (aq) (g)	C_{NH} (mol/L)	WG (g)	H_2O_2 (wt. %)
HA-1	280	120	30	0.5	136.5	8	261	6
HA-2	280	120	30	1	136.5	8	261	6
HA-3	280	120	30	2	136.5	8	261	6
HA-4	280	120	30	3	136.5	8	261	6
HB-1	280	120	30	0.5	136.5	8	261	10
HB-2	280	120	30	1	136.5	8	261	10
HB-3	280	120	30	2	136.5	8	261	10
HB-4	280	120	30	3	136.5	8	261	10

本研究的主要目的在于实现碱激发粉煤灰基材料的超轻化、低热导化，并且具有一定的强度。故本次研究在以往研究的基础上，只设计了表5.14中的两个超轻表观密度等级（HA系列和HB系列）的对比方案，每个表观密度等级又通过硬脂酸钙的掺量调节实现对孔隙结构的对比调控和优化。

2. 结果与讨论

（1）孔隙率与孔结构分析结果

需要注意的是，由于HGB的尺寸基本在5～20μm，属于肉眼不可见的级别。因此，在对本实验所制备的产品采用图像拟合处理法进行孔隙率与孔结构分析时，由HGB造成的泡孔是没有计算在内的，这是需要注意的。

如图5.38所示，展示了HA系列和HB系列各自不同型号样品的孔隙率、通孔率以及平均孔径情况。首先，从整体上对比不同系列（即不同表观密度等级）的样品，可以看出，HA系列样品与HB系列样品的孔隙率和平均的孔径也分别处于不同的等级；不同系列、同一型号的样品（如HA-1与HB-1），其样品孔径随着表观密度等级的升高而下降：$\rho_{HA\text{-}1} > \rho_{HB\text{-}1}$。另一方面，对比同一系列不同型号的产品，可以看出，两个系列产品的孔隙率、通孔率以及孔径这3个参数的变化趋势是相似的：（1）同一系列产品的孔隙率都在一定数值附近轻微波动，而基本保持不变；（2）同一系列产品的通孔率与孔径呈现出相反的变化趋势，结合5.4.2与5.4.3节的结果分析可知，通孔率随着孔径的降低而逐渐升高。

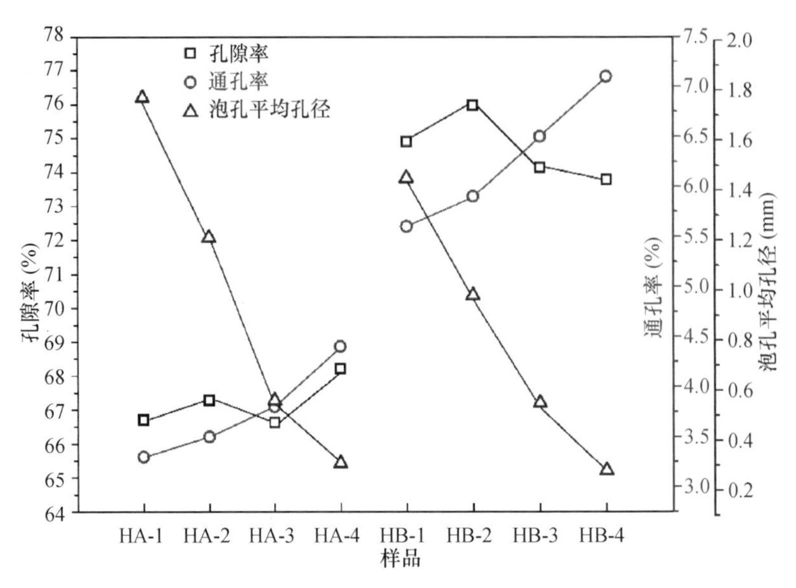

图 5.38　不同对比组样品的孔隙率、通孔率以及平均孔径的变化趋势图

另外，从图 5.38 中可以读出：对于 HA 系列产品，其宏观孔隙率在 67% 左右，相应通孔率变化范围为：3.2% ~4.5%，平均孔径变化范围为：1.8 ~0.2mm；对于 HB 系列产品，其宏观孔隙率在 75% 左右波动，通孔率较 HA 系列有很大提高，在 5.5% ~7.2% 区间，平均孔径在 1.5 ~0.2mm 范围内变化。相比于图 5.29，本研究得到的产品的通孔率明显增大，这可能是 HGB 的掺杂对化学发泡产生的泡孔产生了一定的破坏作用的原因。

（2）孔隙率与孔结构对材料性能影响

与 5.4.2 节和 5.4.3 节分析手段一致，本研究也对样品的表观密度与孔隙率两个参数的结果进行了拟合，如图 5.39 所示。由于本实验所设置的对比组均为同一配比，只改变了硬脂酸钙稳泡剂的掺量，所以理论上材料的表观密度与孔隙率呈线性关系。经过对本实验数据的拟合，材料的表观密度与孔隙率呈现一次函数的线性关系，拟合方程为：$y = 784.8 - 8.14x$，方差为 0.9951，线性相关性非常强。这表明，本次实验所采用的图像拟合处理法对于孔隙率的拟合数据较为准确。另一方面，在本实验的材料配比条件下，通过该拟合得到的方程，可以推算出当孔隙率为零，即不发泡的密实材料（理论上）的表观密度约为 784.8kg/m^3。该结果与 5.4.3 节中得到的不发泡而只掺 30% HGB 的产品（C8-D30）相对比［图 5.35（b）］，其实测表观密度 ~750kg/m^3，两者数据存在一定的误差，但可认为是在合理的误差允许范围内。故，可认为本次实验拟合结果也是合理的。

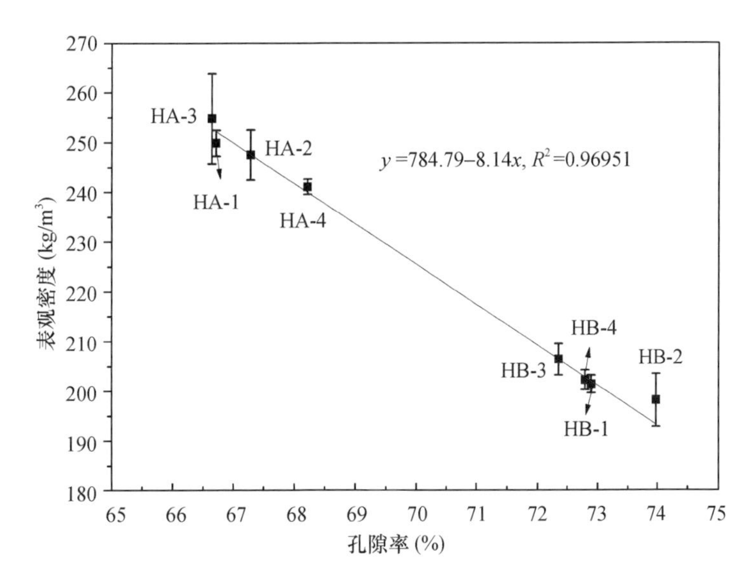

图 5.39　样品的表观密度与孔隙率之间的对应的关系

另外，从图 5.39 中可知：本次实验所制备的样品，HA 系列产品表观密度在 250kg/m³左右，而 HB 系列的产品表观密度在 200kg/m³左右，最低表观密度产品为 HB-4，表观密度约为 195kg/m³，实现了本课题的“制备超轻化泡沫保温材料的目的”。换言之，通过 HGB 轻集料的掺杂与化学发泡两种方法并行的方式，实现了碱激发粉煤灰材料超轻化目的。下文对样品的强度和导热系数进行了研究和讨论。

图 5.40 展示了不同系列和不同型号产品的抗压强度与抗折强度变化情况。从整体上对比不同型号的产品可以看出，表观密度等级越高（或孔隙率越小），对应材料的强度越高，这是很容易理解的。对比同一表观密度等级但不同型号的产品，可以看出，产品的抗压强度与抗折强

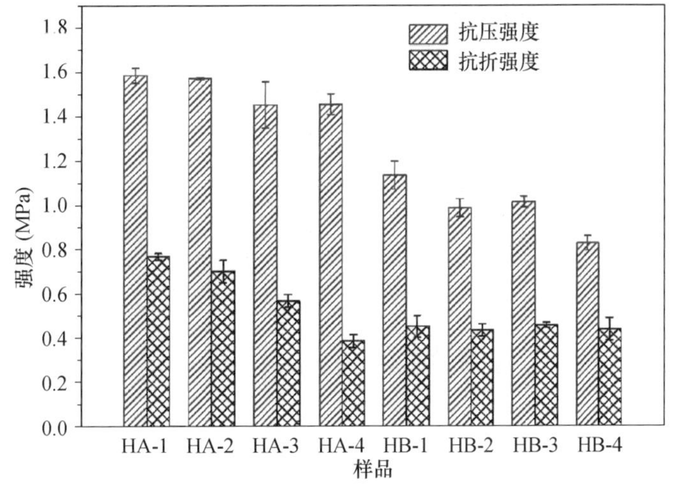

图 5.40　不同对比组样品的抗压强度与抗折强度变化趋势图

度随着硬脂酸钙掺量的增加而略有损失。这可能是由于相应产品的孔径变小、通孔率变大的缘故。

对于本研究所制备的产品的强度高低，很容易得出：表观密度等级为250kg/m^{3}的HA系列产品，其对应的抗压强度在1.50MPa左右；表观密度等级为200kg/m^{3}的HB系列产品，其抗压强度也在1.0MPa左右。对比5.4.3节中的只发泡而不掺HGB的同等表观密度等级的产品CA系列（图5.31），CB-2展现的最高抗压强度在1.2MPa左右，表观密度~240kg/m^3；而本实验表观密度等级为250kg/m^{3}的HA系列产品，对应的最高抗压强度可达近1.6MPa，比CB系列产品提高~33%。这表明，本研究所采用的化学发泡与HGB掺杂两种方法并行的方式，相比于只发泡的方式，得到的同等表观密度等级的碱激发胶凝材料在机械强度方面有很大的提高作用，该方法适合制备轻质高强材料。

图5.41展示了不同对比组样品的导热系数变化情况。从图中可以看出，对于HA与HB两种系列的产品，显然导热系数随着孔隙率的下降而上升。换言之，孔隙率越大，导热系数越低，材料的保温性能越好。对比同一系列的不同型号产品，并结合图5.38，可以看出，导热系数随着孔径的减小而逐渐降低，只不过后期的递减趋势变得很微弱，甚至略有上升。根据前面5.4.2节与5.4.3节的分析结果，不难分析其原因：导热系数随着孔径的减小而逐渐降低，但孔径的减小会使得通孔率增大，从而导致后半段导热系数略微上升。

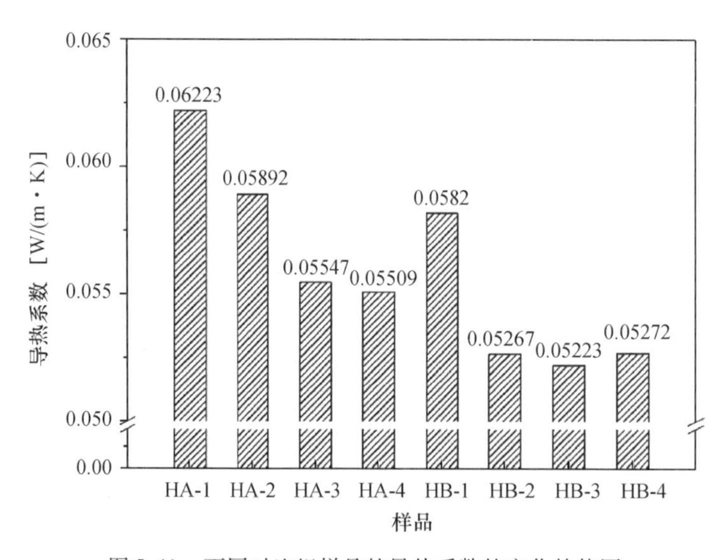

图5.41　不同对比组样品的导热系数的变化趋势图

另外，从图5.41中可以读出，本研究所制备的材料的最低导热系数与其表观密度的对应关系为：［0.055 W/(m·K) vs. 250kg/m^3］和

[0.0522 W/(m·K) vs. 200kg/m^3]。相比于第 5.4.3 节中的最优性能 [0.058W/(m·K) vs. 240kg/m^3]（图 5.32），可以看出本研究所制备材料在导热性能方面，实现了材料导热系数的有效降低，表明了本研究所采用的方法的可行性。

综上所述，本研究所采用的 H_2O_2 发泡与 HGB 掺杂两种方法并行的方式所制备出的碱激发胶凝材料，无论是材料的表观密度级别、机械强度，还是导热系数，均实现了性能的提升，成功制备了超轻化、高强化与低热导化并存的高性能材料。

（3）孔结构微观形貌分析

为了能够更加清晰地了解 HGB 掺杂的碱激发泡沫材料的泡孔结构，我们选取了 HA-3 产品进行了 SEM 表征，如图 5.42 所示。首先，见图 5.42（a），从整体上可以看出本研究所制备的材料，其泡孔可根据我们肉眼能否识别的尺寸分为两种类别："大孔"和"小孔"。其中，"大孔"均匀分布在碱激发胶凝材料的基质中，孔径在 200～500μm 之间，它主要是由双氧水发泡所形成的；"小孔"则分布在大孔与大孔之间的孔壁上［图 5.42（b）和（c）］，孔径在 10～40μm，该类泡孔主要是由 HGB 微珠从基质中脱出后留下的"孔坑"。另外，从（d）图可以注意到，HGB 在双氧水发泡的泡孔内壁的分布情况（图中箭头所指的黑色圆形区域）。

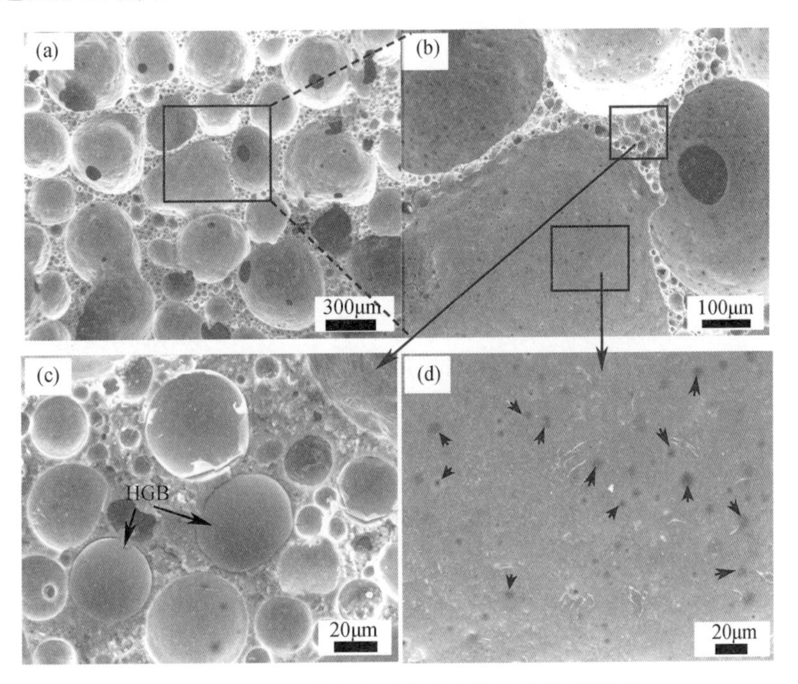

图 5.42　HGB 掺杂的碱激发发泡材料的 SEM 图

由于 HGB 为内部中空、外部闭合的高强轻质壳层结构，埋藏在胶凝材料的基质中，不仅可以降低材料的整体表观密度，而且 HGB 自身的封闭泡孔结构能够有效阻隔热量的传导，降低材料的导热系数；加之，双氧水的化学发泡作用，硬脂酸钙对泡孔通孔率的降低作用，这一系列方法使得本研究所制备的材料同时实现了轻质、高强和低热导化（较以往国内外研究而言）。

5.4.6 小结

本节主要是从泡孔结构的调控与优化方面着手，对比使用了 SDBS 基稳泡剂和硬脂酸钙两种稳泡剂，通过改变这两种稳泡剂和双氧水的掺量，实现了碱激发泡沫材料的孔隙率、泡孔通孔率以及孔径和分布的调控。除此之外，以 HGB 作为轻质集料，掺入到碱激发胶凝材料体系中，实现了轻质、高强、低热导化材料的制备。本章主要的研究结果和结论总结如下：

（1）SDBS 基稳泡剂可以实现碱激发泡沫材料泡孔结构的有效调控。基本上，随着 SDBS 基稳泡剂掺量的提高，泡孔孔径逐渐下降，通孔率逐渐升高。从材料的机械强度与导热系数可以分析，当 SDBS 稳泡剂掺量为 2% 时，材料的性能最优。然而，SDBS 基稳泡剂对孔结构的封闭性和强度的提高没有明显作用，所得材料通孔率较高，强度较低。因此，稳泡剂尚需改进。

（2）相比于 SDBS 基稳泡剂，硬脂酸钙对碱激发泡沫材料泡孔结构的调控更加出色，主要体现在：（a）能够使得泡孔孔径分布更加均匀；（b）使得通孔率明显下降，从而提高材料的机械强度，降低导热系数。随着硬脂酸钙掺量的增加，材料的泡孔孔径逐渐下降，通孔率则逐渐上升。综合材料的机械强度、表观密度以及导热系数等性能参数，研究认为，硬脂酸钙对于碱激发泡沫材料的泡孔的调节效果要远优于 SDBS 基稳泡剂。

（3）以 HGB 作为轻质集料可以在强度损失很小的情况下，实现材料表观密度的明显下降，从而实现材料的轻质与高强。通过 HGB 掺杂与双氧水发泡两种方法并行的方式，可以制备出超轻化、高强化以及超低热导化的碱激发胶凝材料，对应的材料最优性能（表观密度等级—抗压强度—导热系数的对应关系）可达：$200kg/m^3$ vs. 1.4 ~ 1.6MPa vs. 0.0522W/(m · K)。

（4）以上研究对孔隙率和孔结构的分析均采用了图像拟合处理分析

法，即通过图像采集、近似代替、拟合处理和统计分析等步骤，实现了对肉眼可见的宏观泡孔的孔隙率、通孔率、孔径大小的分析。研究表明，在误差允许的范围内，该方法在分析碱激发泡沫材料方面是一种行之有效而且方便快捷的方法。

6 地质聚合物的应用

6.1 地质聚合物装饰材料

碱激发材料被认为是硅酸盐水泥的廉价替代品，与此相反，地质聚合物从开发之初的目标就是高附加值的工业应用。除了技术价值外，如果正确地用石头制备，地质聚合物制品也可以是漂亮的装饰品。早在1979年就制成了雕塑、工艺品和装饰石头。经过40年的老化、风雨、霜雾、热和雨的作用，依然保持非常良好的状态（图6.1）。

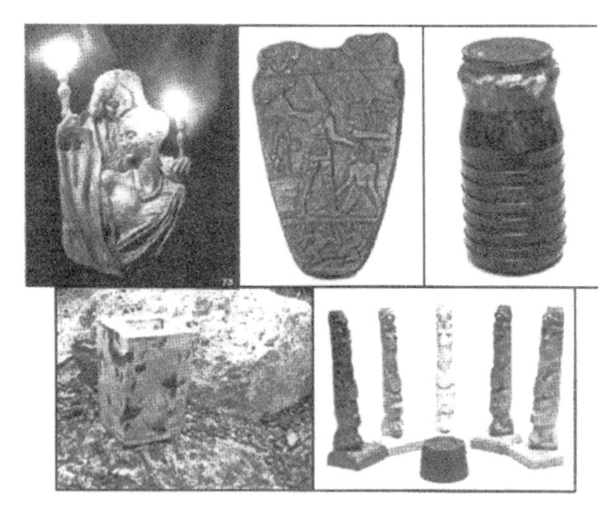

图6.1　有40年历史的地质聚合物石头工艺品（1979—1980，Cordi-Géopolymère）

6.1.1 有5000年历史的埃及石头瓶

埃及的石头艺术品辉煌有名，这一事实贯穿了整个文明史。在有象形文字或数字记录前，即炼铜技术出现前，尼罗河谷的前历史居住者已经继承了至少5000年历史的遗产。在这一时期，首先出现的是用板岩、页岩、闪长岩和玄武岩制备的硬石头容器，没有损毁，这些制品是古代世界最难得而神秘的东西。在晚些时候，30000个这样的容器放置于第一座金字塔的地下室内和Saqqarah的第二王朝阶梯金字塔。德国著名学者Kurt Lange见过这些石头容器后说，“一旦认真检查，我就变得更加迷糊。我不知道如何用闪长岩制备碟子、盘子、碗和其他物品……怎么用坚硬的石头加工出来。那个时期的埃及使用的仅仅是石头、铜和磨砂……更难想象用坚硬的石头制备出长颈、带回凸凹部的石头花瓶。”这些花瓶的制造是 Kurt Lange 想象上都难以处理的问题。

变质页岩比铁还硬；闪长岩是一种花岗岩，是至今知道的最硬的岩石。现代雕塑家也未考虑把这些石头雕刻出来。然而，这些器皿却是用了足够强度的埃及金属来切割硬石头做出来的。许多器皿有细长颈而宽大的回凸凹部，内外表面呼应得很好（图 6.2）。难以想象把工具深入这些器皿的长颈来加工如此完美的回凸凹部。这些光滑、有光泽的容器是公元前 4000 年至 5000 年间制备的石头工艺品，根本看不出工具加工的痕迹。那它们是怎样加工的呢？关于古代雕刻家用何种方法和工具来雕刻和切割这些硬石头仍然有很大争议。

这里提供的证据，实际上表明古代艺术家知道如何把矿石转变成矿物粘结剂来制备石头工艺品，如雕像不是雕刻出来的，而是用模具浇注出来的，即是合成的石头雕塑。这种证据也可以通过新近解密的 C-14 Irtysen Stele 得到肯定（追溯到公元前 2000 年，巴黎 Louvre 博物馆）（图 6.3）。

图 6.2　公元前 3000 年的埃及石头容器

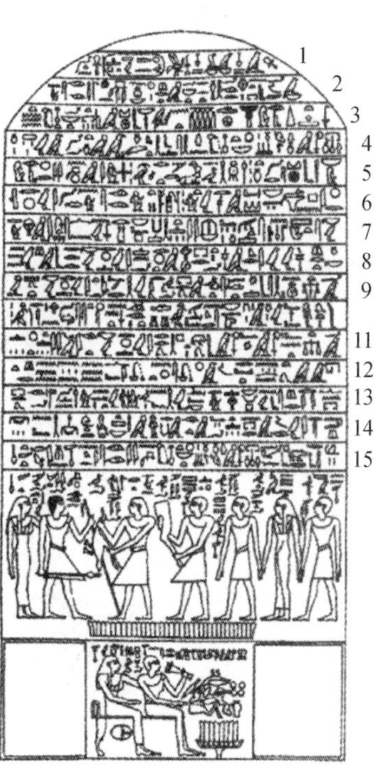

图 6.3　Louvre C-14 Irtysen Stele，1 ~ 15 行从右往左读

那个石柱是生活在 Mentu Pharaohs 第十一朝的雕刻家 Irtysen 的自传。在第 8 行和第 9 行结尾，雕刻家 Irtysen 写道，“我知道这些部件是

用浇注石质流体而成型的技术制备的”。雕刻在软质白色石灰板上的象形文字往往被错误地翻译。

根据 Badawy（1961）的正常翻译，Davidovits（1999，2005）研究了 Irtysen 的技术文字：“概述（第 6 行）……我知道（第 7 行）这个象形文字的秘密；宗教仪式的祭品；没有人超过我所知道的秘密。（第 8 行）而且，我是卓越的擅长工艺的手工艺者。（技巧）我知道这属于成型技术，即用可浇注（石头）流体制成：（第 9 行）按照准确的配方称量（组分）；制造使用内腔进行浇注和硬化的模具部件，再打开进行脱模。（风格）我知道男像（雕像）接着就是女的（第 10 行）；（如何捕捉）真实姿势的瞬间；寂寞的俘虏卑躬着；用眼睛瞥他的妹妹；向看护的外来者怒目而视；（第 11 行）从河马身上摔下的人胳膊进行平衡；跑步者的步伐。（技术）我知道制造模具是为了能反复铸造烧不掉和用水洗不掉的材料。（长子 Eulogy）（第 13 行）这个秘密仅我和本人长子知道；神（Pharaoh）命令他站在他面前（第 14 行）并说出了这个秘密。我知道了他用双手取得的成就，作为工厂工头负责从银和金到象牙和乌木的每种昂贵材料加工。”

值得说明的是，Irtysen 并没有用蜡和其他天然树脂来铸造雕像。虽然这些有机粘结剂见水是稳定的，但它们能燃烧。lrtysen 复制品（图 6.4）的材料在火中不易损毁，它不是蜡和树脂，而是一种既耐火又耐水的矿物，但不是石膏。

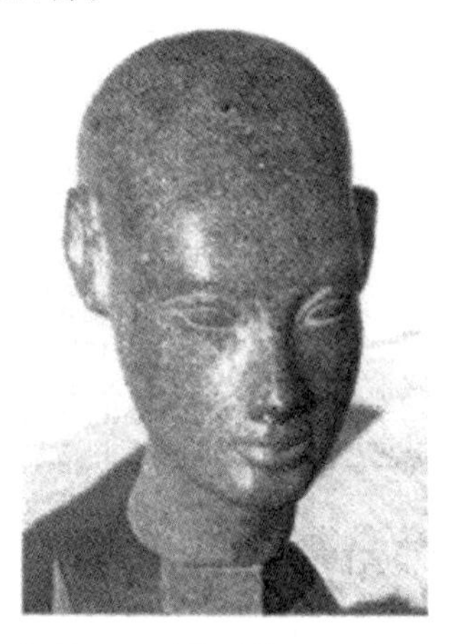

图 6.4　Akhenation 和 Nefrtiti（公元前 1350 年）的女儿 Meritation 的地质聚合物石头像的复制品（Cordi-Géopolymère）

6.1.2　浇注工艺品用的钾—硅铝—硅氧聚合物

由于前面所述理由，大部分工业用和装饰用材料均用前面说明的 MK-750 聚硅酸盐—硅氧体以及钾—聚硅铝酸—二硅氧体 K-PSDS 制备。

下面文字是1984年9月18日授权的美国专利中的节选，它是Davidovits（1980）在法国注册专利的延伸。

专利US4472199

硅铝酸盐体系的合成地质聚合物混合体及其制备过程

主要的示例如下。

缩聚最好在湿热条件下的封闭模具内，有水时进行。缩聚过程，混合物中水分最好不要挥发。为了防止敞口模具内反应混合体系中水分的挥发，可以覆盖一层薄塑料膜或一层憎水性液体。在模具内加热混合体，缩聚的固体就与模具分开并得到干燥。成型制品具有良好的物理和力学性能，表面硬度在5～7Mohs，具体取决于添加到树脂中矿物的属性。模具成型制件表面精度与环氧和聚氨酯等有机树脂制品相比具有明显的优势。

下面的例子说明K-PS聚合物混合体系的制备方法和一些性能。

例1

含水17.33mol、氧化钾1.630mol和二氧化硅4.46mol及1.081mol Al_2O_3 制成860g反应性混合物。Al_2O_3 来源于天然二氧化硅—氢氧化铝的聚合物［Si_2O_5，$Al(OH)_4$］；脱水制得铝硅氧化物；二氧化硅则从铝硅氧化物和硅酸钢中而来；氧化钾从硅酸钾和氢氧化钾中而来。反应混合物中氧化物的比例如下：

K_2O/SiO_2	0.36
SiO_2/Al_2O_3	4.12
H_2O/Al_2O_3	16.03
K_2O/Al_2O_3	1.51

反应混合物黏度与树脂的相近。可在室温（25℃）下放置1h后抽真空排除气体和气泡。除气后的浆体倒入模具。

与大气接触的浆体表面用聚乙烯薄膜覆盖以阻止固化过程中水分蒸发。固化是在85℃养护箱内进行的，为时1.5h。

硬化的地质聚合物制品从模内取出后在85℃干燥。

制品的密度为1.7g/mL，硬度为4.5Mohs。制品为白色，孔隙率低。矿物的物理—化学分析表明物质的量之比为：$1.5K_2O:Al_2O_3:4.1SiO_2:3H_2O$。

K-PS的分子式是

$$K_n\left[\begin{array}{c} | \\ -Si- \\ | \\ O \end{array} -O- \begin{array}{c} | \\ Al- \\ | \\ O \end{array}\right]_n, wH_2O$$

……所成型制品内部有很多裂纹。如果向反应混合物中添加一种矿物填料，那么老化前后的裂纹就不会出现。按照这个程序制备的制品的力学性能和物理性能优良。拉伸强度约 180kg/cm^2，硬度达到 7Mohs。作为温度函数的线性膨胀系数在（2～5）$\times 10^{-6}$m·℃/m。

例 2

按照例 1 描述的步骤，我们制备含 22.88mol 水，其他组分不变的反应混合物，其中氧化物物质的量之比同例 1，但 $H_2O/Al_2O_3=21$。

所得反应混合物在室温下老化 1h。然后，加入 640g 合成堇青石（含莫来石，尺寸在 120μm）。黏性混合物倒入模具，在 85℃硬化。所得制品密度为 2.3g/mL，表面硬度为 5Mohs。测量外观尺寸，发现缩聚过程没有收缩。

例 3

按照例 1 的步骤，制备含水 13.5mol，其他组分不变的 792g 反应性混合物，其中氧化物物质的量之比同例 1，但 $H_2O/Al_2O_3=12.5$。

H_2O/Al_2O_3值可以在 10～25 之间变化，但最好在 14～20。更高的比例会增大固态制品的孔隙率。而低的比例则导致碱性大而造成迁移，这会干扰硅酸钾在聚合物混合体的固态溶液中的成相。最好，反应混合体系的氧化物比例在如下范围内：

K_2O/SiO_2	0.3～0.38
SiO_2/Al_2O_3	4.0～4.2
H_2O/Al_2O_3	14～20
K_2O/Al_2O_3	1.3～1.52

例 4

按照例 1 的步骤，制备含 220g 白云母（尺寸小于 120μm）和 90g 氟化钙（CaF_2）粉体，其他组分不变的 860g 反应混合物。为得到黏性浆体，混入 1150g 锆石沙。形成的锆石沙、浆体混合物浇注到模具并振实，然后在 85℃加热固化 1.5h，干燥的制品的密度为 3.0g/mL。表面光泽度好，硬度为 6Mohs。

例 5

按照例 1 的步骤制备反应性混合物。老化结束后，将树脂刷到模具（雕刻成凹面）。同时，将 0.5～5mm 大小的 5kg 燧石与 0.5kg、10%（质量分数）的树脂混入。然后进行浇注和振实。用聚乙烯膜覆盖，在室温（25℃）硬化。第二天得到塑制品，从模具分离时表面细腻、硬而有光泽。

我们用上面描述的硅铝化合物的反应性混合物成型制品，用 5～95 份质量的矿物胶凝材料和/或有机填料混合。

……成型制品有高的抗热震性，它是添加白云母、合成或天然铝硅酸盐、蛭石、火泥和其他陶瓷或耐火品制成的。

成型的制品可以直接抵抗火焰，适用温度在 300 ~ 1200℃。最好先干燥，再在 350℃以下的某温度脱水。地质聚合物混合体脱水或脱氢转变为有良好热稳定性的制品，这个性能达到甚至超过陶瓷材料。

……上面描述的硅-铝酸钾反应混合物形成地质聚合物，至少与一种矿物和/或有机填料混合，用作胶凝材料或水泥。这些混合物包括颜料、色浆、增强纤维和耐水剂等添加剂和填料。缩聚和固化可以在室温到 120℃进行。

用这个发明成型制品有许多用途，具体取决于需要的物理性能、力学性能或化学性能。工业上用做建筑材料，也可用于装饰和物体定型、模具、工装及块体和板材。

这些成型制品需要几种物理化学、物理或机械的后处理及抛光和涂层操作。如有必要，成型制品可以至少加温到 325℃，得到的陶瓷状制品有优良的热稳定性和尺寸稳定性。

6.1.3　工具材料和技术

SAMPE 的前总裁，Kushner 写道，“这样，我们对所有‘新型’材料进行挑战。在航天、汽车和其他硬制品生产公司的工艺工程师们，用创新性设计概念和工艺发展一种途径，为世界制备最好的复合材料——热塑性胶凝材料来生产硬制品”。

1. 先进的地质聚合物工装

热压罐仍然是容易选择并将继续选择的一种制造方法。虽然热压罐成型是通用的，但在时间和装置上则是昂贵的。法国航天公司——Dassault飞行公司考虑了替代的加工方法，包括橡胶辅助模压法、双真空袋成型法、模压成型法。下面描述的前提是：先进热塑性塑料复合材料可以与超塑性铝合金制件一样，用双真空袋成型加工，那么开发地质聚合物工装材料的目标如下。

（1）开发的模具体系是可以用木头或 PFP 母模成型的。

（2）选择的模具材料与 APC-2/石墨纤维复合材料的膨胀系数接近，与铝合金的匹配。

（3）开发的模具材料耐温达 425 ~ 600℃。

（4）形成的模具较轻，适合运输。

（5）开发的模具材料有很好的导热性和冷却性能。

（6）达到模具粗糙度要求并具有高的弯曲强度。

（7）适合进行模具改造或重建。

（8）在制备模具的几个工序和成型复合材料中能控制尺寸。

（9）开发的模具可以在“室内”制备用于复合材料制造。

地质聚合物模具可用于在400℃热压罐成型APC-2聚合物制件（图6.5），还可用于SPF-Al热成型系统在540℃下制备铝合金制件。这些制件用于法国Rafale战斗机项目（Vautey，1990b）。

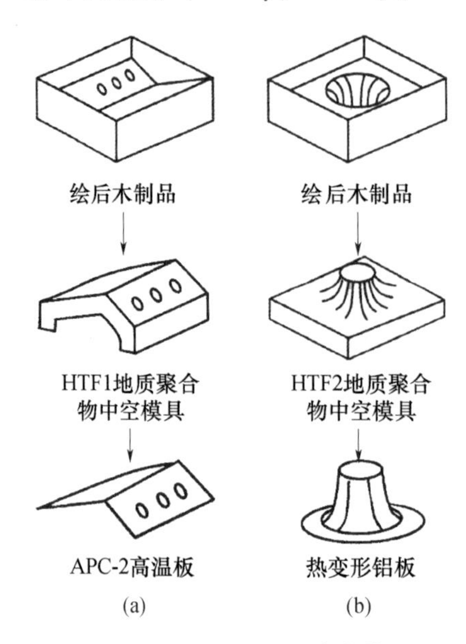

图6.5　浇注的地质聚合物模具

（a）APC-2制件，热压罐成型温度在400℃；（b）超塑性铝合金制件在540℃热成型

2. 使用说明

可浇注MK-750地质聚合物是含硬化剂的硅铝盐地质聚合物，在温度低于25℃时可停留1h，未填充体系在冰箱内保留期可延长到几天时间。使用时加入质量比为50%～200%的添料。

用水就可以将模具（图6.6）清洗干净。避免使用铝、铝粉填充环氧制造的模具或设备。在高pH值条件下铝会反应生成氢气。

图6.6　地质聚合物模具、工装示例

地质聚合物在烘箱固化得到最好的结果。若材料是露天放置（开模浇注），则浇注体背面应当用薄膜覆盖（如真空袋膜）以实现稳定的固化。这个吸热缩聚反应的速度和程度是烘箱温度的函数。

有时，推荐在初次固化后进行后固化以保证成型地质聚合物的构象。表面缩聚可以消除。推荐制件或模具于袋内放置一夜并在低温下干燥。后固化温度不应当超过固化温度。这种调质过程允许缩聚水从内部迁移到外表面，而不会引起地质聚合物结构发生大的变化。

（1）罐内周期。在添加填料前，混合物必须在低于25℃处储存1h。表6.1表明延长罐内周期的时间和温度。

表6.1　不同储存温度下的保存期

温度	保存期	温度	保存期
25℃	3h	15℃	10h
20℃	5h	10℃	48h

（2）固化数据。已经知道MK-750基地质聚合物会发生很强的吸热反应。因此，经验告诉我们，在未冷却到初始温度之前，不能进行脱模。表6.2所列为每个烘箱及吸热温度下的脱模时间。

表6.2　烘箱温度、吸热温度和脱模时间

烘箱温度（℃）	吸热温度（℃）	脱模时间（h）	烘箱温度（℃）	吸热温度（℃）	脱模时间（h）
85	115	1.5	40	70	8
60	100	4	30	55	15
50	85	6	20	30	30

（3）干燥数据（表6.3）。

表6.3　在相关温度下推荐脱模时间

烘箱温度（℃）	脱模时间（h）	烘箱温度（℃）	脱模时间（h）
85	6	250	1~2
150	6	400	1~2

（4）模具材料。模具制造材料包括铁、纸、木和塑料，实际上，除铝和铜外的材料都可以用。如果表面涂覆有机树脂，铝和铜也可以应用。

6.1.4　现代地质聚合物石制品

法国雕刻家和绘画家Georges Grimal说："为了使感觉真实，需要用昂贵而可靠的材料。正是因为自1982年以来使用了地质聚合物，我们才能够制备一些天然的岩石材料，在硅胶模具内进行地质聚合物石头混合物的固化。为了保持原始勃土的自发性，这个过程能使细节再现。内部光泽使细节产生运动感，更使人信服和吸引人。”

地质聚合物石头技术是用现代地质聚合物胶凝材料和水泥，类似于Ying和Yang，可以把生活里两个相反途径关联起来：高技术和艺术品。几个有名的国际机构评估了地质聚合物胶凝材料和水泥的性能，按照最严格的ASTM和DIN标准，许多实验证明了质量是可靠的。

地质聚合物石材技术提供了：天然石材之美；优良的再造性；好的抗UV和抗IR性能；良好的冻—融行为；优良的湿—干行为；长期稳定性。

Cordi-Géopolymère已经开发了两种不同的地质聚合物石材配方，通用的标准型，称作Kalical-Stone™和特殊的Geopoly-Stone™。硬化后，石头放于塑料盖下1个月。

（1）Kalical-Stone™。这是一个室温硬化体系，是（钾，钙）—聚硅铝酸盐—硅氧体和（钾，钙）—聚硅铝酸盐—二硅氧体的地质聚合物。它不含钠，否则会在表面生成白色图案。可以用于室内和室外雕塑（图6.7）。

图6.7　地质聚合物石头复制品：石灰石，arkose石墨，沙石

（2）Geopoly-Stone™。这是专门为那些在石头材料表面会形成青苔的室外雕塑开发的。硬化条件属于温暖型（60℃），是MK-750的钾—聚硅铝酸盐—硅氧体地质聚合物。我们对这个地质聚合物有30年的经验，不会产生青苔。

6.1.5　地板和墙面装饰砖

这个应用已经发展到小规模制造，是与法国建筑材料制品制造商Gardiol SA一起进行的。目标是开发装饰性石头地板和室内外使用的墙面。它们的颜色和外观依赖于何种填料混入钢—聚硅铝酸盐—硅氧体和

(钾、钙)—聚硅铝酸盐—硅氧体作为矿物集料。这样可以仿制石头和古代陶瓷瓦(土陶)。

与有机高分子混凝土瓦(合成大理石)完全不同,地质聚合物石瓦对紫外线和红外线辐照是稳定的,可以用于室外。

与有机聚合物混凝土相比,它们耐磨损。磨损测试在 Taber 型 503millstone H22 设备上进行。载荷为1000g。结果见表6.4。

表6.4 地质聚合物瓦和有机聚合物瓦的磨损实验(g)

运行转数	100	200	300	400	500	1000
地质聚合物	0.09	0.06	0.07	0.07	0.07	0.30
有机聚合物混凝土	0.21	0.22	0.28	0.26	0.32	1.50

经过1000转以后,地质聚合物磨损0.66g,有机聚合物混凝土磨损2.79g。地质聚合物瓦耐磨损性比有机混凝土高4倍。

6.2 地质聚合物陶瓷

6.2.1 陶瓷的低温地聚合物基板(LTGS)

低温地聚合物固化(LTGS)是在陶瓷浆中加入质量浓度为1%~5%的碱性条件(NaOH 或 KOH)下制备的。在干燥温度下(50~250℃),LTGS 是将高岭土转变成聚硅铝酸盐方钠石(Na-PS)型或钾霞石(K-PS)的三维混合物,见水稳定,具有高机械强度。含25%高岭土、30% Na_2O 的地质聚合物的抗压强度随固化温度的变化见图6.8,根据加入黏土材料的 NaOH-KOH 量,可以调整地质聚合物的反应完全程度。对于红土,可以这么说:

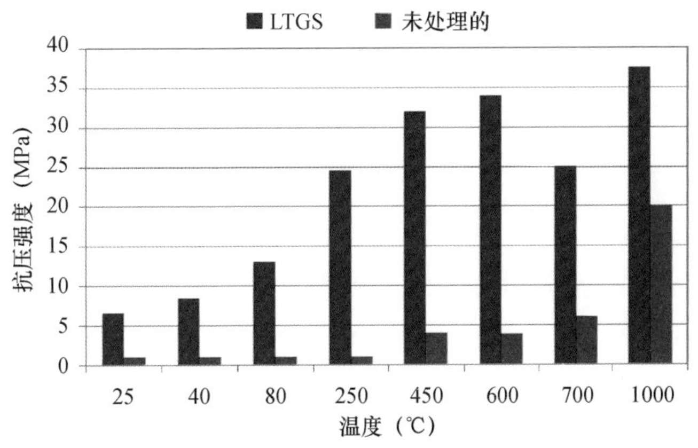

图6.8 含25%高岭土、30% Na_2O 的地质聚合物的抗压强度随固化温度的变化

（1）按照质量的0.5%～1%，块体可以见水稳定；

（2）按照质量的1%～2.5%，抗压强度在4～6MPa的块体是见水稳定的；

（3）按照质量的2.5%～5%，抗压强度在8～60MPa的块体比得上烧过的砖。

机械强度的特点依赖于固化温度。每个固化温度会形成一个特殊质地的制品。

1. 低于65℃的室温下地质聚合物固化

这里，地质聚合物用于在温暖国家制备具有中等力学性能的耐水砖或块。例如，NaOH/KOH试剂以粉末的形式加入，同时加一些矿物添加剂使其具有土的黏性，“土壤+试剂”混合体用锤子敲碎。如果必要，混合物试块可以保留很长的时间。然后，在搅拌器内与水混合得到半塑性黏稠浆体，水的添加量取决于每种土的性质。这种半塑性混合物在24h内会“熟化”。室温下我们测量了压缩强度随时间的衰减。在这个方面，用3%的NaOH/KOH粉就可以达到下面的性能：3d后4.1MPa，15d后7.9MPa，45d后7.7MPa。温度在60～65℃。把砖储存在加热室3～5h，达到抗压强度为7.0MPa。

2. 在80℃和450℃的地质聚合物固化

所得到的材料相当于陶瓷砖。表6.5说明NaOH/KOH含量与抗压强度的关系。

表6.5 添加NaOH/KOH的量和地质聚合物LTGS固化温度与抗压强度之间的关系

NaOH，KOH（%）	85℃强度（MPa）	450℃强度（MPa）
1	6	14
2	12	25
3	15	30
4	17	45
5	18	60

3. 耐水性

浸入水中24h或4d后，抗压强度从干态值下降大约30%。这样，强度为12.6MPa的干燥的砖可以在85℃制备，浸入水中4d后保持8.0MPa的强度，第二次干燥后为10MPa。

如图6.9所示，在450℃处理的砖的抗压强度为32MPa，浸入水中1～4d后强度为28MPa，二次干燥仍然为28MPa。

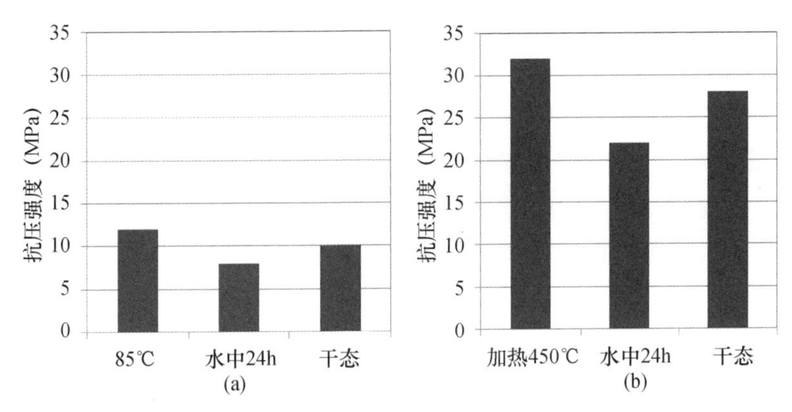

图 6.9　在 85℃固化 GTGS 砖（用 2% Na_2O）的抗压强度（a）和在 450℃处理砖的抗压强度（b），浸入水中 24h 后干燥

6.2.2　现代陶瓷的低耗能工艺和可持续发展

LTGS 可以明显地提升传统陶瓷工业或使之现代化。地质聚合物一旦在 125℃合成为钠—聚硅酸盐和钾—聚硅酸盐，就相当于超快速烧制成 1000～1200℃的高质量陶瓷。

下面文字是节选自一个美国专利，用于说明地质聚合物的应用。

从申请书中的节选：

这个申请是 Michel Davidovics 和 Joseph Davidovits 在前面还审理中的申请专利（一次烧制地质聚合物硅氧—铝酸盐的装饰性搪瓷陶瓷）US549260（1983 年 11 月 4 日受理）的延续。前面专利是在法国受理的专利 PCT/FR83/00045（在 1982 年 3 月 8 日受理）。

发明简介：

本发明关注制备搪瓷陶瓷的制备工艺，特别是用机械压制的方法而不用素坯烧制，即进行单次烧制。在烧制前，用部分陶瓷黏稠浆体进行化学固化，从而制备聚硅铝酸盐和聚硅铝酸盐—硅氧体型的地质聚合物胶凝材料。

（……）常规生产上釉装饰陶瓷的程序是先将陶瓷坯体进行 900～1200℃的初始烧制，形成素坯瓷。然后用手工或机械印刷或转印进行装饰。在上釉操作中再次烧制到 900～1200℃。这个技术称作二次烧制。这是因为制品有足够的机械强度而能承受机械应力。通常，估计能够安全上釉时材料的弯曲强度至少在 7～10MPa。

在装饰瓦制备过程中，有时用一次烧制的技术而不经过素坯瓷阶段。但这种情况下，由于装饰层很薄，只能用喷涂枪处理，不可能进行真正的装饰，比较粗糙。在传统一次烧制中，在 120℃将初始干燥的原陶瓷瓦进行搪瓷。(……)一次烧制的缺点可以在陶瓷釉料中添加有机粘结剂来部分弥补。正如法国专利210469(7130076)指出的,这些粘结剂能提高粗糙陶瓷瓦的机械强度。该专利中用质量分数为1%~3%的聚乙烯乙酸酯(PVA)来提高未烧制陶瓷强度(25%~30%)。但这影响防水性能。除非有机粘结剂的浓度超过陶瓷粉的5%,这些有机粘结剂在烧制中分解会产生气体,会使搪瓷表面产生气泡。应用有机粘结剂时要求很低的温度梯度,这可以通过延长400~600℃之间恒温脱碳时间来实现。现代高产量单层釉料瓷在1120℃保温40~80min烧制,上述方法是用不了的。

(……)本发明描述了如何使用这种矿物粘结剂或聚硅铝酸盐地质聚合物。本发明装饰瓷的方法多种多样,可以做涂层,也可以绘画。实际上,当使用类似eigapy的机械方法来进行装饰设计时,本发明的工艺非常有价值。

下面的例子说明本发明的实施过程:

例1　用于制备上釉陶瓷瓦的标准配方如下。

白色高岭土30份;石英砂40份;石灰10~25份;玻璃粉0.5~5份。

在这个粉体混合物中添加碱性激发剂[NaOH或等量KOH的0.59%~3%(实际为0.5%~1.5%)]。混合物用6%~10%的水湿拌成半干态陶瓷浆体,准备模压,压力在200~300bar(1bar=100kPa)。制备的陶瓷瓦在炉内150℃以下干燥1~4h。这时温度保持在黏土脱羟基温度以下非常重要。发生地质聚合反应形成聚硅铝酸钠或钾,即方钠石水化物和钾霞石型的地质聚合物陶瓷。用更少量氢氧化钠(0.5%,是高岭土的1.6%)聚合形成方钠石水化物,其中28.4%(质量)未处理高岭土保留在粗糙的陶瓷瓦中。用更多的氢氧化钠(3%,约为高岭土的94.6%)聚合成方钠石水化物,其中21.33%(质量)未处理高岭土保留在粗糙的陶瓷瓦中。这是基于前面所描述的化学计量比反应。

也用到了快速干燥的技术,例如,将原料瓦放置于400℃烘箱内5min。不像传统的陶瓷坯体,该发明的陶瓷坯体在非常快速干燥的条件下不会爆裂。

冷却后,粗糙的地质聚合物陶瓷瓦变硬了,见水有强度并是稳定的。可以自支撑;装饰后烧制时不需要支撑,仅按照前面描述的工艺进行即可。用丝网印刷法修饰后进行简单干燥挥发引入的水分,然后放入1120℃的快速马弗炉炉内煅烧40~80min。

用同样的方式,可以进行素坯瓷的烧制;粗糙的地质聚合物陶瓷瓦直接放置在耐火辊上。

这样得到的上釉修饰瓦与常规用两道烧制陶瓷坯体的效果相同。

如果黏土含有铁的或化合铁的络合物，地质聚合反应仅在 240 ~ 270℃，Fe（OH）转变成 Fe_2O_3，后进行的丝网印刷修饰也仅仅在这个转变后进行。

例 2　与例 1 所用陶瓷原料相同，只是添加了 7% 的水和 5% 的地质聚合硅铝酸盐的预缩聚物（如法国专利 7922041、8018970、8018971 描述的）。这个地质聚合物预缩聚成氧化物的比例如下。

M_2O/SiO_2，　　0. 2 ~ 0. 48

SiO_2/Al_2O_3，　　3. 3 ~ 4. 5

H_2O/Al_2O_3，　　10 ~ 25

M_2O/Al_2O_3，　　0. 8 ~ 1. 6

其中 M_2O 代表（Na_2O 和 K_2O）其一。地质聚合物聚硅铝酸盐—硅氧体是在正常温度下得到的，可以在 80 ~ 90℃ 加快反应。地质聚合物瓦用丝网印刷法上釉后按照例 1 进行陶瓷烧制。

（……）专利 PCT/FR83/00045 专利的节选。

图 6. 10 说明了用现在（古代的）快速烧制的地质聚合物制瓦工艺的耗能。标记 Geop-A 为专利中例 1 的方法，Geop-B 则是优化体系的方法，节能及产率增加很明显。图 6. 10 说明制造过程所用的时间，包括上釉和搪瓷。地质聚合物陶瓷将生产率提高了 2 ~ 5 倍。

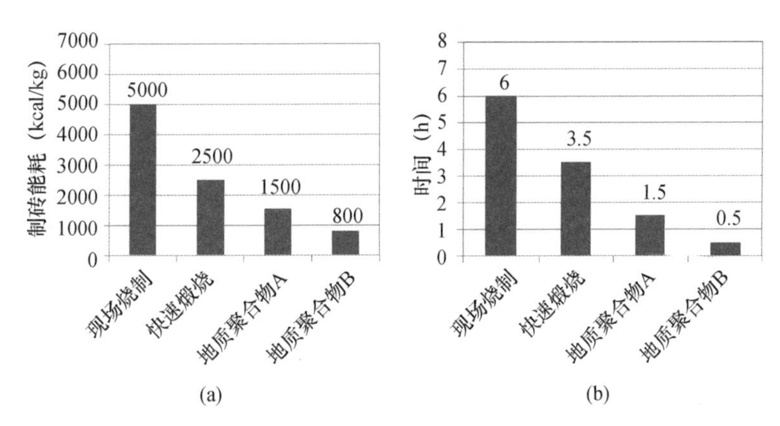

图 6. 10　陶瓷砖的制作工艺参数，（a）制砖所需能耗；（b）现场制备各种砖所需完整时间（煅烧温度在 1000 ~ 1200℃）

6. 2. 3　发泡黏土砖的制备

Ch. Kaps 和他的团队 Bauhaus 大学（德国 Weimar）参与了低热导率和高强陶瓷砖的开发。通过高温烧结，该技术要求将含黏土类浆体发泡成相应的陶瓷材料，浆体发泡很容易破裂，这也是为什么在干燥前和成型“绿色”制品前要求发泡坯体有机械稳定性的原因，这可以通过添加 MK-750 基聚硅铝酸盐—硅氧体来实现。在混合过程改变 Si/Al 值得到以霞石为主的地质聚合物或钠长石为主的地质聚合物。

首先，他们分析了地质聚合物添加剂对干燥和燃烧过程的影响（该过程中黏土浆体并不发泡）。随地质聚合物含量增高，强度连续增高。添加 40% ~50% 钠长石为主的钠聚硅铝酸盐—硅氧体可以将 950℃煅烧产物的抗压强度从 20MPa 提高到 90MPa。添加 25% 制备的固态砖的抗压强度为 50MPa。

6.2.4 无黏土陶瓷可行吗?

在 1985 年，Corvi-Geopolymere 开发了旨在用低含量甚至无黏土制备高质量陶瓷瓦（墙或地板）的技术。在 6.1 节的专利例 2 中，黏土用铝硅酸盐（岩石尾矿和粉煤灰）替代。废品或副产品占陶瓷配方的 85% ~ 90%，其中添加 5% ~7% 的黏土和 1% ~4% 地质聚合物预聚体。黏土和地质聚合物能提供足够高的强度（以便快速完成烧结），所得到的材料是真正的陶瓷。

美国伊利诺伊大学的 W. Kiven 及其团队参与了该技术的应用，将缩聚的聚硅铝酸盐—硅氧体转变成高附加值的白榴石（$KAlSi_2O_6$）。这是生产这些高价值耐火陶瓷的替代方法。

Schmücker Mackenzie 研究了钠—聚硅铝酸盐—硅氧体加热到 1200℃时其微结构的演化。用 EDAX 确定的基体组分与预期的比例非常吻合，加热到 1200℃时结构也未变化。但导致针状莫来石在地质聚合物基体中发生结晶、石英杂质的溶解、硅石从残留的偏高岭土反应消耗，最终只留下细铝粉。这些被公认的热化学反应有助于解释地质聚合物基体良好的热稳定性。

澳大利亚 ANSTO 的 Dan Perera 及其团队研究了另一种新技术陶瓷（六方钾霞石，$KAlSiO_4$）。MK-750 基钾—聚硅铝酸盐—硅氧体地质聚合物在空气中从室温加到 1400℃时，用 X 射线衍射、扫描电镜和能量分散 X 射线研究了物相的演变。六方钾霞石在 1000℃和 1250 ~ 1400℃是主要的成分。在 1400℃，也没有熔融的迹象。在 1000℃，该材料的开孔率为 38%。这么大的开孔率可保证该材料在该温度下用做绝热材料。该体系也可用做放射性元素的安全固化。

地质聚合物成型工艺可用于低温水热合成的非晶相和玻璃相，从而进一步结晶为白榴石。取决于所选择的碱和存在的硅石，地质聚合物加工工艺可用于低温制备无机前躯体之外的霞石（$NaAlSiO_4$）、六方钾霞石（$KAlSiO_4$）、铯沸石（$CsAlSi_2O_6$）。Ikeda 等也用地质聚合物技术来制造称为锰橄榄石（Mn_2SiO_4）的矿物。含镍硅酸盐地质聚合物是在室温下用二硅酸钠和硝酸镍溶液制备的。然后，在空气中以 200℃逐步升温加热地质聚合物到 800℃。

在不高于 600℃加热后的制品完全是非晶体的。实际上，锰橄榄石和方英石被认为是 800℃加热胶体结晶的产物。缩聚过程用 X 射线衍射仪、热重、差热分析和光学显微镜来分析地质聚合物锰橄榄石到方英石的结晶。现在的技术对于低温制备锰橄榄石非常适用，它可以用于氯—氟化碳的分解以及解决臭氧层破坏问题。

Gutierez-Moda 等研究了 975 ~ 1025℃之间，地质聚合物在恒定载荷（0.5 ~ 10MPa）下的压缩蠕变。地质聚合物使用 F 级粉煤灰、MK-750、粒状炉渣灰、硅酸或碳酸的钠及钾盐为胶凝材料。硅酸盐基集料占总质量的 48%。试验温度范围小，因为在 975℃以下塑性有限，而高于 1025℃则分解。最大累积应变为 15%。亚稳态蠕变是不存在的。集料/地质聚合物界面的破坏，部分是应力集中造成的。测试表明，地质聚合物能承受中等的压缩应力而呈现重要的假塑性应变。

6.3 地质聚合物隔热材料

制备地质聚合物隔热材料的一种方法是对 Si : Al > 6 的（钠，钾）—聚硅铝酸盐—多硅氧体进行加热膨胀。比如，可以在 250℃以上对纳米钾—聚硅氧体进行膨胀。

本节概括的第二种方法是将地质聚合物的缩聚物用发泡剂进行膨胀。所有地质聚合物水泥和树脂均可膨胀或发泡形成轻质材料，有很好的绝热性能。Cordi-Geopolymere 开发的技术是 MK-750 为基础的聚硅铝酸盐硅氧体。德国公司 Huls Troisdorf 进行了工业化，商标是 Trlit。发泡剂过氧化物是碱性介质中（双氧水、有机过氧化物、过硼酸钠等）分解形成的氧气。因为地质聚合物缩聚体的碱性很高，铝粉的反应不好控制，形成的泡沫很脆弱，因此在本节不进行总结。

热传导性是密度的函数，这意味着好的绝热性要求低密度材料。图 6.11说明了 MK-750 基钾—聚硅铝酸盐—硅氧体泡沫地质聚合物的抗压强度随密度的关系。强度明显随着密度变化，低密度隔热材料是脆性材料。

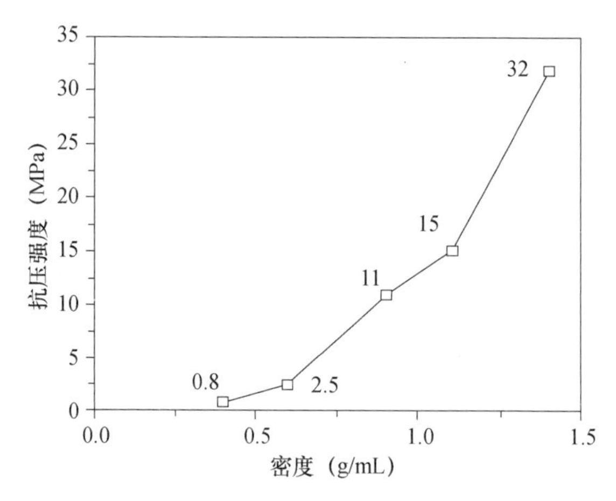

图 6.11 MK-750 基钾—聚硅铝酸盐—硅氧体的抗压强度（MPa）与密度的关系

6.3.1 泡沫地质聚合物的发泡工艺

成功制备泡沫地质聚合物要求对两个参数进行细致优化：过氧化物的分解动力学，以控制氧的生成；泡沫地质聚合物缩聚体黏度的增高。目前还没有标准配方，下面的例子只是一个示范，具体情况还要针对不同的地质聚合物原料的变化来看。

1. 用高硼酸钠盐发泡

制备 305gMK-750 基-聚硅铝酸（钠，钾）盐硅氧体的泡沫地质聚合物包括以下组分。

H_2O	7.5mol
Na_2O	0.246mol
K_2O	0.164mol
SiO_2	1.65mol
Al_2O_3	0.43mol

及 90g 白云母。

室温储存 1h 的混合体加入溶解于 24g 水的 12g 高硼酸钠。溶解的浆液倒入模具并在 60℃ 固化。在约 35℃ 高硼酸钠进行分解，浆体就开始膨胀。

2. 用双氧水发泡

双氧水有 10%、30% 和 110% 几种体积浓度。为制备泡沫，必要时可以先用 30% 体积浓度的，然后再考虑 110% 的。

860MK-750（K）-PSS 泡沫地质聚合物包括以下组分：

H_2O	17.33mol
K_2O	1.630mol

SiO_2　　　　4.46mol

Al_2O_3　　　　1.081mol

及220g白云母和90g氟化钙粉体添加剂。

为能在室温下停留1h，加入50g体积浓度为10%的双氧水和120g硅酸盐水泥+100g水。室温下3h就膨胀并固化。硅酸盐水泥可以用矿粉替代。

工业用泡沫Trolit是用不同地质聚合物原材料制备的，如硅粉和铝粉。最大的组合如下：

（1）质量占22%的反应性固体（硅粉和铝粉）。

（2）质量占34%的填料（云母）。

（3）质量占36%的激发剂（MR=1.62的钾—硅酸盐溶液）。

（4）质量占8%的双氧水（30%体积浓度）。

固体、填料及激发剂先搅拌均匀，然后在浆体刚倒入模具之前加入控制量的发泡剂。马上出现膨胀并在10min内结束。20min后伴随放热反应的硬化开始，60min结束。

3. 泡沫地质聚合物的绝热值

密度为0.270g/mL、热导率为0.058W/(m·K)的干态泡沫地质聚合物性能与其他材料厚度的比较见图6.12。为实现相同的热导率，不同材料的厚度不同。很显然，泡沫地质聚合物不可能像聚苯乙烯和聚氨酯等有机泡沫那样轻，这仅仅是因为硅铝骨架Si—O—Al比有机高分子重的缘故。但它也有优点，特别是6.3.2节所阐述的高温绝热性。

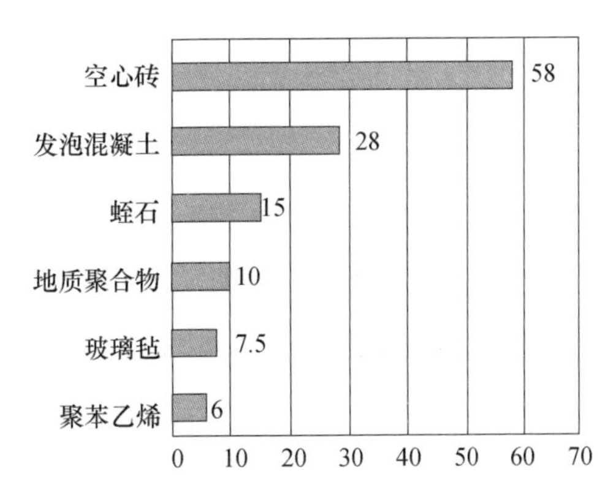

图6.12　相同热导率［0.058W/(m·K)］的绝热材料的厚度

6.3.2　高温绝热性

表6.6给出了泡沫地质聚合物Trolit的物理性能。

表 6.6　泡沫地质聚合物 Trolit 的物理性能

本体密度（kg/m^3）	200～800	压缩强度（N/mm^2）	0.5～2.0
最高使用温度（℃）	1000	拉伸强度（N/mm^2）	约 250
最高热稳定温度（℃）	1200	收缩率（800℃）（%）	<1.5
热导率［W/(m·K)］	>0.037（取决于密度）	比热［kJ/（kg·K)］	约 1.2
孔径（mm）	0.5～3.0	线性膨胀系数（20～60℃）（K^{-1}）	9×10^{-6}
火焰保护性/DIN4102	Al，不燃烧		

泡沫地质聚合物独特地将低热导率和优良的力学性能及良好的高温稳定性结合在一起。如果重点在于与其他绝热材料相比较的最大使用温度，那么这一点会更明显。

如图 6.13 所示，仅地质聚合物和硅酸钙能承受达到 1000℃的高温。现在使用的其他绝热材料都达不到这个级别的性能。除优良的物理性能，泡沫地质聚合物还有其他一些优良的特征。所有的泡沫地质聚合物是不可燃烧的。由于它们仅由无机物组成，按照 DIN4102 分类属于 A1 型。当暴露于火焰时，不会释放出毒性物质。因此地质聚合物隔热材料特别推荐用于绝对防火的场合。开孔泡沫地质聚合物 Trolit 是一种很有吸引力的防热材料，如用于汽车消声器等。其主要性能见表 6.7。

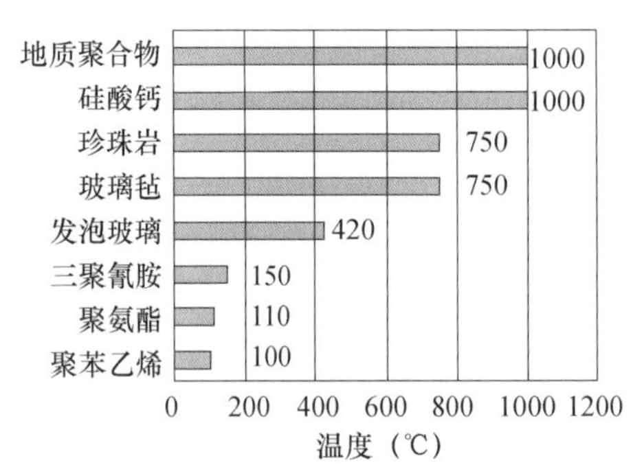

图 6.13　一些绝热材料的最高使用温度

表 6.7　开孔泡沫地质聚合物 Trolit 的主要性能

本体密度（kg/m^3）	350～400	燃烧性	Al，无
抗压强度（N/mm^2）	0.8～2.0	耐温性（℃）	≤950
弯曲强度（N/mm^2）	1.2～1.8	抗冻/融性（℃）	−40
空隙直径（mm）	0.5～1	热导率 λ［W/(m·K)］	0.16
收缩率（800℃）（%）	<3		

6.3.3　在热而干燥的气候中建筑的被动冷却

然而，聚硅酸盐泡沫地质聚合物的性能很有吸引力，它能够吸收并脱附水蒸气（非水），这可用于另一种绝热：建筑物在热而干旱的气候条件下的被动冷却。与一般认识不同，建筑绝热与对寒冷状态下的绝热的规律不同。已经知道，在热而干燥的地区，干燥大地的传统材料比现代有机绝热材料或混凝土块能提供更好的舒适性。地质聚合物的一个特点在于能够快速吸收并放出蒸汽。在这种情况下，泡沫地质聚合物能在20℃下几小时内吸收10% ~15%（质量）的蒸汽湿度（一个大气压，56% ~90%的湿度）。

下列试验展示了在热气候条件下的特殊绝热性（被动冷却）。

用相同热导率［0.058W/（m·K）］的材料制备三个箱子：一个用聚苯乙烯泡沫，4cm厚；一个用玻璃毡，4.5cm厚；一个用泡沫地质聚合物，6.5cm厚。

开始时，所有材料均为15℃，三个箱子放在室内（35℃，湿度52%）。不时测量内部温度，用温度升高值作图（图6.14）。

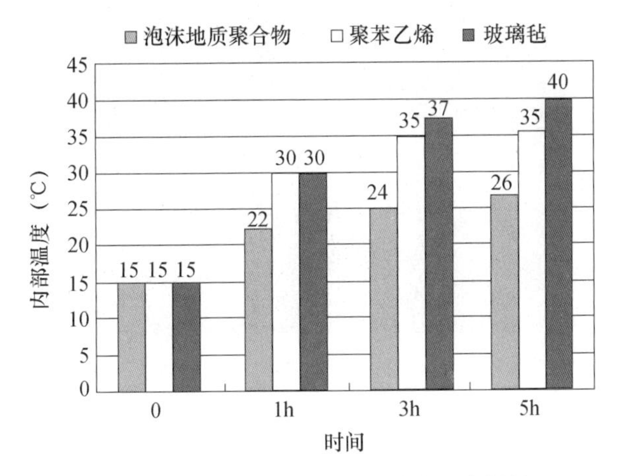

图6.14 泡沫地质聚合物与其他绝热材料（玻璃毡、聚苯乙烯）的被动冷却效果

在暴露5h后，玻璃毡绝热箱子温度达到40℃，聚苯乙烯泡沫绝热箱子温度达到35℃，而泡沫地质聚合物绝热箱子仅26℃。玻璃毡箱子的温度比外边温度高5℃。对于聚苯乙烯泡沫箱子，内外温度相同。而泡沫地质聚合物箱子冷却效果很好，提供的冷却温度为26℃。

这种被动冷却效果的解释为：泡沫地质聚合物吸收蒸发水。在晚上从外边空气储存压缩，而在白天向内（如果补充湿度）或向外释放湿气。在后一种情况下，吸热蒸发并降低地聚合物泡沫的温度，从而增加绝热值。泡沫地质聚合物就是这样能够吸收20% ~30%自重的水蒸气。泡沫地质聚合物能提供土砖砌成房子的舒适性和与现代工业绝热材料相同的绝热性。

6.4 有害废弃物固化

在核电站不断对我们的星球的美景进行污染时，工业规划师就认为，在20~30年的反应器服役寿命终结时，就会出现技术能环保地处理它们，要么拆解要么引爆。今天，虽然许多的核反应器服役寿命到了，但关于如何选择引爆技术还在讨论中。

过时或破损反应体的引爆会产生严重的问题，这可以从破损的Chernobyl反应堆为例看出。考虑世界上存在的、必须销毁的反应器数量，Chernobyl的问题极其严重。引发其他环境问题的警报也已经拉响，有毒堆积物快速增长，却没有建造专门的处理地点。废弃的矿物含有大量重金属和酸液，正污染着那些未开发的土地（图6.15）。

图6.15　废弃的Kam-Kotia采矿区（加拿大Ontario）

河流和地下水也广泛受到威胁。在很多情形下，污染物引起水质毒物超标数倍。高毒量粉煤灰、从工业烟囱排放的尘土等一般污染物也迅速增加。非常紧迫的是对成百上千的工业废物进行有效处理，以保护公众健康和生态系统。

为了阻止这些危险污染物对生态环境的破坏，必须对它们进行固化并用能延续几千年的不渗透材料进行裹覆。所开发的这种产品，或者说一种技术是能解决反应堆问题和破坏现代文明的一些棘手环境污染物问题。这种新技术的关键点就是地质聚合物合成化学。同时，Hermann等验证了这种技术的可行性：小规模地对10t多放射性废物进行了包埋。近期关于Cs和Sr原子包埋处理的研究还在继续，如Perera等、Vance等和Hanzlicek等。

对于毒品处理的第一个相关地质聚合物的Davidovits专利的摘要是这么写的：

美国专利US4859367（1989）（1987年10月2日申请）：废物固化

和处理方法

摘要：本发明涉及一种新的固化和处理废物的方法。废物用硅铝酸盐地质聚合物粘结剂进行混合。地质聚合物把混合物胶结起来。固化后，形成硬的石头一般的固体。混合物经过稳定的成型过程，如浇注和压制形成废物处理制品，具有长期的稳定性。

在采矿业，尾矿量很大。在靠近矿区的加工厂，尾矿通常与矿品分开并就地处理掉，形成了“尾矿库”。这些尾矿库受到气候作用和地下水的冲刷，会渗进周围的环境。非金属（如陶土矿）的尾矿库中盐的浓度很高，超过周围水中的浓度。煤矿和许多金属矿的尾矿库的硫含量很高，受气候作用和随后的氧化作用能产生硫酸，会携带有毒重金属渗到周围环境。在石化和原子能工业中，许多废物品的危险性更显著。现在，用新型的固化技术来阻止这些废物危险品的有害元素从堆场渗入地下环境。

期望尾矿和危险固废长期稳定，不容易渗透和泄漏。许多专家建议使用胶凝材料进行固化稳定化。实际上，传统胶凝材料有很多问题。硅酸盐水泥、硅酸盐基胶凝材料和石灰基胶凝材料都与废物兼容性较差，包括砷、硼、磷、碘、硫的钠盐；镁、锡、铜和铅的盐；淤泥和黏土；煤和燃烧品。这些废弃物引起凝结、固化或耐久性的问题。而且，这些胶凝材料不耐酸。高浓度氧化硫可以引起固化材料分解，而使危废固化物加速渗透。

长期以来，有毒废弃物包覆的争论在于其整体性和耐久性。过去，包覆用以下两种处理方法：一种是在废弃物周围用护栏隔离；另一种是使用其他材料与废弃物混合来稳定、固化和包覆废弃物。

6.4.1 带屏障的包覆

物理屏障可用于包覆或者改性包覆品的迁移。这些屏障必须是耐久的，以保证安全、长期地包覆废物。包覆废物的辅助材料也必须是耐久的，能保证有毒废弃物不再降解或因渗透而泄漏有毒元素。屏障体系有很多方法，最常用的是隔墙、衬套和盖。

在核和铀放射性废物的管理中，基本目标是保护现在和未来子孙不暴露于人工材料的辐射下。这个目标可以用一种或多种包覆屏障来围堵和隔离。大体积混凝土包覆可以实现几个世纪都不再接触它。几千年后，地下水逐渐浸入废弃品引起混凝土结构的腐蚀。这时，废弃物的放射性已经是初始值的很小一部分，但化学品对环境还是有毒有害的。

Van Jaarsbeld 等开发的地质聚合物材料能够阻挡灰尘的生成、阻止盐沉积在尾矿表面。地质聚合物的黏稠浆体有效利用而形成工业固废的处理材料，也是一种可行的固化技术，用于澳大利亚西北部尾矿的储存，且满足尾矿储存的标准要求。

6.4.2 MK-750 基地质聚合物的废弃物固化

废弃物固化是一个过程，既可以联合使用，也可以替代屏障系统。废弃物固化有两种技术：①物理固化；②化学反应。后者能使包覆的有毒化学品呈中性和不受有害元素污染。不进行固化，废弃物仍然会产生不良影响。液态废弃物通过化学中和与沉淀成为无害的复合物，可以处理和固化。细颗粒的沉淀物和微粉废弃物可以与其他助剂混合来阻止有害元素的释放。对稳定的粉状材料进行包覆的技术依赖于其物理特性，这与颗粒的尺寸和密度有关。所以地质聚合物包覆有毒废弃物是一种技术突破。

1. 稳定固化结构的组成

长期研究表明，玻璃渗透速率（用时）和非桥键氧（—Si—OH 或—Si—O—Me^+）之间存在大致的函数关系，这是从玻璃组分计算得到的（Jantzen Plodinec，1984）。早期对玻璃谱图分析表明，拉曼谱图可以用于分析非桥键氧的数量，可以从玻璃组分计算得到。这就在光谱和玻璃耐久性之间建立直接的联系（White，1988）。

这些研究结果揭示了地质聚合物结构的特点，一方面是向硅酸盐玻璃添加铝能会增强耐久性。非桥键氧对耐久性的重要性在于非桥键氧能够以分子尺度攻击质子或水分子。在地质聚合物中，网状铝硅酸盐的—Si—O—Al—O—Si—结构可以安全地包覆有毒金属原子（重金属、放射性阳离子），而非网状结构的硅酸盐容易受化学攻击而渗漏。

多种 AlQn 单元结构（通过^{27}Al NMR 光谱）表明 AlOH 种类和有害元素渗透性之间存在直接的关系。MAS-NMR 谱图显示，A1Q（2Si，2OH）和 AlQ（3Si，1OH）存在的位置，正是自由碱性阳离子存在和迁出的地方。用金属或放射性阳离子取代碱性阳离子会有相同作用。另外，AlQ（4Si）类提供了三维网络结构，能固定阳离子并提高长期稳定性和抗腐蚀性。三维网络结构中的一些组分是由高聚合的 AlQ（4Si）组成［分散在低聚合的 AlQ（2～3Si，1～2OH）区域］，耐化学侵蚀。

2. MK-750 基地质聚合物的化学键合

在 Jaarsveld 等、Perera 等、Xu 等的研究中，粉煤灰基地质聚合物体系可以包覆重金属阳离子（金属元素或放射性元素）。他们得出以下结论：

粉煤灰地质聚合物能够将物理包覆和化学固化结合起来，吸附是有重要作用的。换句话说，将阳离子固结在地质聚合物网络结构中并不是完全成功的。正如 Minaříková Š kvára 指出，用粉煤灰地质聚合物固化重金属离子可以均匀分散在地质聚合物网络中，然而 NMR 谱表明存在 AlQ（2～3Si，1～2OH）单元，这说明阳离子在硅原子周围自由迁移。

Van Jaarsbeld 等开始向粉煤灰基地质聚合物中添加高岭土和 MK-750，能提高重金属阳离子的固结作用。Perera 等进一步比较了粉煤灰基和 MK-750 基的地质聚合物体系的稳定效果。单独添加 1%～5%（质量）的 Cs 和 Sr 的硝酸盐和氢氧化物。用 X 射线衍射分析、扫描电镜（SEM）和能量色散 X 射线谱（EDS）可以表征地质聚合物。对所选择材料进行 PCT 测试（测试样品被加热到 900℃）。MK-750 基地质聚合物对 Na 和 K 的渗透率比粉煤灰材料低。对 Cs 和 Sr 的渗透速率比粉煤灰基低聚物的也低。

Perera 等已经肯定，MK-750 基地质聚合物对铅的固定作用很好。在混合硅酸盐溶液和 MK-750 前驱体制备的地质聚合物中，1%（质量）的铅作为硝酸盐是不迁移的。在美国环境保护署的测试样本中，美国土地填埋的可接受上限是铅的排放率不能高于 5×10^{-6}。电子谱表明铅主要存在于非晶相中。

进行核废物地质聚合物固结研究最早的是 Khalil 和 Merz。不幸的是，这些作者使用粉煤灰/二氧化硅烟灰体系时的性能比 MK-750 基地质聚合物的弱。任何安全的重金属或放射性的包覆都要求用 MK-750 来进行。准确地应用这个方法最早是 Davidovits 在研究毒品废物管理时提出的。现在，就归纳如下。

6.4.3 尾矿中的重金属

沸石材料能够吸附有毒有害元素。地质聚合物能像沸石和霞长石一样，固结含有害元素的废物，将半固态废物转变为固化凝结体。废物材料的有害元素与地质聚合物混合后被固封在地质聚合物基体的三维网络结构中。

在 1987 年至 1988 年加拿大政府（CANMET，1988）出资首先开展了该项研究，旨在用地质聚合物对有毒废物进行固封。加拿大选择了四种有害尾矿样品，无机胶凝固化过程基本都不相容。所选样品如下。

（1）碱金属（Kam Kotia 矿）（硫含量高），pH = 1. 5 ~ 2. 0。

（2）氢氧化钾碱（Saskatchewan）（NaCl 含量高）。

（3）煤（Alberta）（硫含量高），pH = 2. 0。

（4）铀（中西矿）（砷，核废品和硫化物含量高）：pH = 2. 5。

所测试的地质聚合物是（K，Ca）-PSS 型的商用地质聚合物，称作 Geopolymite 50，是法国 Cordi-Geopolymère 制备的。它是 MK-750 钙基地质聚合物，是两组分的。

（1）A 部分：粉末（MK-750 40，炉渣 40，硅灰 10，矿物填料 10）。

（2）B 部分：液体（硅酸钾，MR = 1. 30）。

1. 固化工艺

50 份 Sacrete 砂与 32. 5 份有毒液体尾矿混合，将 8. 75 份 Geopolymite 50（A）和 8. 75 份 Geopolymite 50（B）混合，熟化 30min 再加入砂子/尾矿混合物。注意的是：仅仅熟化后，地质聚合物浆体分别制备并加入有毒组分。这样，避免在反应混合物中生成自由碱，这对滤出值有负面影响。

得到的混凝土浇注到模具，振实除去空气，放入塑料袋。原料尾矿在室温放置 1 夜再脱模。固化 14d 或 21d 后进行渗滤实验。21d 后尾矿地质聚合物的抗压强度测试值在 14 ~ 20MPa。在 60℃进行 4h 模内地质聚合反应，制备的废物处理品非常坚硬，抗压强度在 28 ~ 40MPa。

2. 渗滤试验

尾矿地质聚合物—废物处理品的稳定性按照过滤提取物规范程序进行测试。该工艺是加拿大环境部在 Ontario 省建立的 309 法令（R. R. O. , 1980），在 1980 年的 R. S. O. 环境保护行动中修定为 O. Reg. 464/85。该程序包括压碎样品进行 9. 5mm 过筛，保存在乙酸和硝酸中 24h，提取洗出液，过滤并分析过滤物。

确定砷的毒性，列于表 6. 8。进一步讨论的结果就成为砷安全包覆的技术。

表 6. 8　地质聚合物合成 24h 后，过滤物中砷浓度的变化

% Geopolumite 50					
未处理的	10%	15%	20%	25%	30%
47.72×10^{-6}	0.88×10^{-6}	0.3×10^{-6}	0.4×10^{-6}	0.5×10^{-6}	1.1×10^{-6}

表 6. 9 中给出其他结果。样品中任何危险元素全部（100%）被“封存”进地质聚合物基体的三维结构中。

表 6.9 地质聚合物合成 24h 后，过滤物中砷浓度的变化

组分	加入（$\times10^{-6}$）	渗滤出量			锁在地质聚合物中废物的含量（%）
		未处理的（$\times10^{-6}$）	地质聚合物的		
			24h（$\times10^{-6}$）	28h（$\times10^{-6}$）	
氢氧化钾碱废物					
NaCl + KCl	210000	60000		Na：3100 Cl：7440	80
铀矿废物					
^{226}Ra	3841 pCi/L	300 pCi/L		18.7 pCi/L	94
金属基废物					
Fe	255	973	123	0.06	100
Cd	3.8	2.01	0.26	0.014	100
Co	70	18.90	16.10	0.16	100
Cr	756	90	45.36	<0.01	100
Cu	677	210	4.05	0.19	100
Mo	2.2	0.15	0.08	0.06	96
Ni	78	13.26	10.90	0.03	100
Pb	53	3.95	1.59	<0.02	100
V	119	2.4	2.20	<0.10	100
Zn	1274	802.62	484.12	3.10	100

图 6.16 表明地质聚合物合成对镭渗滤的影响。高达 94% 的^{226}Ra（表述为 pCi/L）是低于强制性规范的。

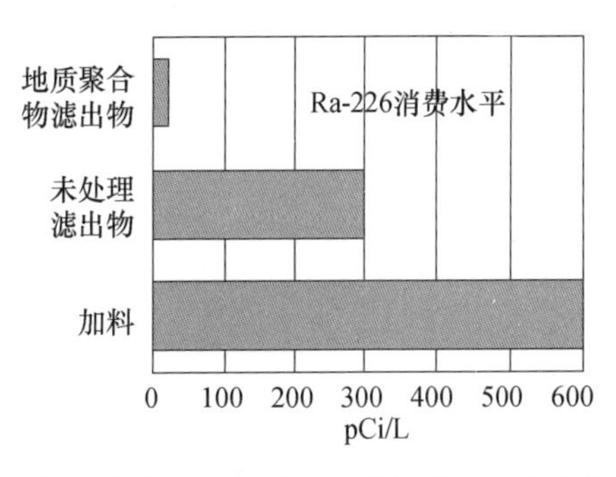

图 6.16 地质聚合物和未处理铀尾矿的比较。渗滤的损失（pCi/L）

对其他矿和污染地点的测试表明，地质聚合物在安全包覆重金属方面非常有效。危险元素的含量（%）可以安全地“封存”在地质聚合物网络基体中，见图 6.17。仅 Cr 和 Mg 没有按照预期进行。众所周知，Mg 在地质聚合物合成中会以阳离子发生沉淀，从而被在物理上固化和渗出。对于 Cr，它像 As，两种体系都需要特殊方法进行包埋。

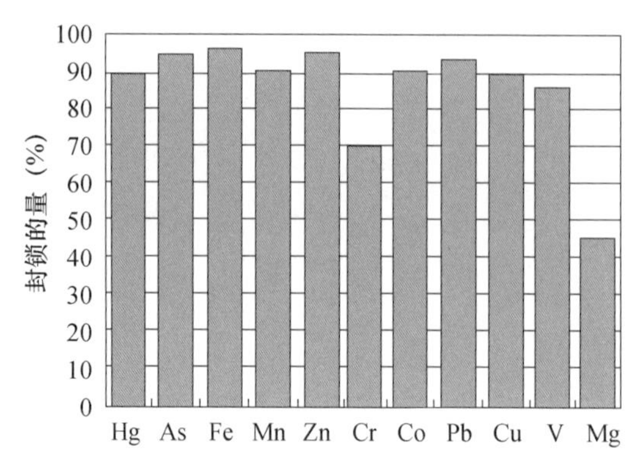

图 6.17　固封在地质聚合物基体中的危险元素数量

（对几个案例的综合分析，CANMET，1988）

6.4.4　用于油漆污泥处理的地质聚合物

用不同浓度的 Geopolymite 50™（见上）对脱水颜料浆进行包埋。在一些处理中，加入砂子来提高固化废物的强度。表 6.10 给出了测试项目中所用的各种混合物。

表 6.10　颜料浆的组分

样品	混合物组分				
	1	2	3	4	5
颜料废物（g）	600	550	500	450	300
Geopolymite 50（g）	200	200	200	200	300
砂子（g）	0	50	100	150	0
总量	800	800	800	800	600
废物（%）	75.0	68.8	62.5	56.3	50.0
Geopolymite（%）	25	25	25	25	50
固化时间（h）	72	24	24	24	24

固化 1 ~ 3d，压碎样品并在酸中过滤 24h（按照 Leachate Extraction Procedure）。原样品也进行渗滤实验进行对比。然后检验渗滤物，分析包埋效果。

无砂样品 1 用手按压还是软的。尽管是有少量渗滤，但结果表明包覆还是稳定的。实验中最稳定的是锆、镁、钴和钒。在这些案例中，90% 以上可溶性包覆物被封存在地质聚合物基体中。也可以看出，在多数情形下，增加地质聚合物组分含量（25% ~ 50%）的效果不如开始就加入 25% 的。废弃物中添加砂子的影响如图 6.18 所示。虽然样品的机械强度随着砂子含量增高而提高，一些有毒元素却渗滤了。最明显的是锆和钴增加了。实际上，再加入 30% 砂子产生的渗滤物损失仅仅是废物渗滤的一部分。

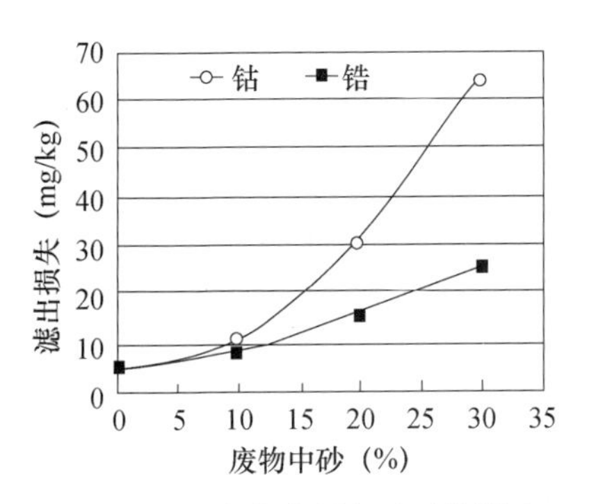

图 6.18 废弃物中添加砂子的影响

稳定特殊颜料的地质聚合物数量与废物的独特化学特性和有关渗滤物如何处理的标准有关。本项目中对废物的基本关注点在于铬的渗滤性。标准要求渗滤物中最大容许包覆浓度是每升溶液中含量为微克级。用25% Geopolymite 50 处理时，渗滤实验中铬的渗滤度降低到规定的范围内。

6.4.5 含砷废弃物的处理

在同一项目中，也研究了地质聚合物用于固化和稳定含砷废物的效果（Comrie 等，1988）。测试的是从几个在运行和关闭矿中选择的高浓度含砷废物（尾矿）。

尾矿是加拿大以及全世界环境污染的主要来源。含砷黄铁矿（毒砂）是一种含砷的硫化物，与其他复杂的砷的硫化物分布在许多矿中，对当地环境造成很大危害。矿通常是压碎到砂子尺寸，然后煅烧氧化含硫化物。重金属廉价地通过化学方法分离和沉淀出来。水浆或者尾矿排到附近的沉淀池。污染物的沉淀池中尾矿可以处理，即排放入环境前就要进行转移和稀释。

煅烧加工后，砷以三价（Ⅲ）或五价（Ⅴ）形式存在。许多传统工艺都能氧化砷，再用石灰进行沉淀形成砷酸钙［$Ca(AsO_4)_2$］。或者，砷与所选金属（如铅、铜、镉、镍和锆）配位形成更稳定的沉淀。常见的沉淀物还有不太稳定的 $Fe_2(AsO_4)_2$。

因此，含砷黄铁矿的尾矿富含砷，在冶金分离过程中不能完全清除掉。循环的地下水渗过尾矿，与所含的硫化物反应形成硫酸溶液。

砷化钙和金属的砷化物（如砷化铁）在极低或非常高的 pH 值范围内溶解。砷化钙在 pH = 11 达到最大的溶解度；砷化铁在 pH = 3 达到最大的溶解度。在稳定的范围内，两种化合物的溶解性都随 pH 值增高而增大。因为砷能在苛刻的 pH 值范围内溶解，通过酸溶液能够从尾矿中有效渗滤出砷（与配位金属），因此可以最大限度地释放到环境中。

6.4.6 地质聚合物的凝固

加拿大碱金属尾矿提炼操作中得到的沉淀物中含砷40%，地质聚合物将这类碱金属尾矿处理固化到基体中。

为了确定地质聚合物废物在地下水中的渗滤性，固化的废物粉碎后在盐酸中渗滤。这些测试按照Ontario省加拿大环境部建立的标准（规范309）进行，代表了“最差”的实验条件。规范309规定，固体必须首先粉碎以增大表面积，与酸液接触。这种环境比自然条件下的任何条件都苛刻。

地质聚合物作为含砷废物的固化剂的有效性取决于废物本身的化学性质。按照Comrie等文献，这在Kam-Kotia碱金属矿（北部Ontario）的含砷尾矿上取得了巨大成功。在Kam-Kotia尾矿中，生成了砷化铁配合物。结果如图6.19所示。如果不进行处理，按照规范309实验测试，尾矿释放53.4mg/kg的砷。用10%（质量）地质聚合物（Geopolymite 50）处理后，渗滤物中仅有0.6mg/kg的砷，相比降低至原来的1/80。用15%（质量）Geopolymite 50，渗滤物中仅有0.2mg/kg的砷。按照Ontario省的标准规范，该渗滤物中砷含量是稳定的，放入环境是安全的。总之，能形成坚实和粘结的固体。

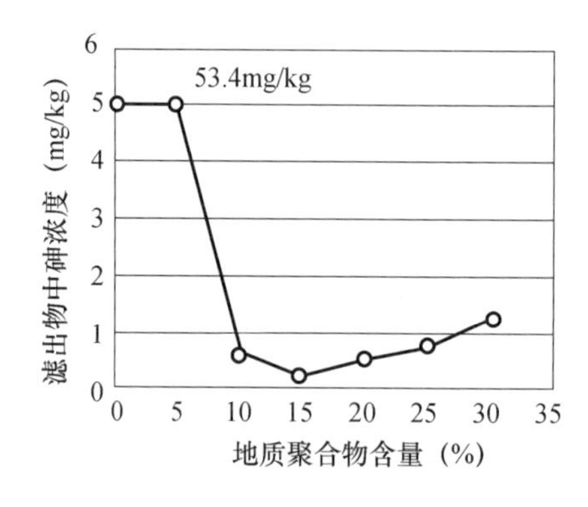

图6.19 地质聚合物固化体中渗滤物的砷浓度变化

添加15%（质量）的Geopolymite 50，渗滤物中砷浓度可以明显降低。实际上，必须注意不要加过量地质聚合物，否则砷的浓度会增加。测试表明，砷组分的稳定性取决于废物的化学特性和砷的存在形式。在其他情形下，废物的预处理对地质聚合物合成也是必要的。

6.4.7 铀尾矿危险废弃物处理

从图6.16看出，地质聚合物固化体对铀尾矿废物处理是有效的。地质聚合物基体中固封的^{226}Ra含量高达94%，表示成pCi/L，低于任何强制性规范。在CANMET项目（1988）成功测试后，在欧洲的1996年至1999年间开展了广泛的研究。欧洲研究项目Geocistem也在德国的矿山修复项目中得到检验，证明该技术是成功的（由Wismut开展）。然后Wisum公司和Saxon州环境办公室建立了研究项目。

地质聚合物处理项目涉及德国公司Wismut和B. P. S工程及法国Cordi-Geopolymere公司。重点放在了^{238}U和^{235}U、砷及一系列碳氢化合物造成的性能降低，以及产品污染物缓凝的问题。放射性废弃物来自现场沉淀池，或直接来自水处理厂。这样，就可以在有害元素污染河流之前将从尾矿流出的辐射物和重金属除掉。

1. 铀矿固化的特殊性

处理辐射和有毒的浆体需要至少满足两个条件：

（1）污染物的化学固化，即阻止污染物排放到地下和渗流到水中，从而在水流途径上最大限度地减少健康危害。排放污染物通过基体固化来控制渗滤。

（2）在温度和湿度、微细菌和化学反应性及外界应力等快速改变的恶劣条件下具有结构稳定性，从而保证在操作时间内安全处理，最大限度地保证污染材料在其后几百年不扩散。

在一些方面，用地质聚合物胶凝材料对危险残留物进行固结，可视作固化（Vitrification）。与固化类似，它具有高强度、耐酸性和长期耐久性。但与Vitrification（固化）不同，它不需要耗能进行干燥和熔融。它仅仅需要进行简单的混合（如混凝土固化）并在室温下硬化。

2. 含铀污泥

表6.11给出了这些辐射有毒污泥的组成。

表6.11 辐射有毒污泥的组成

组成的具体含量	
放射性核素	有毒元素
Unat（U-238，U-235）：1000…7000 × 10^{-6}	砷：100…9000 × 10^{-6}
Ra-226：1…15Bq/g	氯
	锑
	钼
	硫化物
其他特征	
粒径分布	例如，95% <63μm
材料干态含量	10…45%，典型的40%
	部分水黏在宏观集体上
脱水行为	难于脱水，需要压滤
流变性能	非常的触变（例如，氢氧化物污泥）

污泥来源于下列地点（图 6.20）：Drosen 沉积池（WISMUT GmbH，Thuringia）；表面水处理设施（Saxony 的 Zwickau 水处理装置）；水处理厂 Pohla 和 Ave（WISMUT GmbH，Saxony）。另外，Drosen 污泥含有 6000×10^{-6}的碳氢化合物，初期认为这会影响固化过程。实际上，地质聚合物反应过程本身及最终产品的性能没有受到影响。就 CANMET 项目而言，地质聚合物技术对所有的污泥都是有效的。然而，Ave 矿的水处理厂需要更复杂的两步法来进行包覆才能达到要求。

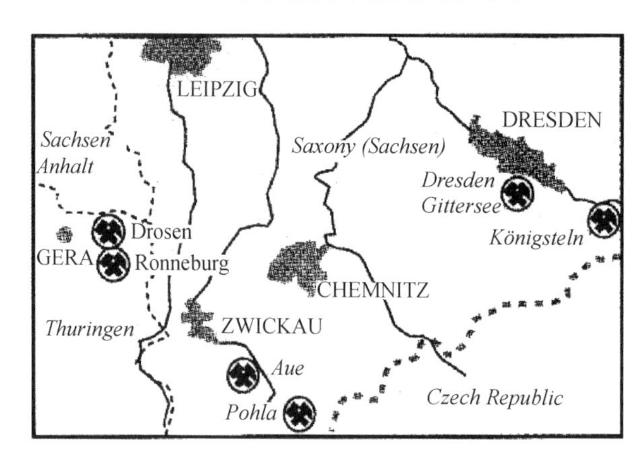

图 6.20　德国公司 Wismut 的六个铀矿位置

3. 两步固化技术

在制备粒状产品生产中的两步法是先将污泥与普通硅酸盐水泥混合，接着用 MK-750 基地质聚合物进行包裹，并将混合物倒入大袋（Big Bags）或模具（B. P. S. 和 Cordi-Geopolymere，1998a；Hermann 等，1999）。采用两步法至少有以下三个优点：

（1）硅酸盐水泥的 pH 值偏中性，而地质聚合物水泥的 pH 值偏高，因此，后者对砷等重金属的固结效果较好。

（2）由于粉体的有效填料，与纯地质聚合物基体相比，具有优化的结构和更长耐久性。

（3）对于给定的污泥量，固化时需要的地质聚合物量较小而成本较低。

标准混合物优化配比（污染物保持最佳化学稳定性的配比，如渗滤行为）、长期耐久性及成本如下：

（1）第一步：

压滤脱水的污泥 1kg（干物 35%，水 65%）

硅酸盐水泥 0.81kg

（2）第二步：

（K，Ca）-PSS 地质聚合物水泥 0.75kg

水　　0.25kg

4. 结果

在中间产物与 MK-750 基（K，Ca）-PSS 地质聚合物水泥混合后，浆体马上能流到模具内或大袋子内。机械振捣（如振动台）可以使浆体保持较好的流动性。在室温养护 2h 后脱模是稳定的。2d 后，达到了 90% 的抗压强度。28d 的最终抗压强度在 20MPa，而收缩率小于 0.5%（检测的极限），吸热量明显小于硅酸盐水泥。

（1）MAS-NMR 分析。^{29}Si 共振峰位中，$85 \times 10^{-6} \sim 90 \times 10^{-6}$ 范围内是完全缩聚地质聚合物的典型峰，略微偏移到 70×10^{-6}，是第一步制备的硅酸盐水泥。

（2）单轴抗压强度（DIN 18136，20℃，60% 空气湿度）。28d 达到的最后抗压强度为 18.8MPa。实际上该技术可以经过优化达到更高的强度。

（3）液压传递性（DIN 18130）。测试的液压传递性在 10^{-10}m/s ~ 10^{-12}m/s 或更低，由于许多测试是低于这个检测极限的而没被测出。

（4）渗滤行为。进行的几个渗滤试验可以涵盖有很大环境应力的条件，估计到 22 世纪才会发生。标准渗滤试验按照 DIN 38414 – S4，24h，7cm^3 得到总的固化数据，而其后按照 ANS16.1（按照当地条件适度改变）的渗滤试验是评估地质聚合物基体中扩散输送性能。表 6.12 给出了按照 DIN 38414-S4 试验的渗滤物浓度。

表 6.12　渗滤物浓度（铀，镭-226 和砷）

元素	渗滤物浓度
Unat	1…6μg/L
Ra-226	<10mBq/L
As	<100μg/L，典型的为 10μg/L

（5）铀的扩散常数。它是简化假设下通过方程 $Q_{tot} = AC_{sol}(4Dt/\pi)^{1/2}$ 得到的。这里 Q_{tot} 是时间 t 内的总污染质量，A 是样品表面积，C_{sol} 是固体中污染物的比含量，铀的扩散常数 D 值可用 ANS16.1 标准测试，从顺序滤析测试中计算出来，列于表 6.13。

表 6.13　在 pH = 3 和 pH = 5 下铀的扩散常数 *D*

	pH = 3	pH = 5
D 铀	3.8×10^{-16}cm^2/s	1×10^{-16}cm^2/s

正如预计的那样，扩散常数并不随渗滤物 pH 值变化，而是完全由地质聚合物基体内固体过程决定。D 值在 pH = 3 和 pH = 5 下的微小差异可以用渗滤实验物浓度测量误差来解释，该浓度直接用来计算常数 D。对不同 pH 值开展更多的渗滤实验，特别是在酸性范围，每小时添加硫

酸来维持 pH = 3。按照 DIN 38414-S4 测量，渗滤物浓度不受影响。测试后，计算抗压强度，发现并无增长。

（6）结构稳定性测试。按照 ASTM D 4842（湿/干循环）和 ASTM D 4843（冻融循环）测试样品的结构稳定性。

在两种情况下，从图 6.21 中没有观察到抗压强度的增高（分别对应开始，6 周，3 周循环）；未观察到表面损害（开裂、裂纹、粗糙度增大等）。两个测试后质量损失 0.06%。而且，在总共 60d 的周期测试 Endell衰减指数（一个相当传统的，针对建筑材料测试的度量）。质量损失在检测极限 0.01% 以下。

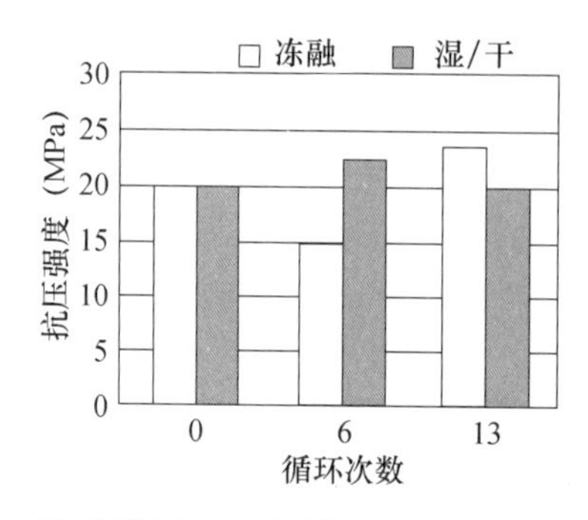

图 6.21　冻融循环和干/湿循环中抗压强度（MPa）/循环周数（开始，6 周，13 周）

（7）微生物稳定性。按照 DIN 53739 和 ASTM G 21/22 确定微生物稳定性。样品冲洗干净并滴定上真菌、细菌或两种。然后将样品放置在潮湿而黑暗的环境 4 周以上。在同样的条件下保留未滴定细菌的样品供比较。目视检测样品，接着进行抗压强度和渗滤试验。表面没有感染，抗压强度和渗滤性没有明显变化，也没有观察到真菌和细菌。这样，地质聚合物废物对微生物是稳定的。

5. 中试实验

在 1998 年的 11 月—12 月，在 Ave 的 WISMNUT 矿的水处理设施进行了中试实验（Schlema-Alberoda）。B. P. S. 工程公司和 Cordi-Geopolymere 参与其中（Hermann 等，1999）。建设该设施是为了从 Schlema-Alberoda 钨尾矿中除去钨、镭、砷和其他有害金属。技术工艺是连续进行选择性沉淀/絮凝。水流速为 $450m^3/h$，每天有 3.5 ~4.0t 脱水的污泥需要进行干燥和处理（B. P. S，Cordi-Geopolymère，1998b）。

固化的最初技术是基于传统硅酸盐水泥技术，$1m^3$ 的立方块用模子浇注出来，进行硬化，然后用卡车运送到指定的处理地点。下面的照片显示了两步法地质聚合物处理的不同阶段（图 6.22）。

(a) 颗粒预制物（泥浆+P.C.）

(b) 装于袋中的聚合物废品

(c) 钢中硬化

(d) 有硬化块的脱模大袋子

(e) 大袋子装地质聚合物块后放置在工地上

图 6.22　放射性废物污泥的两步法地质聚合物包埋过程

处理的地点位于以前的废岩石堆。严格执行辐射保护标准的要求对填埋进行严密的包覆。如果用地质聚合物块代替硅酸盐水泥块，最昂贵的填埋包覆单元就可以取消。无论从短期看，还是从长期考虑，特别是考虑冻融循环和干/湿循环，后者的保护都是不充分的。除了传统硅酸盐水泥浆体的输运因素，有必要采取辅助措施保证在建设、处治阶段及长期过程中地质聚合物的耐久性，这对于高含量的放射性核元素来说是一个关键因素。这方面节约的成本可平衡地质聚合物的较高的材料成本。这点能在很大程度上提高短期和长期稳定性，允许 Wismut 和管理者开展中试实验。所用设备是现有硅酸盐水泥的混合和成型设备。在水处理厂，有胶凝材料的加料设备和混凝土的泵送系统。中试实验重复了实验室的结果，使用户安全放心地制备了地质聚合物。硅酸盐水泥混凝土所使用的设备工作效果很好。中试实验明显表明，地质聚合物技术是成熟的。

6.4.8　地质聚合物在其他有毒—辐射废弃物管理中的应用

Wismut 项目的合作者启动了一个有意义的研发项目。其中包含应用地质聚合物泡沫来进行吸附。按照 Kunza 等（2002）文献的描述，可以采取被动高效过滤的方法从水中除去镭同位素，成本较低。过滤介质是有很强吸附能力和选择性的颗粒地质聚合物吸附层，这是将硫酸钡嵌入发泡的无机地质聚合物中实现的。除了进行选择性的从废水中除去镭外（如钨矿废水及渗流），它也适合于矿物处理和一些情况下的饮用水。

Li 等（2006）在 250～350℃通过 NaOH 与粉煤灰反应制备了另一种地质聚合物吸附剂。合成泡沫比粉煤灰和天然沸石有更强的吸收能力。Wang 等（2007）测试了水溶液中除去 Cu^{2+}，粉煤灰、天然沸石和地质聚合物吸附剂的吸附能力分别为 0.1mg/g、3.5mg/g 和 92mg/g。

按照 Perera 等（2004）文献的描述，Cs 和 Sr 是需要固结的两种放射性最强的元素，因此适合用地质聚合物为基体固结这类放射性废物。Vance 等（2006）研究了高含量核废弃物（如 Hanford 型槽）固结的地质聚合物反应过程。他们使用 K-PSS 型的 MK-750 地质聚合物。为将该槽废物固化到地质聚合物中制备成抗渗滤固化体，似乎需要事先处理掉大量水、硝酸盐、亚硝酸盐和氧化物。在其他实验中，溶解前，分别将 $NaNO_3$、$NaNO_2$、NaCl 与 MK-750 混合到碱溶液并进行固化。钙化的富铀废物用 K-PSS 地质聚合物固化并进行 PCT 测试，其结果令人满意。

在放射性废物的管理领域，Hanzlick 等（2006）通过水和硫酸溶液中的渗滤来检测放射性金属离子的稳定性。用放射性物质（152Eu、134Cs、60Co 和 59Fe 同位素）示踪法实验。进而，Chervonnyi 和 Chervonnaya（2003）研究了生物体燃烧后得到的低放射性废物的固化。地质聚合物中锶阳离子的化学固化用（静态下 28d 硬化）渗滤试验速率测试。其值约为 $10^{-6}g/(cm^2 \cdot d)$，非常低。按照作者的观点，地质聚合物固化重金属或其他有害元素可以被认为是自然条件下非常安全的方法，不会产生液体废物，也不需要进行高温烧结，不需要防辐射材料。

参考文献

[1] 刘泽，彭桂云，王栋民，等．碱激发材料［M］．北京：中国建材工业出版社，2019.

[2] 王克俭．地聚合物化学与应用［M］．北京：国防工业出版社，2011.

[3] 邵宁宁．碱激发粉煤灰过程机理及其发泡胶凝材料的高性能化［D］．北京：中国矿业大学（北京）博士学位论文，2017.

[4] 侯云芬．粉煤灰基矿物聚合物制备、反应机理及其性能［D］．北京：中国矿业大学（北京）博士学位论文，2008.

[5] 贾屹海．Na-粉煤灰地质聚合物制备与性能研究［D］．北京：中国矿业大学（北京）博士学位论文，2009.

[6] 胡文豪．煤气化渣铝硅组分活化分离与资源化利用基础研究［D］．北京：中国工程院过程工程研究所硕士学位论文，2019，1-8.

[7] Md. Sufian Badar，Kunal Kupwade-Patil，Susan A. Bernal，John L. Provis，Erez N. Allouche. Corrosion of steel bars induced by accelerated carbonation in low and high calcium fly ash geopolymer concretes［J］. Construction and Building Materials，2014，(61)：79-89.

[8] M. S. H. Khan，A. Noushini，A. Castel. Carbonation of a low-calcium fly ash geopo lymer concrete［J］. Magazine of Concrete Research，2016，1500486.